U0172349

HIGH VOLTAGE AND HIGH CURRENT DIGITAL METROLOGY TECHNOLOGY

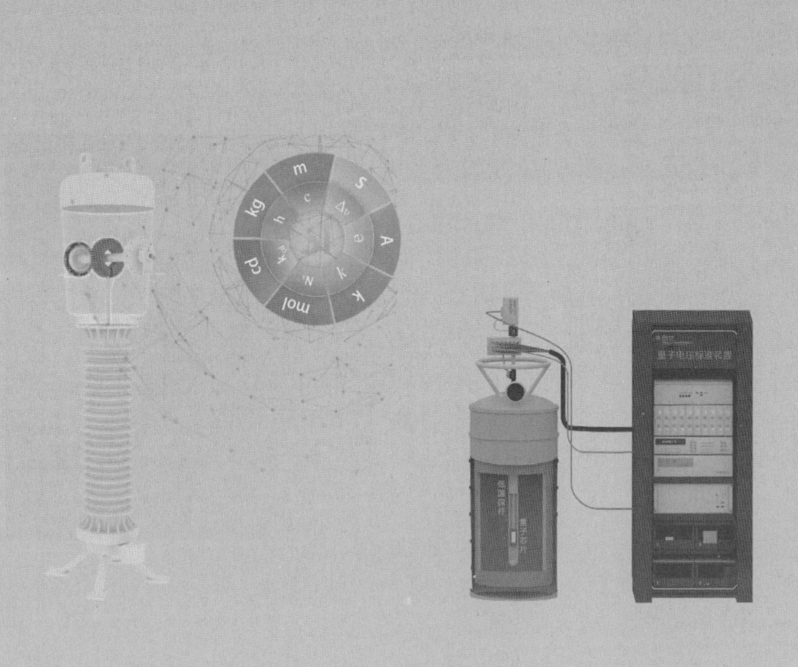

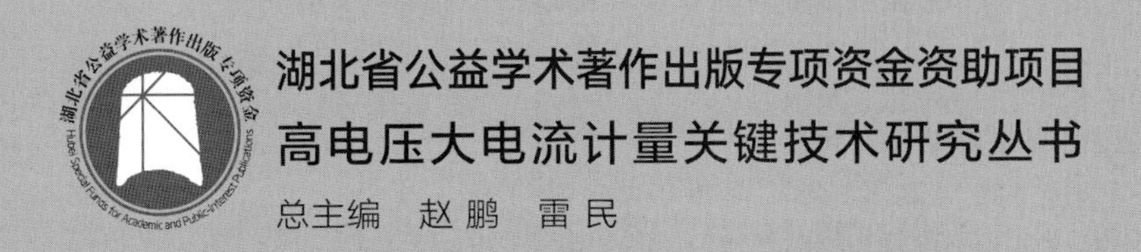

湖北省公益学术著作出版专项资金资助项目

高电压大电流计量关键技术研究丛书

总主编　赵鹏　雷民

高电压大电流数字化计量技术

胡浩亮　聂琪　葛得辉　彭楚宁
熊前柱　黄俊昌　曾非同　著

华中科技大学出版社
http://press.hust.edu.cn
中国·武汉

内 容 简 介

本书主要介绍了高电压大电流计量的数字化技术，包括数字化计量基本理论、数字化计量场景、数字化计量设备、量值传递技术、计量设备溯源体系、计量系统数据应用、量子计量技术以及对数字化计量的展望。

本书从数字化基础理论出发，介绍了数字化的概念、特点以及电力系统中的高电压大电流数字化计量系统典型架构。为帮助读者充分了解高电压大电流计量数字化技术，本书对电力系统中智慧变电站、直流配电网、充电桩、复杂电力系统、工业用电、直流计量系统、冲击领域数字化技术以及智慧实验室典型架构等高电压大电流数字化计量场景进行了描述，并针对高电压大电流数字化计量领域中的交流电子式互感器、直流互感器、合并单元、数字化电能表等传统数字化计量设备及集中计量装置、计量监测装置、智慧实验室数字化装置等新型数字化计量设备的功能、结构、应用进行了介绍。本书参照现行标准及最新的数字化计量应用，从计量专业理论和实际工程应用的角度重点介绍了数字化计量设备的量值传递技术、溯源技术以及数字化计量数据应用等内容，并进一步引出量子计量技术在数字化计量中的应用，为数字化计量技术到量子计量技术的过渡进行铺垫。本书对数字化计量技术在综合能源计量以及数字孪生中的发展进行了展望。

图书在版编目(CIP)数据

高电压大电流数字化计量技术/胡浩亮等著. —武汉：华中科技大学出版社，2023.11
(高电压大电流计量关键技术研究丛书)
ISBN 978-7-5680-9456-6

Ⅰ.①高… Ⅱ.①胡… Ⅲ.①高电压-大电流-电流测量-数字化-测量技术 Ⅳ.①TM835.2-39

中国国家版本馆 CIP 数据核字(2023)第 219549 号

高电压大电流数字化计量技术
Gaodianya Dadianliu Shuzihua Jiliang Jishu

胡浩亮 聂 琪 葛得辉 彭楚宁 熊前柱 黄俊昌 曾非同 著

策划编辑：徐晓琦 范 莹
责任编辑：刘艳花
装帧设计：原色设计
责任校对：张会军
责任监印：周治超
出版发行：华中科技大学出版社(中国·武汉) 电话：(027)81321913
武汉市东湖新技术开发区华工科技园 邮编：430223
录 排：武汉市洪山区佳年华文印部
印 刷：湖北新华印务有限公司
开 本：710mm×1000mm 1/16
印 张：16
字 数：326 千字
版 次：2023 年 11 月第 1 版第 1 次印刷
定 价：90.00 元

高电压大电流计量关键技术研究丛书

总序

一个国家的计量水平在一定程度上反映了国家科学技术和经济发展水平，计量属于基础学科领域和国家公益事业范畴。在电力系统中，高电压大电流计量技术广泛用于电力继电保护、贸易结算、测量测控、节能降耗、试验检测等方面，是电网安全、稳定、经济运行的重要保障，其重要性不言而喻。

经历几代计量人的持续潜心研究，我国攻克了一批高电压大电流计量领域关键核心技术，电压/电流的测量范围和准确度均达到了国际领先水平，并建立了具有完全自主知识产权的新一代计量标准体系。这些技术和成果在青藏联网、张北柔直、巴西美丽山等国内外特高压输电工程中大量应用，为特高压电网建设和稳定运行提供了技术保障。近年来，德国、澳大利亚和土耳其等国家的最高计量技术机构引进了我国研发的高电压计量标准装置。

丛书作者总结多年研究经验与成果，并邀请中国科学院陈维江院士、中国科学院程时杰院士等专家作为顾问，历经三年完成丛书的编写。丛书分五册，对工频、直流、冲击电压和电流计量中经典的、先进的和最新的技术和方法进行了系统的介绍，所涉及的量值自校准溯源方法、标准装置设计技术、测量不确定度分析理论等内容均是我国高电压大电流计量标准装置不断升级换代中产生的创新性成果。丛书在介绍理论、方法的同时，给出了大量具有实际应用意义的设计方案与具体参数，能够对本领域的研究、设计和测试起到很好的指导作用，从而更好地促进行业的技术发展及人才培养，以形成具有我国特色的技术创新路线。

随着国家实施绿色、低碳、环保的能源转型战略，高电压大电流计量技术将在电力、交通、军工、航天等行业得到更为广泛的应用。丛书的出版对促进我国高电压大电流计量技术的进一步研究和发展，充分发挥计量技术在经济社会发展中的基础支撑作用，具有重要的学术价值和实践价值，对促进我国实现碳达峰和碳中和目标、实施能源绿色低碳转型战略具有重要的社会意义和经济意义。

赵鹏

2022年12月

前言

发展数字经济是把握新一轮科技革命和产业变革新机遇的战略选择。随着数字经济的蓬勃发展，数字技术成为新的发展引擎，以数字化驱动计量事业发展，既是现实迫切的需求，也是产业发展的方向。电力计量贯穿电力生产、销售及电网安全运行全环节。随着新型电力系统构建加快，电力系统“双高”“双峰”特征日益凸显，源网荷储协同互动、电热气冷多能互补使能源供需优化平衡日益复杂，对计量全息感知、动态采样和高效处理的要求越来越高。因此，加快电力计量数字化转型，推动先进信息通信技术与计量技术深度融合，促使电力计量向数字化、智能化、自动化方向发展是现实迫切的需求。当前，国家电网有限公司在智能变电站、智慧变电站中推广应用数字化计量系统，并且在高电压大电流传感、数据采样、信号传输、量值传递、设备溯源以及业务应用等全面实现数字化。2021年，国务院印发了《计量发展规划(2021—2035年)》，将计量数字化转型研究作为计量基础研究的重点任务，推动跨行业、跨领域计量数据的融合、共享与应用发展，服务数字化建设。

与传统计量系统不同，数字化计量系统采用了大量电子技术、光学技术、人工智能技术、大数据应用技术、量子技术等新兴技术，数字化计量设备的维护、量值传递、设备溯源以及新型计量数据的业务融合应用与传统计量设备有较大的不同。本书的编制目的是加强计量相关专业人员对数字化计量理论及实际工程应用的认识，培养计量人员的数字化专业素养，介绍当前最新的数字化计量专业理论及实践应用，服务数字化计量工作。本书对高电压大电流计量数字化技术进行了系统、全面的介绍，由浅入深地介绍了高电压大电流数字化计量理论、数字化计量场景、数字化计量设备及量值溯源技术，再结合实际工程的计量问题，新兴的人工智能技术，大数据、区块链和量子技术，介绍了数字化计量的数据应用技术。

本书可用于指导计量专业人员开展数字化计量设备的现场运维、量值溯源以及计量数据融合应用等工作。本书对开展高电压大电流计量数字化专业的研究、加快推进计量数字化发展具有一定指导意义。

著者

2023年8月

目　　录

第1章 绪　论

近年来，国家电网公司牢固树立“能源转型、绿色发展”理念，加快电网发展，加大技术创新，推动电力能源从高碳向低碳、从以化石能源为主向以清洁能源为主转变，加快形成绿色生产和消费方式，助力生态文明建设和可持续发展。为了满足源网荷储与新能源计量的灵活配置，数字化变电站（智能变电站）将成为新型电力系统建设的核心环节，承担电网安全支撑作用。数字化变电站由于采用了电子式互感器等数字化设备以及分层网络传输架构，相对于传统变电站，在可靠性、安全性与经济性方面具有显著优势，同时，也带来了电能计量方式与技术体系的颠覆性变化。

数字化电能计量系统应用光电传感、数字信号处理、网络通信等技术，包含电子式互感器、合并单元（merging unit，MU）、网络设备、数字化电能表等单元，在全站统一通信协议下，实现计量功能和相关业务，具有测量频带宽、数据处理能力强等特点。自20世纪中叶新型传感原理的互感器问世以来，围绕高电压大电流传感技术、互联网技术、电能计量算法等新技术，重新构建电能计量系统已成为研究热点。我国当前在全光纤互感器研究及应用、数字化电能表产业化、工程应用及标准化建设等方面已走在世界前列。

然而，数字化计量系统仍存在部分问题，例如：未建立JJG等检测标准，使得其不能在电力系统中开展贸易结算；数字化计量装置的造价成本较高；数字化计量包含电子元器件，易受到外界因素影响；数字化计量系统配置与运维软件系统操作复杂，不易于变电站人员运维管理；如何提升数字化计量装置性价比、进行元器件技术革新、优化数字化计量系统配置与调试系统，将成为未来数字化计量方案投资的着重点。

从发展趋势看，数字化计量变电站将成为电力参数计量的枢纽，其计量参数将为电力市场交易与电力系统调度提供实时参数，并应用于电能交易、负荷预测、耗量特性计算、经济调度等领域。因为数字化计量可实现广域范围内计量同步性、变电站内计量集中性，同时具备小型化、数字后台管理高效、计量数据应用智能等特性，那么在解决上述问题后，数字化将成为未来高电压大电流计量发展的方向。

第 2 章　数字化计量基本理论

2.1　数字化的概念

在自然界中随时间变化而连续变化的量统称为模拟量，而数字量是一种断续量，即不连续量。

1. 连续量的离散化

若以 Δt 为时间间隔增量的起点去测量出每个时间所对应的量 $x_i(i=1,2,3,\cdots)$，可以得到若干个在时间上离散化的量 $x(t_i)$，如图 2-1 所示。

2. 连续量的量化

与离散化相对应，若以固定量值 Δx 为量距增量，以 $x(t=0)$ 为起点去测量该连续函数的输出量，可以在 x 界内得到若干个 $x_i(i=0,1,2,3,\cdots)$，这些量称为量子化的量，如图 2-2 所示。

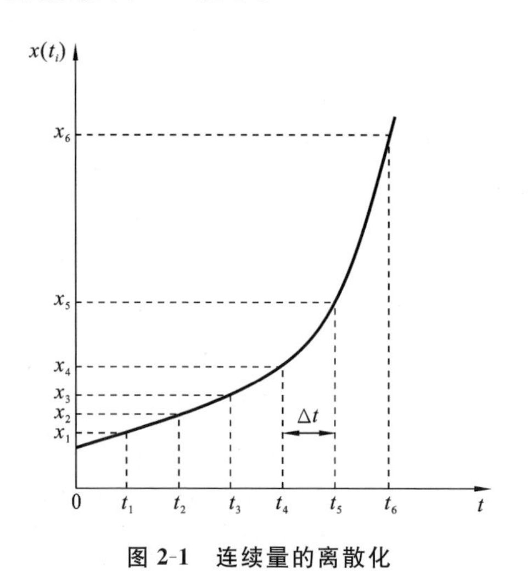

图 2-1　连续量的离散化

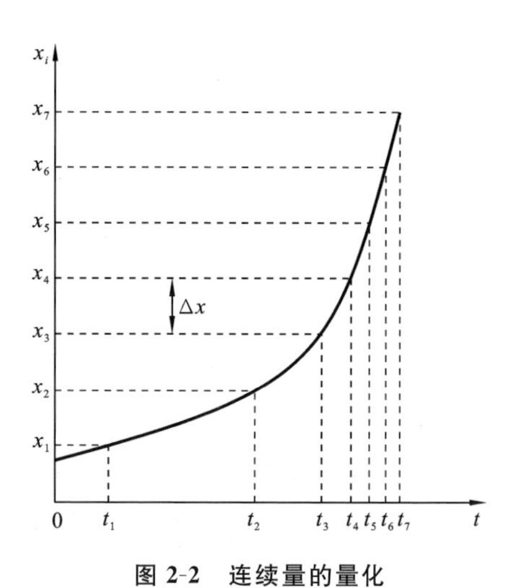

图 2-2　连续量的量化

3. 连续量的离散化和量化

在一般的数字测量中，一个连续的被测量通常每隔一定的时间间隔被量化一次，而每次又以固定的间距获得测量值，所以离散过程和量化过程同时存在，如图 2-3 所示。

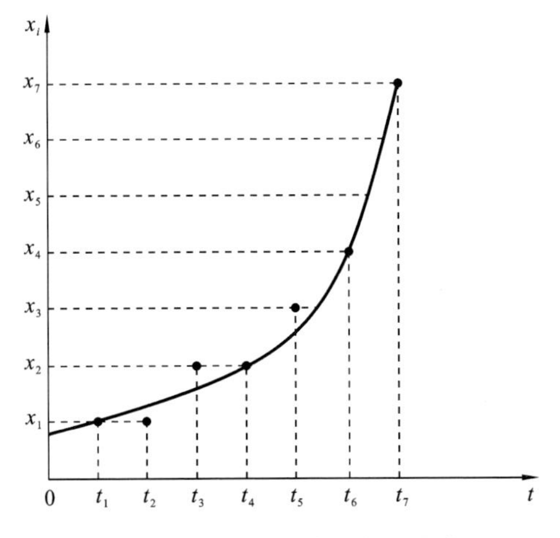

图 2-3　连续量的离散化和量化

2.2　数字化的特点

自 20 世纪以来，人类已经全面进入了数字化时代，现代电子信息系统已经处处离不开处理数字技术，例如数字计算机、先进的通信系统、工业控制系统、交通控制系统，以及洗衣机、电视机等，无不使用电子技术，数字化技术发展的迅速、应用的广泛，令人叹为观止。

数字化技术是运用“0”和“1”两个数字编码，通过计算机、光缆、通信卫星等设备来表达、传输和处理信息的技术，一般包括数字编码、数字压缩、数字传输、数字调制/解调等技术。

数字化技术是信息技术的核心。信息的媒体有多种，如字符、声音和图像等，这些信息媒体存在着共同的问题：一是信息量太小；二是难以数据交换。数字化技术的实现，使这些问题迎刃而解，无论是字符、声音、语音和图像，还是中文、外文，都使用世界上共同的两个数字 0 和 1 表达、传输和处理，到了终端又可以原原本本地还原本来面目，消除了数据交互的隔阂，在数据量值方面，1 比特(bit)就是一个最基本的信息单位，简写为 1 b。每秒钟传输的信息量称为信息的传递速率(即每秒传输的比特，b/s)。每秒传输 1 千比特表示为 1 Kb/s，每秒传输 1 兆比特表示为 1 Mb/s，每秒传输 1 吉比特表示为 1 Gb/s。用简单的两位数 0 和 1 表达、传输和处理一切信息，把信息数字化、一体化，这是信息史上的一次重要革命。

数字化具有的特点：① 准确度高；② 灵敏度高；③ 测量速度快；④ 不存在读数误差；⑤ 测量过程自动化水平高；⑥ 易于综合测量；⑦ 数据易于存储和传输；⑧ 与计算机结合，实现智能测量。

2.3 数字化系统的基本结构

数字化计量系统典型架构由电流/电压测量、数据合并、电能计量与在线监测、信息采样处理等环节构成，如图 2-4 所示。输电线路的电压/电流通过电子式互感器加合并单元(就地模块)的方式或电磁式互感器加模拟量合并单元(就地模块)的方式变换为数字量，并进行数据合并，将合并后的数字报文通过通信网络转发至电能计量模块和电能计量监测装置，对电能量进行计算和校验，并将最终电能计量结果发送至采样终端或监控主机。

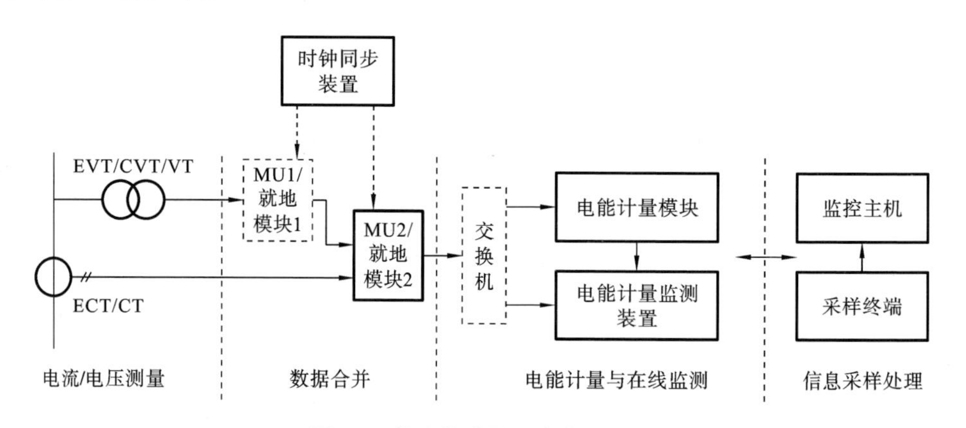

图 2-4 数字化计量系统典型架构

1. 电流/电压测量

电流/电压测量部分用于测量一次电流/电压，输出正比于一次电流/电压的量。其中电流测量仪器有电磁式电流互感器、光学电流互感器、罗氏线圈及低功率线圈电子式电流互感器，电压测量仪器有电磁式电压互感器、电容式电压互感器、光学电压互感器、分压电子式电压互感器。

2. 数据合并

数据合并部分由合并单元或就地模块通过同步时钟装置或异步采样的方式，对来自多个互感器的电流及电压量进行时间相关处理，并按照协议组帧发送。

3. 电能计量与在线监测

电能计量与在线监测部分用于接收合并后的电流和电压数字量，完成电能计量和部分在线监测功能，如状态监测、故障诊断等。电能计量模块分为电能集中计量装置及独立式数字化电能表两种方式。电能计量监测装置接收电流/电压采样值和电能数据，实现报文传输质量评价、电流/电压测量误差计算、电量平衡和线路损耗分析、通信链路故障诊断、计量系统运行状态评估等功能。

4. 信息采样处理

信息采样处理部分用于采样传输电能量和其他信息，并将数据上传至智能变电站监控主机、电能量计量系统（TMR）和用电信息采样系统。采样终端负责采样电能计量模块及电能计量监测装置的电能量和其他数据，监控主机负责监控全站数字化计量设备的电能量和异常告警事件，实现智能变电站全景数据采样、处理、监视、控制、运行管理等。

2.3.1 高压变电站典型架构

1. 高压变电站典型架构 Ⅰ

目前，电力系统中的数字化计量系统主要由互感器、合并单元、数字化电能表及其他智能设备组成，架构具体分为主网架构与配电网架构。

从2009年电子式互感器在电网中试点应用开始，智能变电站（smart substation）中数字化计量系统采用数字输出式电子式互感器和合并单元组合的形式进行运作，其中合并单元可由采样单元替代，具体如图2-5所示。

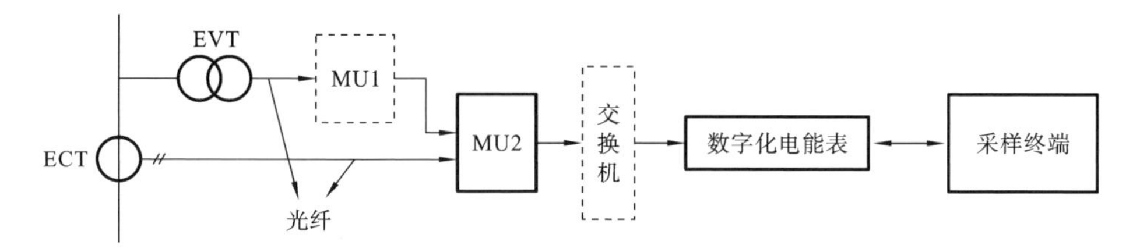

图2-5 数字化计量系统典型架构 Ⅰ

注：当电压和电流输入一个合并单元（采样单元）时，无MU1；当互感器合并单元输出采样值点对点传输至数字化电能表时，无交换机。

2. 高压变电站典型架构 Ⅱ

2015年后，由于电子式互感器技术成熟度与法制管理等问题，电子式互感器逐渐被电磁式互感器替代，数字化计量系统传感前端改为电磁式互感器。同时为保证数字化特征与IEC 61850的设计理念，保留了互感器合并单元模数转换与数据合并的功能，具体如图2-6所示。

根据2021年的统计，国家电网公司有18934个数字化计量关口，模拟小信号输入电能表（前端互感器为4 V小信号输出电子式互感器）仅有1895台，这表明，国网范围内绝大部分的数字化计量系统采用该架构进行计量。

3. 高压变电站典型架构 Ⅲ

2018年后，随着电网智能化要求的提出，数字化计量系统将数字化电能表进行

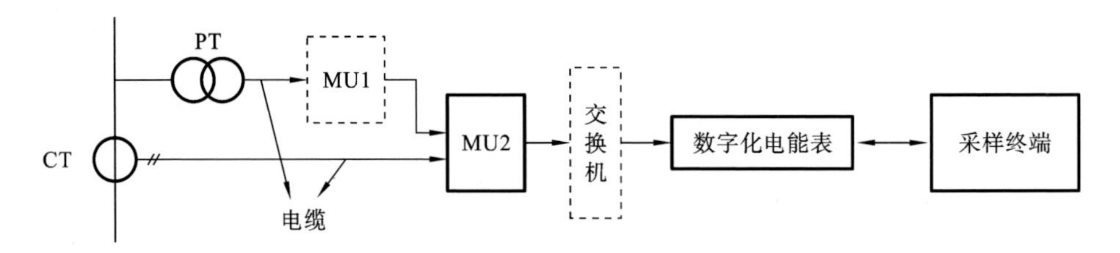

图 2-6　数字化计量系统典型架构 Ⅱ

注：当电压和电流输入一个合并单元（采样单元）时，无 MU1；当互感器合并单元输出采样值点对点传输至数字化电能表时，无交换机。

集成，形成集中计量装置以实现设备小型化，同时配置了计量监测主机以实现智能化管理。数字化计量系统主要由一次电流/电压测量装置、过程层数据合并装置、间隔层电能计量模块与状态监测装置、站控层计量主机等部分组成，其他装置包括同步时钟装置、交换机、采样终端等，具体如图 2-7 所示。

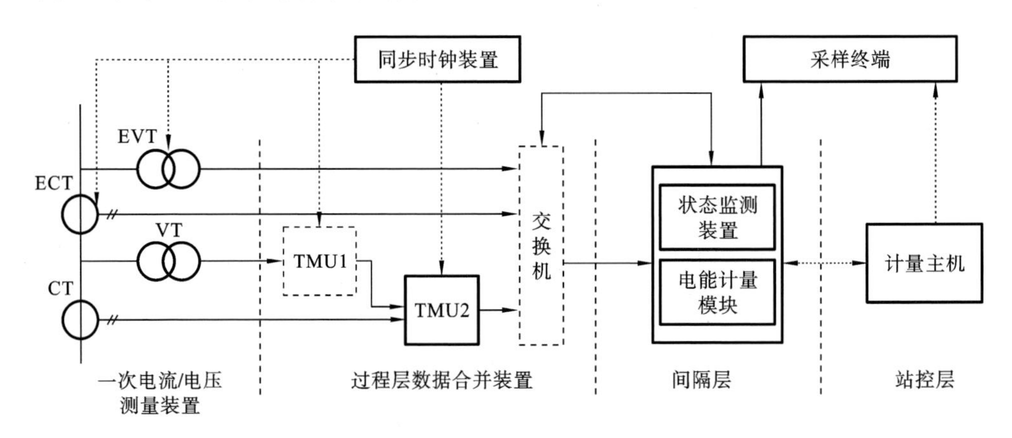

图 2-7　数字化计量系统典型架构 Ⅲ

2019 年，全国建立了 7 座试点智慧变电站，并应用了该典型架构。目前，该架构仍在不断优化升级中，并在 2020 年后的国网公司推出的自主可控新一代变电站等工程中都参考了该架构进行计量系统的设计。

2.3.2　配电网典型架构

2017 年后，电子式互感器具备体积小、易集成、频带宽、动态测量范围大等优点，这些优点可解决中低压配电网场景中配电柜空间小、配电网谐波多等问题，因此数字化计量系统逐渐开始向配电网进行应用。

1. 配电网典型架构 Ⅰ

电子式互感器由电子式互感器传感头、专用信号电缆、二次电子单元组成。其中电流互感器传感头使用罗氏线圈将一次大电流信号转换成 2 V 的交流电压信号，通过专用信号电缆接入电子单元中；电压互感器传感头使用电阻分压原理，将一次高压转换成 $4/\sqrt{3}$ V 的交流电压信号，通过专用信号电缆接入电子单元中。

典型架构Ⅰ由电子式互感器、专用信号电缆、调理单元、二次设备组成，如图 2-8 所示。

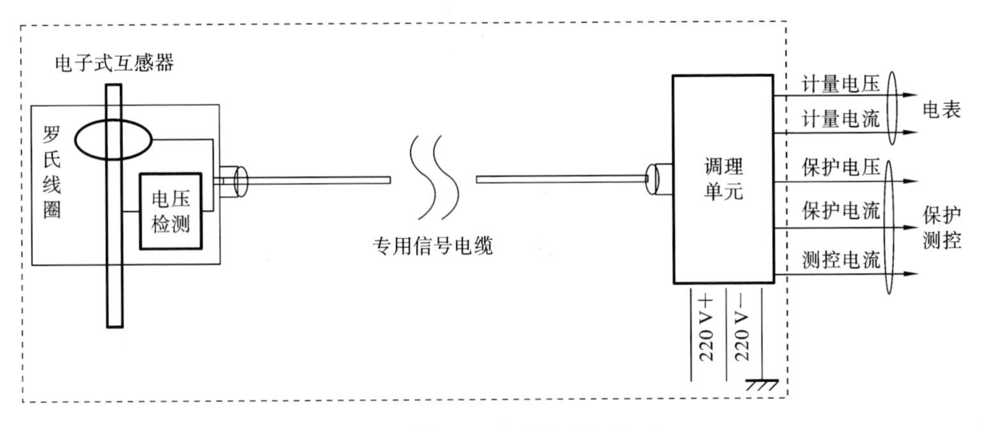

图 2-8　中低压配电网典型架构 Ⅰ

2. 配电网典型架构 Ⅱ

典型架构Ⅱ由电子式互感器、专用信号电缆、采样单元、合并单元、二次设备组成，如图 2-9 所示。

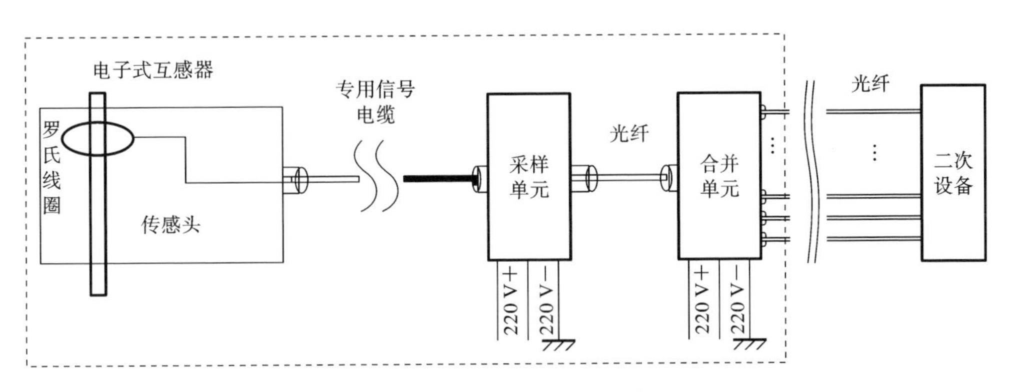

图 2-9　中低压配电网典型架构 Ⅱ

在实际工程中，会根据配电网规模等选择典型架构Ⅰ或典型架构Ⅱ。典型架构Ⅰ适用于点对点的计量。典型架构Ⅱ可通过合并单元对数据进行合并和处理，因此其相对典型架构Ⅰ成本较大，适用于多点计量的场景。

2.4 数字化计量名词术语

1. 数字化计量系统(digital metering system)

以数字量传输为主要特征,含有数字化计量设备(例如电子式互感器、合并单元、数字化电能表、多功能测控装置、经电子式互感器接入的静止式电能表),辅助以同步时钟装置、通信设备等,用于电气测量或电能计量的系统。

2. 数据合并(data merge)

将多路采样值进行时间相关处理,并按照规定的协议组帧。

3. 数据重采样(data resample)

依据已知采样时刻的采样值,使用数学计算方法得到特定时刻的采样值。

2.5 小结

本章主要介绍了数字化计量的基本理论。数字化计量的核心是模拟量的"数字化",包括模拟量的数字化采样和数字量的传输,其特点是利用数字信号表示计量信息,在测量、传输和处理等方面独具特色。此外,本章介绍了高压变电站和配电网中典型架构的计量数字化,对电力系统中数字化计量进行了介绍和铺垫。

第 3 章　高电压大电流数字化计量场景

随着电能应用的日益广泛，电力系统覆盖的范围越来越大，传输的功率也越来越大，这就要求电力系统的输电电压等级不断提高。就世界范围而言，输电线路经历了 110 kV、150 kV、230 kV 的高压，287 kV、400 kV、500 kV、735～765 kV 的超高压，1000 kV、1150 kV（工业试验线路）的特高压的发展。直流输电也经历了±100 kV、±250 kV、±400 kV、±450 kV、±500 kV、±750 kV、±800 kV 的发展。单条交流及直流输电线路的输送功率已分别提升至 500 万千瓦及 640 万千瓦。在电力系统中，数字化计量主要应用在智能变电站、直流配电网、充电桩、复杂电力系统、工业用电等场景中。在未来，数字计量主要在复杂电力系统、配电网、充电桩等场景进行发展。本章对各电压等级交直流输变电工程中交流及直流高电压、大电流的数字化测量系统进行介绍。

3.1　智慧变电站

场景描述：作为国家电网推动智慧能源基础设施建设、助力新基建的重要举措，智慧变电站建设是国家电网公司发展新型基础设施建设的重点项目之一，以智能电网和能源物联网为基础，以物联网、大数据、人工智能等新技术为支撑，对现有的变电站试点，开展智能化数字化转型升级。智慧变电站计量系统不仅要考虑电能计量的准确性，还需要通过对计量数据的深度挖掘与应用，提升计量系统智能化运维水平。

典型配置：智慧变电站计量系统典型配置方案如图 3-1 所示，智慧变电站数字化电能计量系统贸易结算用计量系统要求独立配置，除电子式互感器一次传感器同时用于计量专业和保护测控专业外，配置计量专用就地模块、数字化电能表。贸易结算用数字化计量系统应参照 DL/T 448 规范进行主、副配置，建议计量专用就地模块、数字化电能表均采用主、副配置方式。内部考核点的计量设备尽可能与其他专业设备融合，电子式互感器、就地模块同时用于计量专业和保护测控专业，110 kV 及以上回路选用数字化电能表。配置计量状态监测装置，该装置通过计量专用网络（建议选用 DL/T 698.45 模型，选用光纤以太网传输；同时兼容 DL/T 645 模型，使用 RS485 总线传输）收集全站所有电能表数据，实现计量、线损分析预测及大数据分析等高级功能，计量状态监测，计量状态监测装置数据可上传到站控层网络，进入运检、调度网关机并上传用电信息采样系统；也可以设计为直接进入网关机上传用电信息采样

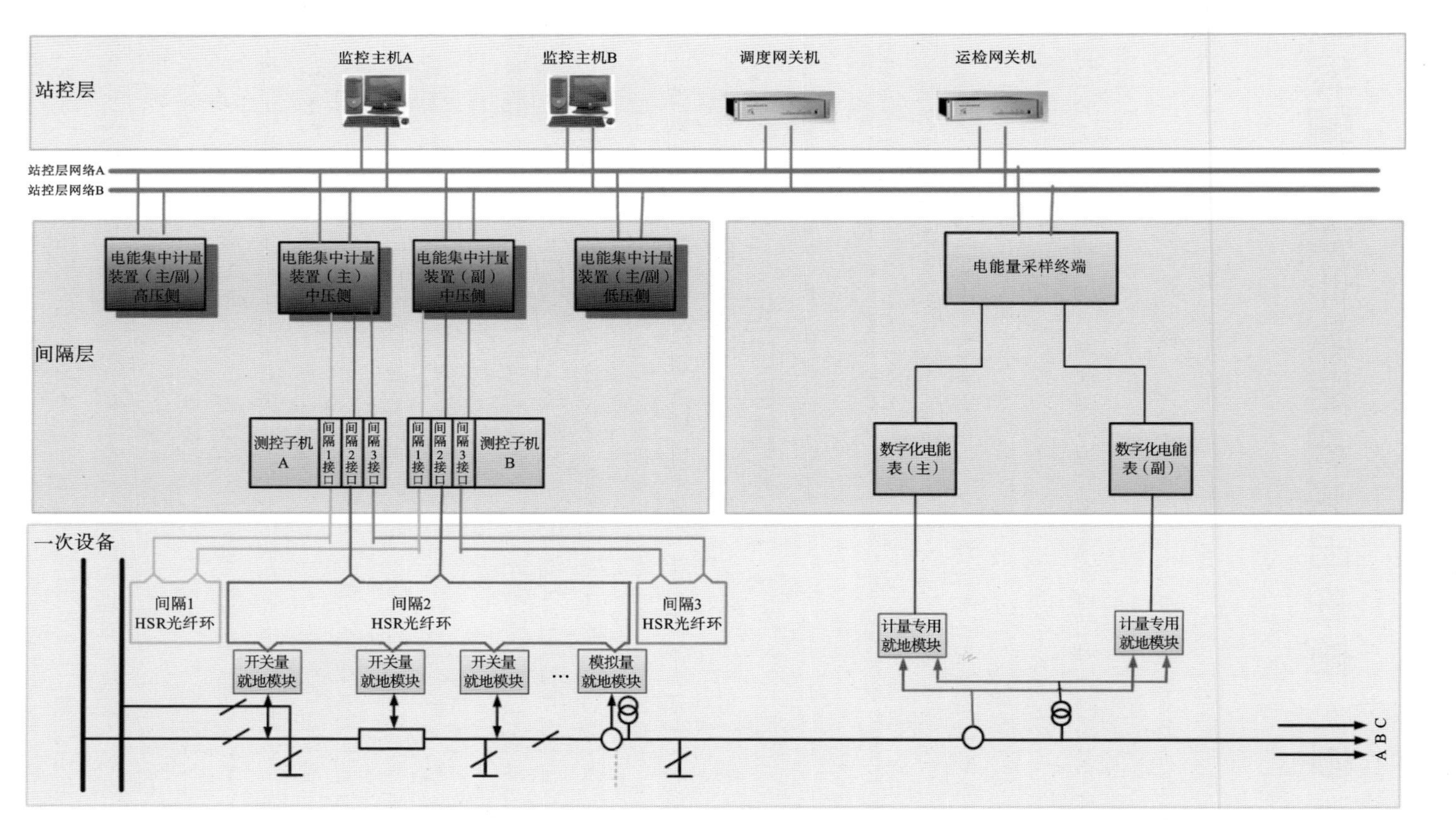

图 3-1 智慧变电站计量系统典型配置方案

系统。

应用成效：智慧变电站数字化计量系统增加了计量状态监测装置，形成计量系统在变电站的边缘计算能力，实现了对变电站计量数据和设备的全面管理，达到了电能计量设备状态全面感知、电能计量信息互联共享、电能计量装置误差状态智能诊断的良好效果。

3.2　直流配电网

场景描述：新型电力系统核心特征在于新能源占据主导地位，成为主要能源形式。在电源总装机容量中，陆上风电、光伏发电将是我国发展最快的电源类型，预计到2060年两者装机容量占比之和达到约60%，发电量占比之和达到约35%。在"双碳"目标与新型电力系统发展背景下，配电网也逐渐向含有大量的分布式可再生能源的直流配电网演变。为了保证能源的有效利用以及电能贸易结算的公平公正，直流配电网电能计量变得日益重要。

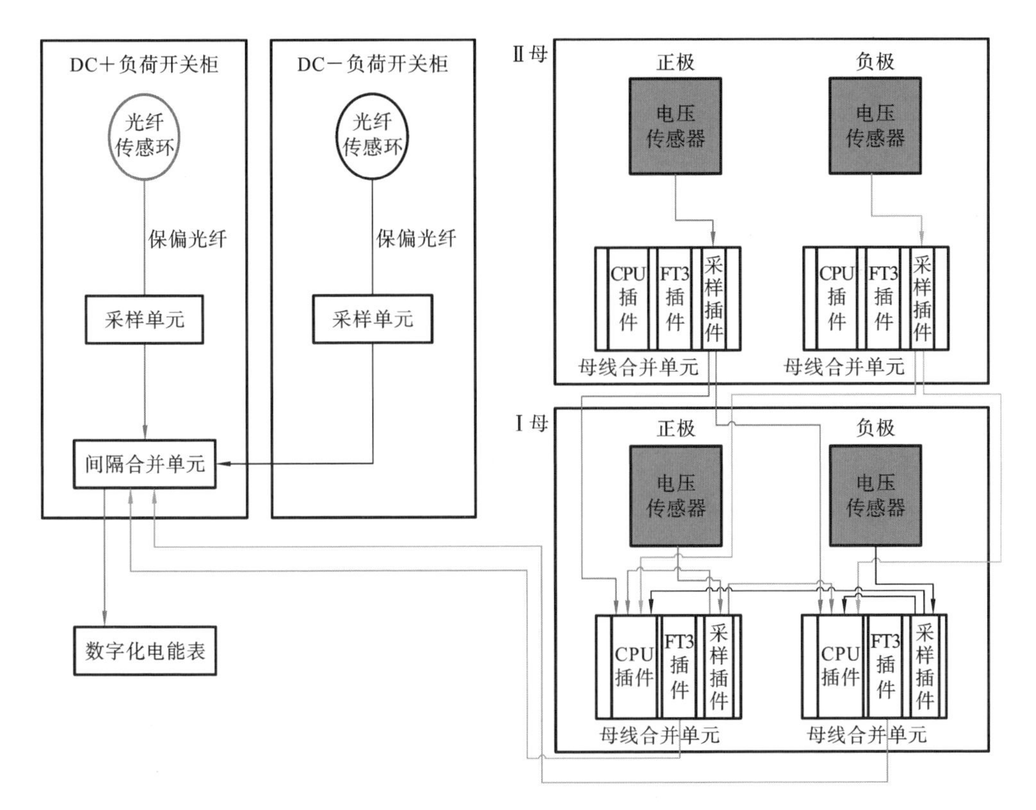

图3-2　直流配电网数字化电能计量系统

典型配置:图 3-2 所示为直流配电网数字化电能计量系统,直流配电网数字化电能计量系统通信采用数字量传输,主要包含用于测量电流的全光纤电流互感器(光纤传感环+采样单元),用于测量电压的直流分压器(电压传感器+采样插件),以及用来数据合并和数字量转换的间隔合并单元和母线合并单元。全光纤电流互感器一次传感头安装在负荷开关柜的一次侧,采样插件和间隔合并单元安装在负荷开关柜的二次侧,电压传感器安装在母线设备柜的一次侧,母线合并单元安装在母线设备柜的二次侧,间隔合并单元的输出接数字化电能表。

应用成效:直流配电网数字化电能计量系统设备性能优越,对电流电压完整信息进行全过程数字化处理,可以实现传统模拟电能计量系统的直流电能计量功能,符合直流配电网的发展方向。

3.3 充　电　桩

场景描述:近年来,电动汽车充电网络得到了广泛应用,电动汽车充电将成为一个巨大的电能交换市场,随之需要进行准确的电能计费。电动汽车充电器在交流侧计量的缺点是无法测量交流-直流转换过程中损失的电能,因此,对最终客户来说,计费不准确,在直流侧难以实现准确计费。

典型配置:图 3-3 所示为充电桩数字化电能计量系统,电能表电流线路采用分流器接入方式,分流器二次额定输出 75 mV,分流器输出的电压信号接电能表电流采

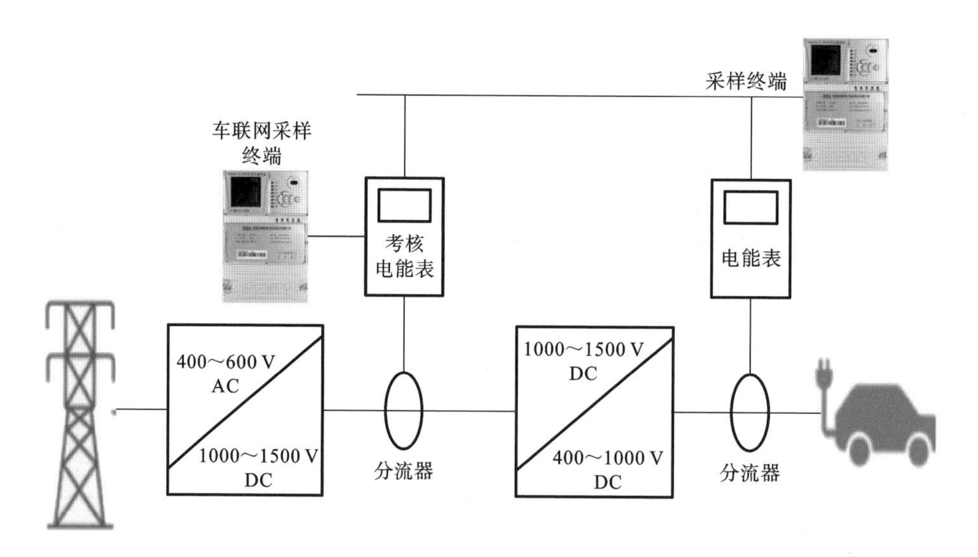

图 3-3　充电桩数字化电能计量系统

样回路:电能表电压线路直接接入线路电压信号。充电站内各电能表可根据实际情况采用 RS485、载波、微功率无线等方式与采样终端进行通信,由采样终端通过 GPRS 将采样数据上传至主站。

应用成效:直流充电桩数字化电能计量系统通过在充电桩直流侧进行计量,保证能源供应商只向用户收取传输到电动汽车的电能费用,减少了用户的经济损失,保障了电动汽车充电计量公共利益。

3.4 双回合环运行用户电能计量

场景描述:当正常发电时,双回合环运行用户两回或三回出线有功功率潮流方向为从电厂到电网,一般发电厂发出的无功功率很小,统调电厂可能根据系统的需要发出或吸收较大无功功率,因此无功功率潮流方向可能为从电厂到电网,也可能为从电网到电厂,也可能在电厂出线间穿越。存在有功功率穿越,会导致计量点多计上下网电量和需量,其中一部分电量是由功率穿越引起的线损;存在无功功率穿越,会导致关口电能表计量的功率因数偏低,用户因功率因数低而被罚款,从而引起费用结算纠纷。

典型配置:图 3-4 所示为双回路供电合环运行方式下数字化电能计量系统,双回合环运行用户数字化电能计量系统的母线合并单元 A 同步采样 Ⅰ 母和 Ⅱ 母的电压信号,输出的电压报文送入模拟量输入合并单元,模拟量输入合并单元采样电流信号和电压信号,完成电压、电流数据同步后,输出的报文送入交换机和数字化电能表。数字化电能表 1A 完成通过电压和电流值计算 CT1 回路的正反向电量,数字化电能表 2A 完成 CT1 电流采样值和 CT2 电流采样值的求和运算,通过电压和电流值计算总双向电量,数字化电能表 3A 通过电压和电流值计算 CT2 回路的正反向电量。电能计量监测分析系统由电能表采样模块、报文采样模块和计量数据比对分析模块组成,其中电能表采样模块以 102 协议接收电能量采样终端的传统电能表数据,报文采样模块通过交换机接收采样信号报文,计量数据比对分析模块结合电能表数据与报文数据进行实时计量点的工况分析。

应用成效:双回合环运行用户建立数字化电能计量系统后,可以通过监测合并单元采样报文、传统电能表采样数据和数字化电能表采样数据实现计量异常分析,准确分析功率穿越、电表异常等计量问题,为安全、可靠运行提供有效监测保障,为穿越电量与功率因数计量提供可靠的分析依据。

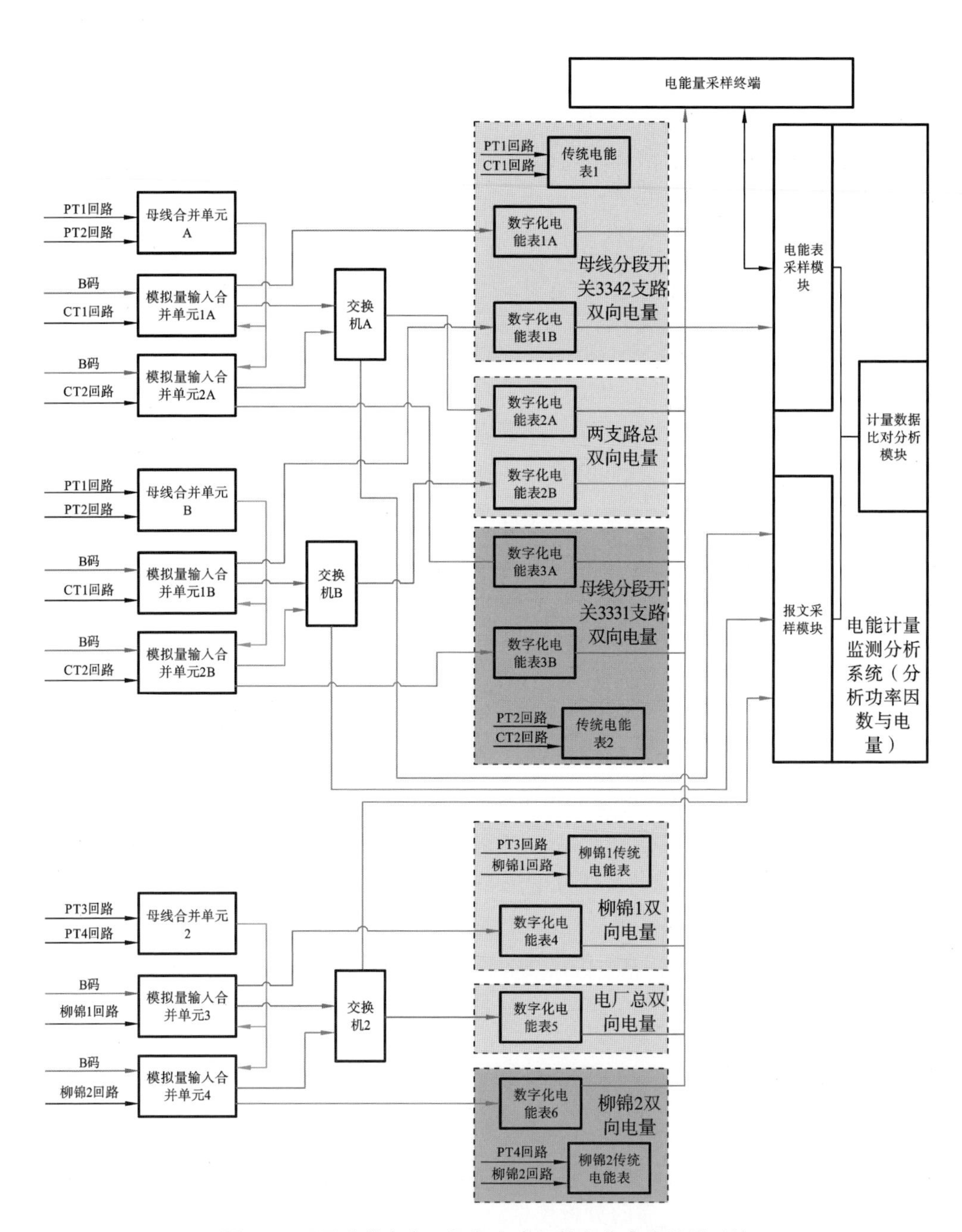

图 3-4　双回路供电合环运行方式下数字化电能计量系统

3.5　大电流用户电能计量

场景描述：电弧炉、电解炉等在工作时需要可靠的电源支持，具有工作电流极大（数百 kA）、多路电流并联输出（10 路左右）、空间狭小（异形结构母线）等特点，采用传统的电流互感器很难采用整体测量方式，且在宽动态范围下测量精度也无法满足要求，用直流表计直接计量电解系列的直流电量，而非通过交流电量换算，是铝行业提高计量准确度，确保生产单位指标与同行业各种考核指标对比的有效措施。随着传感技术和光纤传输技术的进步，电子式互感器的应用为大电流用户直流侧电能计量带来可能。

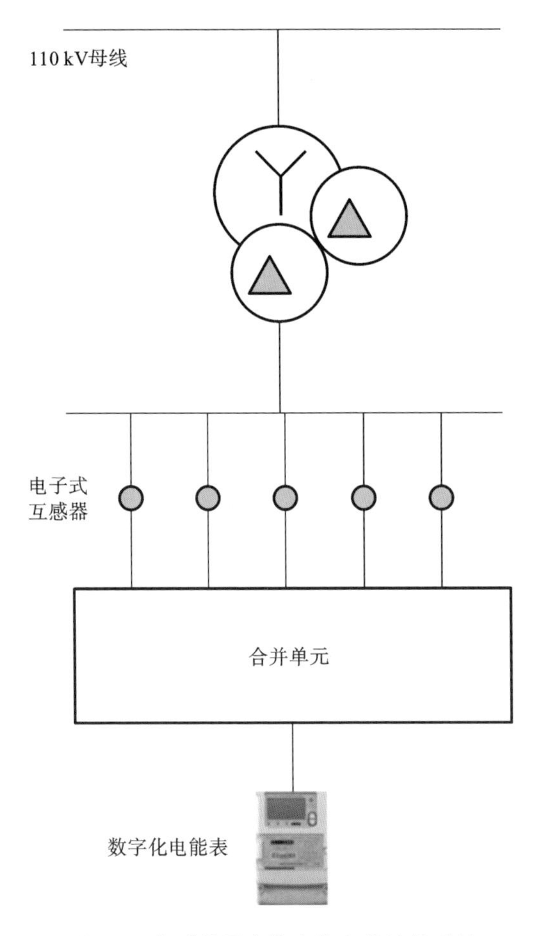

图 3-5　电弧炉用户数字化电能计量系统

典型配置:图 3-5 所示为电弧炉用户数字化电能计量系统,其中电子式互感器传感头采用罗氏线圈或者全光纤电流互感器,安装数量根据电炉变压器低压侧出线铜排数量而定,如每相安装 10 只,每相传感头对应一个采样器,每组电弧炉变压器配置 1 台合并单元,最大支持接入 8 个采样器,合并单元输出接数字化电能表,最终完成电能计量功能。

应用成效:大电流用户引入数字化电能计量系统,采用的电子式互感器无铁芯、无磁饱和、频带范围宽、动态测量范围大、测量准确度高,可实现电流累加测量,适应电力计量数字化和智能化发展方向,为大电流用户生产自动化系统提供精准的工作电流,且有利于生产工艺精细化控制,可有效降低生产能耗。

3.6 直流计量系统

高压直流(high voltage direct current,HVDC)输电利用高压直流系统远距离输送电能,是一种高效、低成本的输电方式。其主要特点是单回送出距离远、输出容量大、特高电压等级等,不仅用于单点远距离输送,也可以用于电网同步连接。直流测量系统典型架构如图 3-6 所示。

直流输电系统的安全、稳定运行很大程度上取决于运行在换流站各个角落的保护和监视系统,而各种高压互感器和传感器为保护系统和换流站设备在暂态下的准确测量提供了坚实的保障。

通常换流站内使用两种直流电流互感器:零磁通直流电流互感器和光电电流互感器。根据两种直流互感器在绝缘和准确度等级方面的优缺点,将不同特点的互感器配置在换流站的关键节点上。零磁通直流电流互感器多用于阀厅内中性线、直流场中性线以及直流场中性母线接地开关(NBGS)开关的直流电流测量。光电电流互感器主要用于阀厅内极线、直流场极线和直流滤波器高压侧回路的电流测量,如图 3-7 所示。

换流站中应包括的主要设备或设施有换流器、换流变压器、平波电抗器、交流开关设备、交流滤波器、交流无功补偿装置、直流开关设备、直流滤波器、控制与保护装置、站外接地极和远程通信系统等。

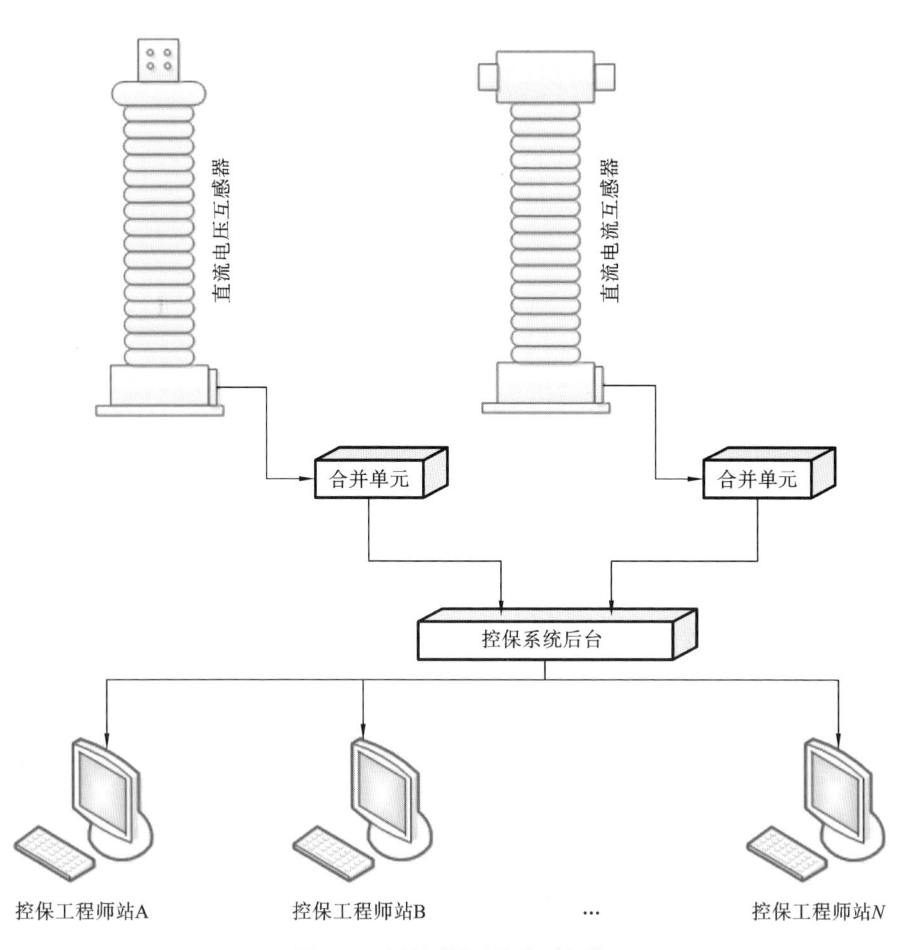

图 3-6　直流测量系统典型架构

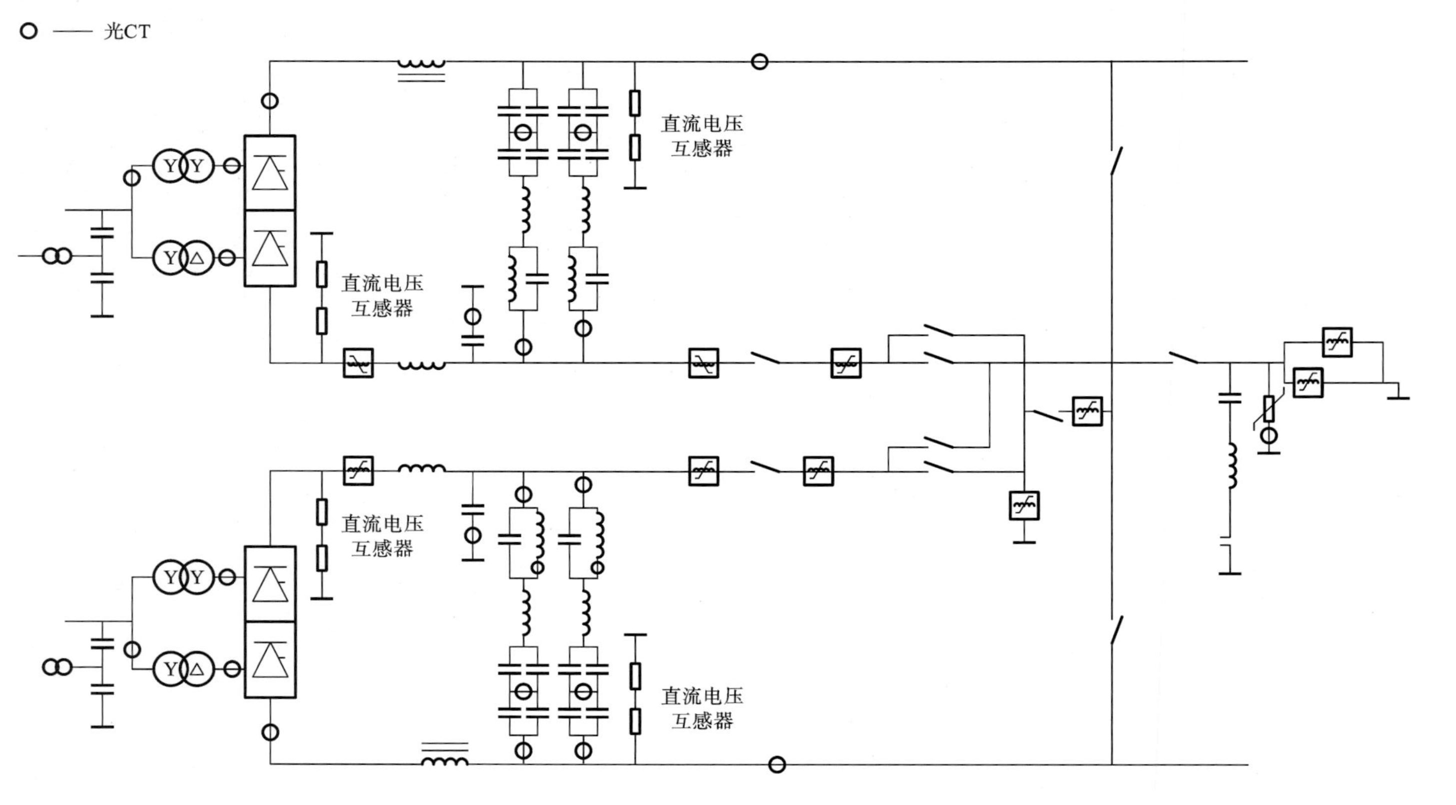

图3-7 换流站直流场测量系统

3.7　冲击电压、电流数字化技术

冲击电压测量软件作为冲击电压标准测量装置的一部分，其计算准确度直接影响冲击电压测量系统整体测量精度。国内也有许多学者对Labview的计算平台、噪声的去除方法进行研究。随着国际上冲击电压测量技术的不断发展，IEC标准技术委员会对冲击电压波形的计算方法（特别是雷电全波的计算方法）进行了不断的修改、完善。下面重点描述自主研发的冲击电压测量软件计算方法、关键计算程序，进一步进行软件的验证和比对。

冲击电压/电流的产生和测量原理图如图3-8所示，由冲击电压/电流发生器产生冲击电压/电流波形，通过冲击电压分压器/分流器（罗氏线圈）将高电压/大电流转换成低电压/小电流信号，该信号经过测量电缆进入二次测量仪器（数字记录仪）进行信号采样，采样的数字信号通过网线进入PC机，由LabVIEW软件平台进行处理和计算。

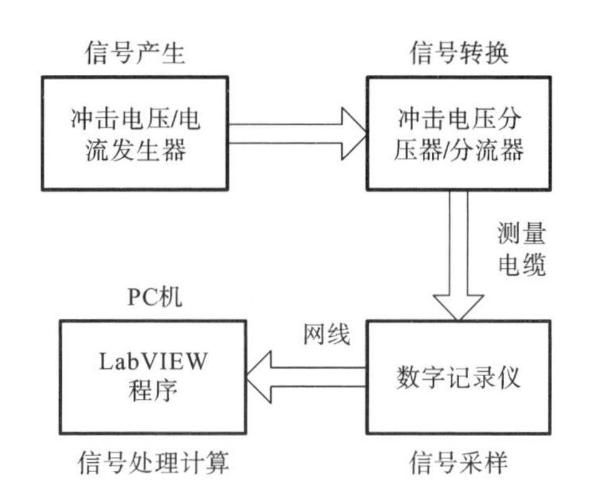

图3-8　冲击电压/电流的产生和测量原理图

测量软件操作流程如图3-9所示，步骤如下：① 测量软件与数字记录仪建立通信，如果软件提示网线没有正确连接，检查记录仪和电脑的IP地址是否已经正确修改；② 在参数设置中设置测量波形类型、正负极性、电压峰值和记录时间；③ 程序根据参数设置选择测量计算方法并初始化记录仪，记录仪等待触发；④ 读取记录仪采样到的数据后，根据IEC 60060标准的要求进行数据处理和计算；⑤ 输出处理后的波形和各参数计算结果；⑥ 结束采样后，对波形和测量结果进行保存。

冲击测量软件编制的目的是测量雷电冲击全波、操作冲击全波、雷电冲击截波、双指数冲击电流波、冲击电流方波等波形。可实现的功能主要有：可设置测量装置的参数（额定电压、分压比、衰减比），根据波形设置记录时间、波形的起始位置，可选择通道1或通道2进行触发。自动计算波形的参数可对波形进行缩放、还原、保存、重

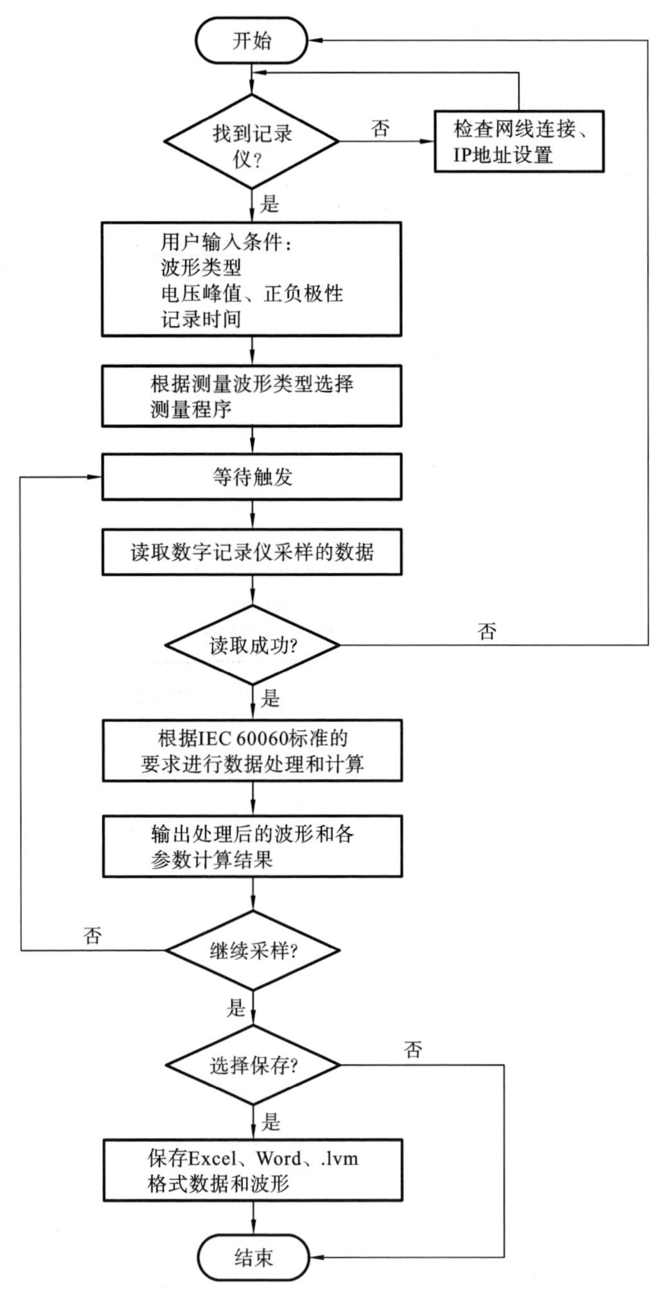

图 3-9　测量软件操作流程

新调入,并进行多个波形比对;试验结果可选择 Word 文档保存波形和数据,也可以选择以 Excel 文件保存数据,波形可直接以. lvm 格式保存,方便进行波形调入。为了对软件进行考核,软件可导入. txt 和. lvm 两种格式的文件。

3.8　智慧实验室典型架构

国务院印发的《计量发展规划(2021—2035 年)》中提出,要创新智慧计量监管模式,充分运用大数据、区块链、人工智能等技术,探索推行以远程监管、移动监管、预警防控为特征的非现场监管,通过器具智能化、数据系统化,积极打造新型智慧计量体系。推广新型智慧计量监管模式,建立智慧计量监管平台和数据库。鼓励计量技术机构建立智能计量管理系统,推动设备自动化、数字化改造,打造智慧计量实验室。推广智慧计量理念,支持产业计量云建设,推动企业开展计量检测设备的智能化升级改造,提升质量控制与智慧管理水平,服务智慧工厂建设。市场监管总局、科技部、工业和信息化部、国资委、知识产权局联合发布《关于加强国家现代先进测量体系建设的指导意见》,其中提出,引导企业建立产品研制、生产、试验、使用过程动态测量数据信息库,开展测量数据分析研究,改进企业生产控制流程,提高产品控制精度和质量,完善产品全寿命周期数据管理。加强测量数据智能化采样、分析与应用,推进测量设备自动化、数字化改造,建立智慧计量实验室和智能计量管理系统,实现数字化赋能。

智慧计量实验室的建设是未来数字时代计量实验室建设的必然趋势。智慧计量是指将数字化、网络化、自动化、智能化等现代信息技术与现代计量技术深度融合形成的现代计量服务模式。

智慧计量是对传统计量模式的重构与创新,是“互联网+”在计量领域的重要实践,通过现代信息技术和先进计量技术的深度融合,实现计量管理科学化、计量技术智能化、计量手段数字化、计量信息融通,为经济社会发展提供科学、高效的计量解决方案。

智慧计量主要表现在两个方面:一是计量仪器智能化,仪器利用人工智能等新技术实现智能检测,无需人工参与计量检测过程,同时仪器具备多种网络接口以便实现联网;二是实验室管理智慧化,实现无纸化业务管理、无纸化原始记录、无纸化实验室管理、智能仪器设备管理以及大数据分析等功能。

在高电压大电流智慧实验室建设方面,国网计量中心基于微服务架构搭建新的高压计量标准量传试验平台,通过互感器校验仪及负荷箱等计量检测设备的统一接入实现了高压计量试验流程自动化,智慧实验室的成功建设预示着国网计量中心在高电压大电流计量数字化转型方向又迈进了坚实的一步。智慧实验室具有以下特点。

(1) 实验室信息层面的智能化。

实验室信息管理系统是一个多学科交叉的综合应用技术系统，是专门用于分析检测实验室各类信息和管理的网络化系统，在一定程度上实现了实验室资源的信息化管理。该系统在国外的各类实验室得到了一定的应用，有不少科研机构和商业机构对其开展相关研究。国网计量中心数字化转型工作整体围绕"体系质量管控、设备互联互通、数据分析应用"三个方面开展，升级计量量传业务系统，推动计量活动数字化管理，拓展计量业务智能化分析应用，提质增效，全面支撑计量量传业务数字化转型方案落地。国网计量中心建立的实验室信息管理系统如图 3-10 所示。

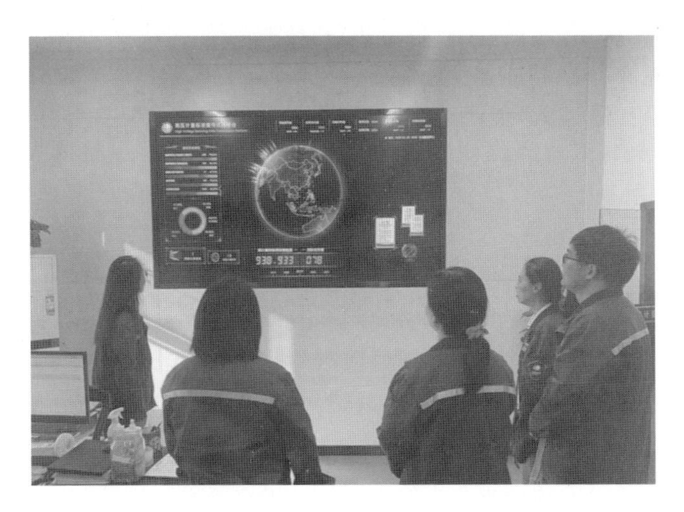

图 3-10 国网计量中心建立的实验室信息管理系统

(2) 打造"计量大脑"，提升体系质量管控。

国网计量中心启动全面推进实验室智慧化、数字化、智能化建设的进程，建设计量标准及业务"数据中心"，逐步对量传业务系统进行完善。一是推动人员、基/标准设备、实验室资质、标准等体系要素基础数据在线管理，实现体系要素数字化和线上化。二是加强人员资质管理，建立人员资质、标准设备与试验业务活动关联关系，杜绝无证作业及标准设备超期作业风险，实现人员证书到期自动提醒，开展复审和培训。三是开展计量设备全寿命周期管理，建立设备到货登记、维护维修、降级报废等全环节线上管理。四是推动实验室资质和标准管理线上化，实现复评审时间的智能预警及过程文件的一键归档，大幅度降低人工成本投入。

(3) 实验室环境层面的智慧化。

通过监测终端对实验室环境参数实时监控和采样，并通过控制设备进行调节，寻求实验室环境控制与安全、能效最优解决方案。实验室环境智慧监测如图 3-11 所示。

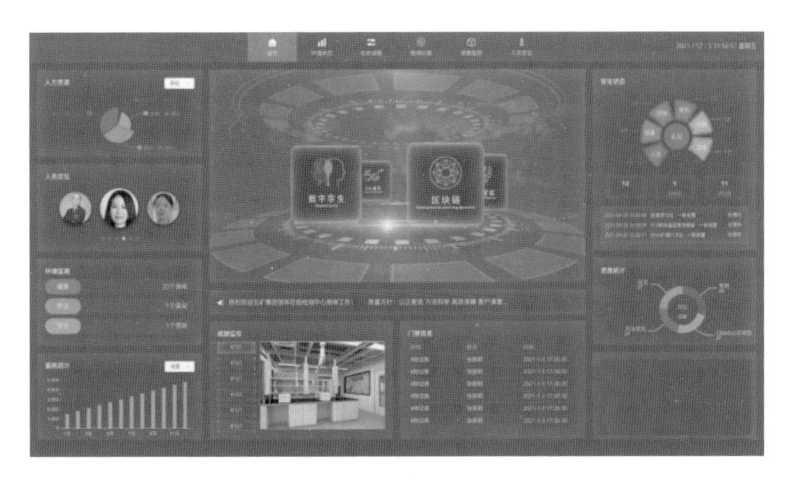

图 3-11　实验室环境智慧监测

（4）基于物联网技术。

实现实验室环境和仪器设备的泛在智能感知，数据上传至大数据平台后进行优化与智能决策，该层次为实验室运行层面的智能化，可以使实验室的运行过程具备实验项目与设备自组织、实验顺序与能耗自优化、实验资源自匹配等功能，实现了真正意义上的智慧实验室。

智慧实验室对试验业务自动化管理流程进行升级，提升试验过程质量及效率。一是实现计量业务线上预约委托管理，根据业务繁杂度、紧急程度、业务量等信息实现试验活动的智能化排期管理，并提供业务线上实时跟踪查询服务。二是实现检测设备与业务平台互联互通。通过建设计量设备协议库及标准化数据字典，逐步开展设备智能化接入及标准化改造，实现数据实时采样和设备联动集控。三是引入电子签章技术，推动业务线上审批、及时推送，实现计量高效、无纸化办公。

（5）深化数据分析，拓展计量业务智能化应用。

基于体系要素、业务管理等数据，实现计量业务分析应用中心建设，通过对业务数据、基/标准及传感设备接入数据积累分析，挖掘数据智能化应用。构建证书/报告分析、标准设备分布、量值溯源拓扑、计量体系全览、设备质量监督、设备误差分析、供应商评价等数据分析应用，拓展智能调度、智能引导、质量监督等数据应用场景，加强业务监督，提高服务质量。

3.9　小　　结

本章主要介绍了高电压大电流数字化计量的典型应用场景，包括交直流计量、变电站、配电网、工业用户关口计量、冲击以及智慧实验室等，针对智慧变电站、直流配网、充电桩、双回合环运行用户电能计量、大电流用户电能计量等应用场景，计量系统中数字化计量设备的典型配置以及应用成效进行了介绍，进一步体现了数字化计量在上述计量场景应用中具有独特的优势。此外，针对数字化计量在直流计量系统、冲击电压电流数字化以及智慧实验室典型架构等方面的应用进行了介绍。数字化计量技术在数字信号处理、传输和直流分布式电能计量等方面具有较大的优势，通过结合计算机技术、通信技术、大数据以及智能传感技术等，可实现计量业务的融合与共享。

第4章　高电压大电流数字化计量设备

根据前面章节介绍，在电力系统中，数字化计量主要在智能变电站、直流配电网、充电桩、复杂电力系统、工业用电等场景中进行应用。本章主要针对当前电力系统数字化计量场景中应用较为广泛的数字化计量设备进行介绍，主要包括交流电子式互感器、直流互感器、合并单元、数字化电能表、集中计量装置、计量监测装置等，并对各种数字化计量设备的工作原理以及应用现状进行阐述。数字化计量设备与传统计量设备的主要区别在于数字化计量设备采用电子技术或光学技术，实现了测量采样的数字化和数字信号处理。

4.1　交流电子式互感器

4.1.1　有源电子式互感器的整体结构

1. 电子式电流互感器

电子式电流互感器在智能变电站有多种应用形式，根据应用结构形式的不同，电子式电流互感器可分为空气绝缘开关设备（air insulated switchgear，AIS）独立式结构、隔离断路器（disconnecting circuit breaker，DCB）集成式结构、气体绝缘开关设备（gas insulated switchgear，GIS）集成式结构三种结构。

（1）AIS独立式结构。

AIS电子式电流互感器主要用于敞开式变电站，根据一次转换器布置位置的不同，AIS电子式电流互感器有高压端布置和低压端布置两种结构。图4-1和图4-2是AIS电子式电流互感器的两种典型结构示意图。

如图4-1所示，对于一次转换器高压端布置的AIS电子式电流互感器结构，一次电流互感器（空芯线圈及低功率电流互感器（low power current transformer，LPCT））和一次转换器均位于高压端，一次电流互感器的输出信号由一次转换器就近处理，一次转换器的工作电源由取能线圈及合并单元内的激光器提供，产品绝缘由光纤、复合绝缘子保证。如图4-2所示，对于一次转换器低压端布置的AIS电子式电流互感器的结构，一次电流互感器（空芯线圈及LPCT）位于高压端，一次转换器位于低压端，一次电流互感器的输出信号通过屏蔽双绞线送至低压端的一次转换器进行处理，一次转换器的工作电源由变电站220 V直流电提供，产品绝缘由绝缘套管、绝

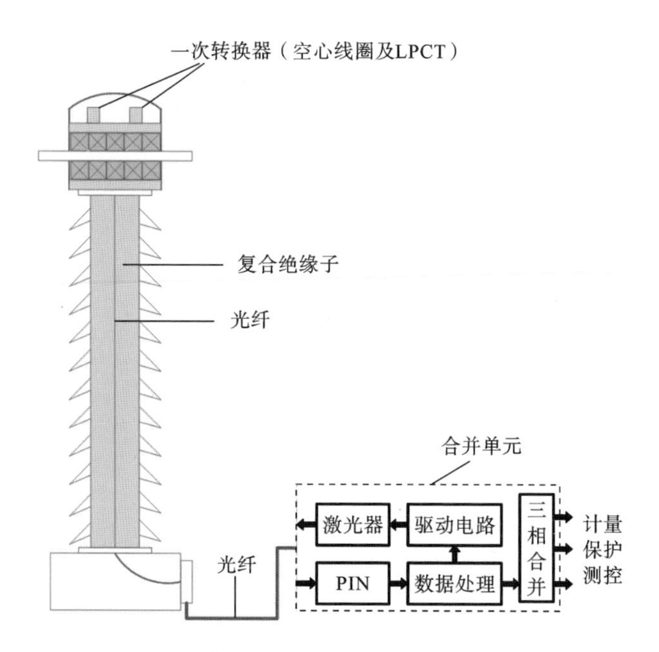

图 4-1 AIS 电子式电流互感器典型结构一示意图

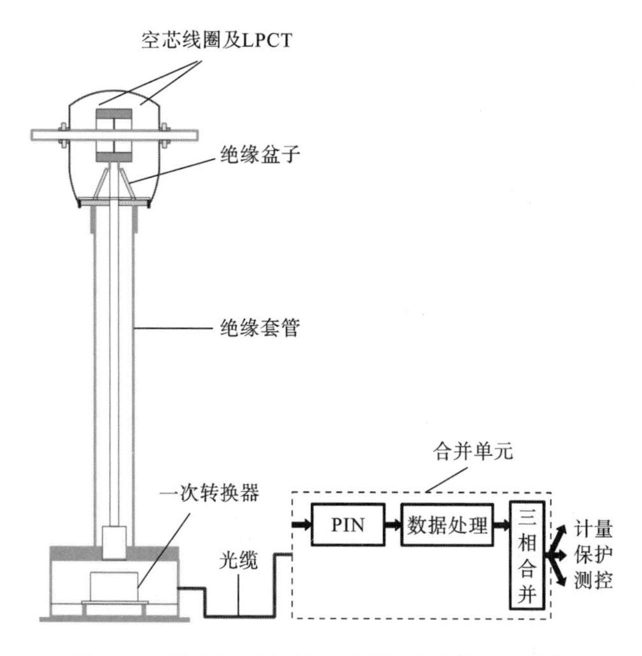

图 4-2 AIS 电子式电流互感器典型结构二示意图

缘盆子及套管内 SF_6 气体保证。

(2) DCB 集成式结构。

DCB 集成有源电子式电流互感器是适合与隔离断路器进行集成安装的电子式电流互感器,其典型结构如图 4-3 所示。

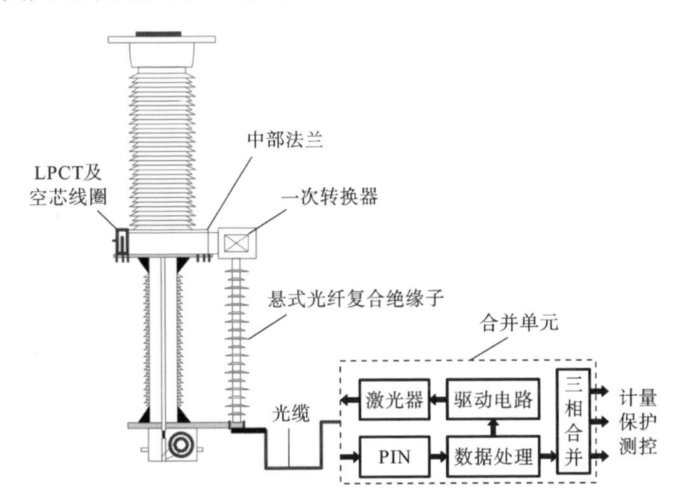

图 4-3　DCB 集成有源电子式电流互感器结构示意图

如图 4-3 所示,环形一次电流互感器(LPCT 及空芯线圈)套于 DCB 中部法兰外,一次电流互感器和一次转换器均位于高压端,一次电流互感器的输出信号由一次转换器就近处理,一次转换器的工作电源由取能线圈及合并单元内的激光器提供,产品绝缘由悬式光纤复合绝缘子保证。

(3) GIS 集成式结构。

GIS 集成有源电子式电流互感器是适合与气体绝缘开关设备进行集成安装的电子式电流互感器,其典型结构如图 4-4 所示。

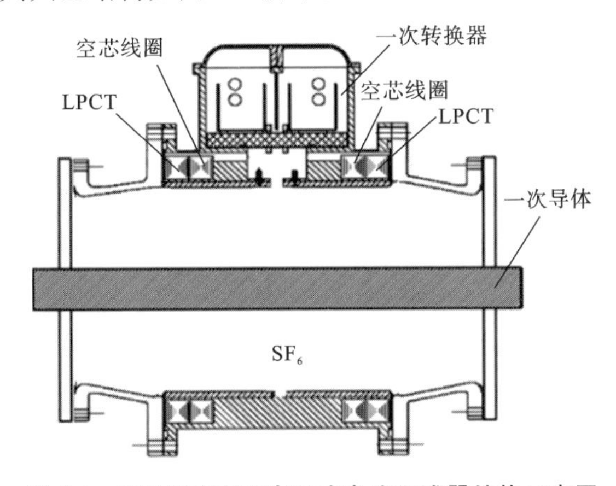

图 4-4　GIS 集成有源电子式电流互感器结构示意图

如图 4-4 所示，一次电流互感器（空芯线圈及 LPCT）嵌于接地罐体内，一次转换器位于罐体外屏蔽箱体内，一次电流互感器和一次转换器均位于低压端，一次电流互感器的输出信号由一次转换器就近处理，一次转换器工作电源由变电站 220 V 直流电提供，产品绝缘由罐体内 SF_6 气体保证。

表 4-1 给出了 AIS 独立式、DCB 集成式及 GIS 集成式有源电子式电流互感器的结构对比。

表 4-1　AIS 独立式、DCB 集成式及 GIS 集成式有源电子式电流互感器的结构对比

结构	AIS 独立式	DCB 集成式	GIS 集成式
一次电流互感器	① 位于高压端，包括低功率铁芯线圈和（或）空芯线圈。 ② 测量级电流信号多用 LPCT 传感，保护级电流信号多用空芯线圈传感，也有只采用空芯线圈或 LPCT 同时传感测量级和保护级电流信号的方案	同 AIS 独立式	① 位于低压端，包括低功率铁芯线圈和（或）空芯线圈。 ② 测量级电流信号多用 LPCT 传感，保护级电流信号多用空芯线圈传感，也有只采用空芯线圈或 LPCT 同时传感测量级和保护级电流信号的方案
一次转换器	① 位于高压端或低压端，接收并处理 LPCT、空芯线圈的输出信号。 ② 一次转换器位于高压端时，其工作电源主要由母线电流取能线圈及合并单元内的激光器提供，一次转换器位于低压端时，其工作电源由站内直流电源直接供能	① 位于高压端，接收并处理 LPCT、空芯线圈的输出信号。 ② 工作电源由母线电流取能线圈及合并单元内的激光器提供	① 位于低压端，接收并处理 LPCT、空芯线圈的输出信号。 ② 工作电源由变电站内直流电源提供
合并单元	① 为一次转换器提供供能激光。 ② 接收并处理三相电流互感器一次转换器下发的数据。 ③ 为其他二次设备提供数字化电流信号	同 AIS 独立式	① 接收并处理三相电流互感器一次转换器下发的数据。 ② 为其他二次设备提供数字化电流信号

由表 4-1 可知，三种有源电子式电流互感器，结构形式不同，应用场合不同。AIS 有源电子式电流互感器主要用于敞开式变电站，其中一次转换器高压端布置的 AIS 电子式电流互感器绝缘结构简单，但一次转换器需采用激光供能，激光供能长期工作的可靠性对光纤回路损耗、供能器件及工程实施的要求相对较高，一次转换器低压端布置的 AIS 电子式电流互感器一次转换器供能简单，但绝缘结构相对复杂，500 kV 及以上电压等级实现难度较大。DCB 集成电子式电流互感器将电

子式电流互感器和 DCB 进行集成安装，可有效减少变电站的占地面积，发挥 DCB 的集成优势，一次转换器位于高压端，需采用激光供能，对光纤回路损耗、供能器件及工程实施的要求相对较高。GIS 集成电子式电流互感器将电子式电流互感器与 GIS 进行集成，充分利用了 GIS 气体绝缘的优势，绝缘简单，一次转换器位于低压端，一次转换器供能简单、可靠，但产品运行易受刀闸操作引起的瞬态过电压(very fast transient overvoltage，VFTO)影响，产品设计需充分考虑对 VFTO 的抗干扰措施。

2. 电子式电压互感器

根据应用结构形式的不同，电子式电压互感器可分为 AIS 独立式结构和 GIS 集成式结构两种结构形式。

(1) AIS 独立式结构。

AIS 电子式电压互感器主要用于敞开式变电站，图 4-5 和图 4-6 是 AIS 电子式电压互感器的两种典型结构示意图。

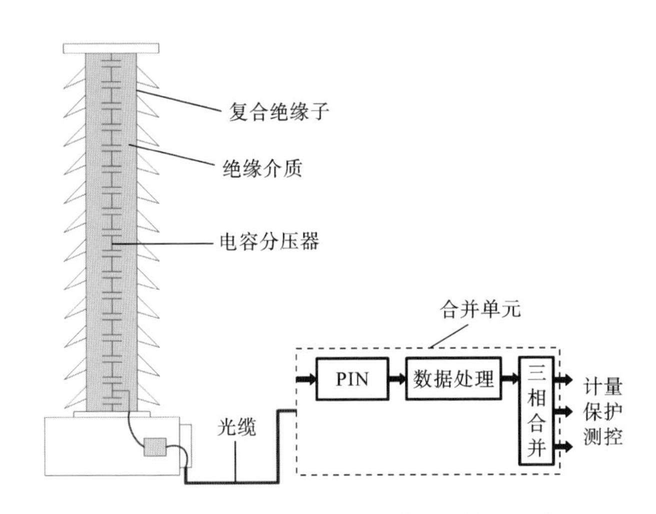

图 4-5　AIS 电子式电压互感器典型结构一示意图

如图 4-5 所示，对于基于叠状电容分压器的 AIS 电子式电压互感器的结构，一次电压传感器采用叠状电容分压器；一次转换器位于低压端，就近采样电容分压器的输出信号，一次转换器的工作电源由变电站 220 V 直流电提供，产品绝缘由叠状电容分压器保证。

如图 4-6 所示，对于基于同轴电容分压器的 AIS 电子式电压互感器的结构，一次电压传感器采用同轴电容分压器，中间电极位于高压端，一次转换器位于低压端，中间电极离一次转换器的距离随电压等级的升高而增大，一次转换器的工作电源由变电站 220 V 直流电提供，产品绝缘由 SF_6 气体及绝缘套管保证。

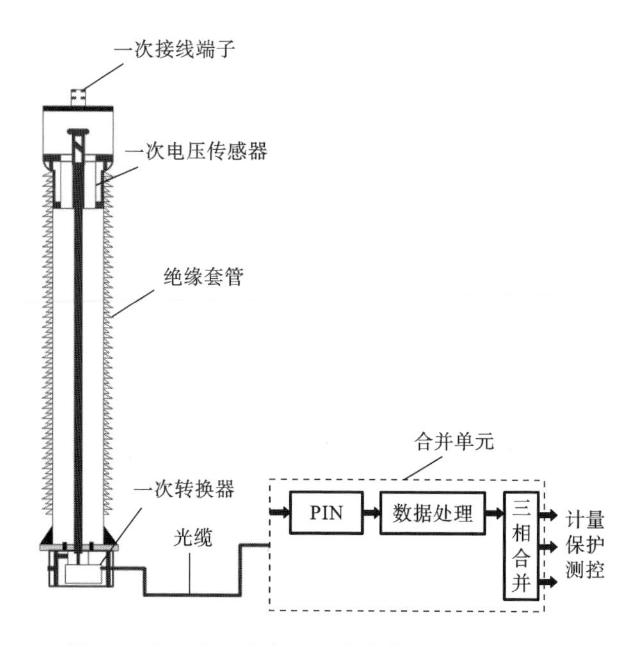

图 4-6　AIS 电子式电压互感器典型结构二示意图

(2) GIS 集成式结构。

GIS 集成式电子式电压互感器的典型结构示意图如图 4-7 所示。

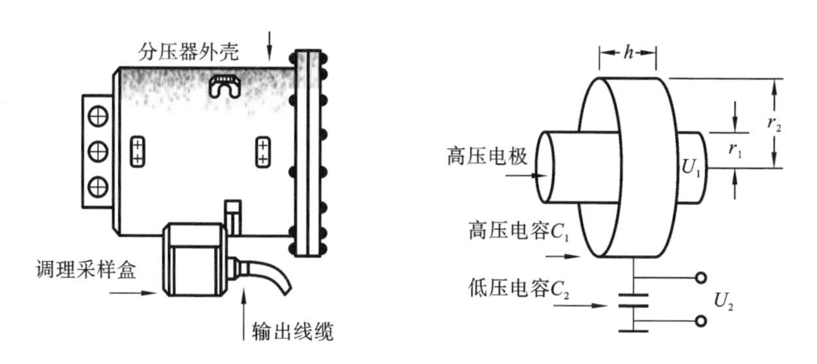

图 4-7　GIS 集成电子式电压互感器的典型结构示意图

一次电压传感器由同轴电容分压器构成，电容分压器高压电容 C_1 由电容分压环与一次导体构成，电容分压器低压电容 C_2 由电容分压环与分压器外壳构成，一次转换器位于罐体外屏蔽箱体内，一次电压传感器的输出信号由一次转换器就近处理，一次转换器工作电源由变电站 220 V 直流电提供，产品绝缘由罐体内 SF_6 气体保证。表 4-2 给出了 AIS 独立式、GIS 集成式电子式电压互感器的结构对比。

表 4-2　AIS独立式、GIS集成式电子式电压互感器的结构对比

结　构	AIS独立式	GIS集成式
分压器	① 采用叠状电容分压器或同轴电容分压器。 ② 叠状电容分压器采用油绝缘，同轴电容分压器采用 SF_6 气体绝缘	① 采用同轴电容分压器。 ② 同轴电容分压器采用 SF_6 气体绝缘
一次转换器	① 位于AIS电子式互感器底座内，接收并处理分压器的输出信号。 ② 一次转换器的输出为串行数字光信号	① 位于GIS电子式互感器壳体上屏蔽箱体内，接收并处理分压器的输出信号。 ② 一次转换器的输出为串行数字光信号
合并单元	① 接收并处理三相电压互感器一次转换器下发的数据。 ② 为其他二次设备提供数字化电流信号	① 接收并处理三相电压互感器一次转换器下发的数据。 ② 为其他二次设备提供数字化电流信号

由表4-2可知，AIS电子式电压互感器主要用于敞开式变电站，基于叠状电容分压器的AIS电子式电压互感器采用油绝缘，基于同轴电容分压器的AIS电子式电压互感器采用 SF_6 气体绝缘，基于同轴电容分压器的AIS电子式电压互感器中间电极离一次转换器的距离随电压等级的升高而增大，对于高电压等级，基于叠状电容分压器的AIS电子式电压互感器抗干扰性能相对较好。GIS集成式电子式电压互感器将电子式互感器与GIS进行集成，充分利用了GIS气体绝缘的优势，绝缘简单，一次转换器位于低压端，一次转换器供能简单、可靠，但产品运行易受刀闸操作引起的VFTO影响，产品设计需充分考虑对VFTO的抗干扰措施。

3. 电流电压组合电子式互感器

电子式电流互感器和电子式电压互感器可方便地组合在一起构成电流电压组合电子式互感器。根据应用结构形式的不同，电流电压组合电子式互感器有AIS电流电压组合电子式互感器及GIS电流电压组合电子式互感器两种结构。

(1) AIS电流电压组合电子式互感器结构。

图4-8和图4-9是AIS电流电压组合电子式互感器的两种典型结构示意图。

图4-8所示的AIS电流电压组合电子式互感器的一次电压传感器采用叠状电容分压器，一次电流互感器(空芯线圈及LPCT)和一次转换器均位于高压端，一次电流互感器和一次电压传感器的输出信号由一次转换器就近处理，一次转换器的工作电源由取能线圈及合并单元内的激光器提供。

图4-9所示的AIS电流电压组合电子式互感器的一次电压传感器采用同轴电容分压器，一次电流互感器(空芯线圈及LPCT)位于高压端，一次转换器位于低压端，

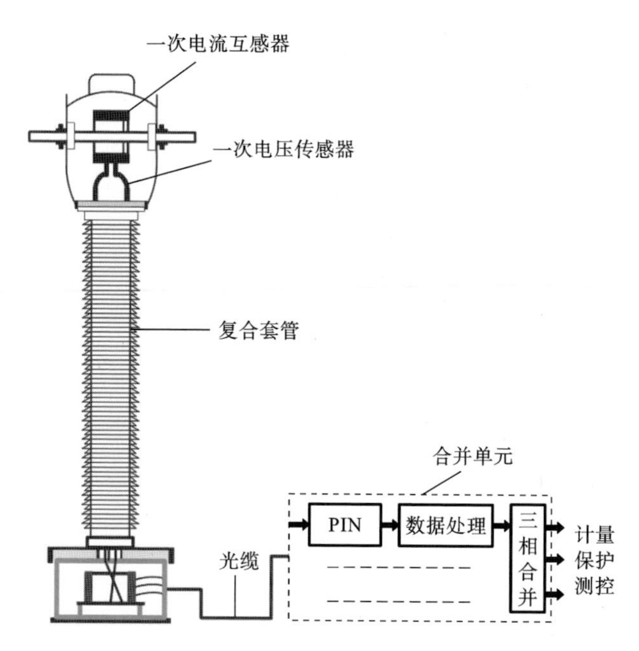

图 4-8　AIS 电流电压组合电子式互感器典型结构一示意图

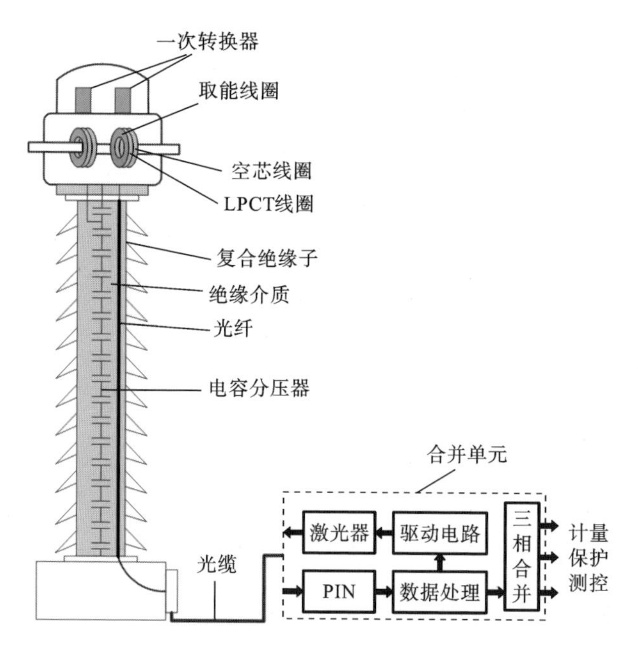

图 4-9　AIS 电流电压组合电子式互感器典型结构二示意图

一次电流互感器和一次电压传感器的输出信号通过屏蔽双绞线送至低压端的一次转换器进行处理，一次转换器的工作电源由变电站 220 V 直流电提供。

(2) GIS 电流电压组合电子式互感器结构。

图 4-10 是 GIS 电流电压组合电子式互感器的典型结构示意图。

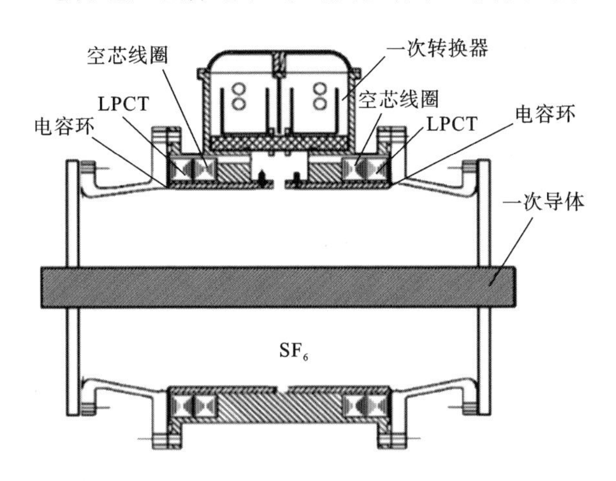

图 4-10　GIS 电流电压组合电子式互感器的典型结构示意图

如图 4-10 所示，GIS 电流电压组合电子式互感器的一次电流互感器(空芯线圈及 LPCT)嵌于接地罐体内，一次电压传感器由同轴电容分压器构成，一次转换器位于互感器壳体的屏蔽箱体内，一次电流互感器、一次电压传感器和一次转换器均位于低压端，一次电流互感器和一次电压传感器的输出信号由一次转换器就近处理，一次转换器工作电源由变电站 220 V 直流电提供。AIS 独立式、GIS 集成式电流电压组合电子式互感器的结构对比如表 4-3 所示。

表 4-3　AIS 独立式、GIS 集成式电流电压组合电子式互感器的结构对比

结　　构	AIS 独立式	GIS 集成式
一次电流互感器	位于高压端，包括低功率铁芯线圈和空芯线圈	位于低压端，包括低功率铁芯线圈和空芯线圈
分压器	① 采用叠状电容分压器或同轴电容分压器。 ② 叠状电容分压器采用油绝缘，其分压信号从高压端引出。 ③ 同轴电容分压器采用 SF_6 气体绝缘	① 采用同轴电容分压原理。 ② 高压导体作为高压电极，与套在外边的金属圆筒形成一个同轴电容的两极，间隙充有 SF_6 气体作为绝缘介质，构成高压电容，与串联在高压电容下端的接地电容构成串联分压回路

续表

结　构	AIS独立式	GIS集成式
一次转换器	① 采用叠状电容分压器的AIS组合互感器的一次转换器位于高压端，一次转换器的工作电源由取能线圈及合并单元内的激光器提供。 ② 采用同轴电容分压器的AIS组合互感器的一次转换器位于低压端，一次转换器的工作电源由站内直流电源提供	① 位于低压端，同时接收并处理LPCT、空芯线圈、分压器的输出信号。 ② 工作电源由站内直流电源提供
合并单元	① 对于分压器采用叠状电容的组合互感器，合并单元需为一次转换器提供供能激光。 ② 接收并处理三相电流电压组合式互感器一次转换器下发的数据。 ③ 为其他二次设备提供数字化电流信号	① 接收并处理三相电流电压组合式互感器一次转换器下发的数据。 ② 为其他二次设备提供数字化电流信号

由表4-3可知，AIS独立式电流电压组合电子式互感器主要用于敞开式变电站，采用叠状电容分压器的AIS电流电压组合电子式互感器的一次转换器位于高压端，其工作电源由取能线圈及合并单元内的激光器提供；采用同轴电容分压器的AIS电流电压组合电子式互感器的一次转换器位于低压端，其工作电源由站内直流电源提供。对于高电压等级，基于叠状电容分压器的AIS电流电压组合电子式互感器的抗干扰性能相对较好。GIS集成电流电压组合电子式互感器将电子式电流互感器和电子式电压互感器与GIS进行集成，充分利用GIS气体绝缘的优势，绝缘简单，一次转换器位于低压端，一次转换器供能简单、可靠，但产品运行易受刀闸操作引起的VFTO影响，产品设计需充分考虑对VFTO的抗干扰措施。

4.1.2 有源电子式互感器的传感部分

1. 电子式电流互感器

1）空芯线圈

空芯线圈也称罗氏线圈或Rogowski线圈，不含铁芯，其相对磁导率为空气的相对磁导率，不存在磁饱和问题，线性度好，动态范围大，适用于保护电流信号的传感。空芯线圈体积小、重量轻、价格低，且易于生产制造，在智能变电站保护电流测量领域已得到比较成熟的应用。在实际应用中，空芯线圈有多种变型设计。

(1) 骨架绕线型。

在绝缘骨架上绕制线圈是工业化制造的通用方法，利于批量加工生产，也可以根据不同的需求多层绕制，以提高输出电压及电感量。但绕制过程较难满足均匀对称要求，对加工工艺要求较高。

骨架绕线型空芯线圈的结构如图4-11所示。

空芯线圈的输出信号e与被测电流i的关系式为

$$e(t)=-\frac{\mathrm{d}\Phi}{\mathrm{d}t}=-\mu_0 ns\frac{\mathrm{d}i}{\mathrm{d}t} \tag{4-1}$$

式中：Φ为磁链；μ_0为真空磁导率；n为线圈匝数密度；s为线圈截面积。

根据式(4-1)可知，利用电子电路对线圈的输出信号进行积分变换便可求得被测电流i。

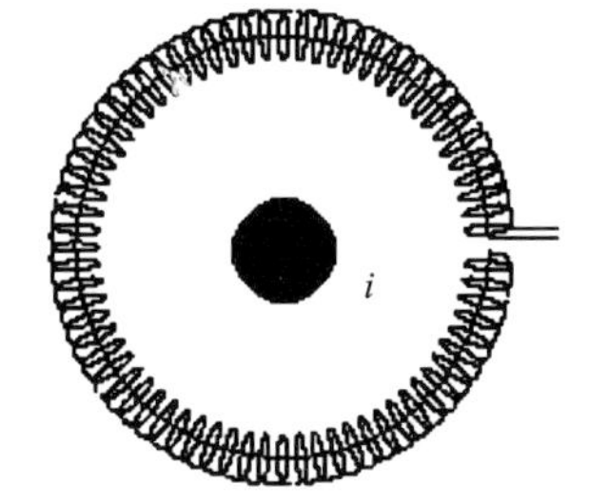

图4-11　骨架绕线型空芯线圈的结构

空芯线圈性能易受温度及外磁场等干扰因素的影响，采取如下措施可有效减小温度及外磁场干扰：① 骨架材料选用温度系数低的非磁性材料；② 线圈沿骨架均匀密绕；③ 绕制回绕线。

(2) 印制电路板型。

印制电路板型加工精度高，布线方式灵活，能够轻松解决多匝绕线均匀对称分布的问题。印制电路板型空芯线圈的布线密度高，可有效增大互感系数，并保证较高的温度稳定性。基于印制电路板的空芯线圈近年来发展迅速，主要结构有平板型、组合型、窄带型和螺旋线型。前三种与传统空芯线圈结构相仿，最后一种借鉴了螺旋线型霍尔电流互感器的设计思路。

平板型空芯线圈与传统空芯线圈结构最为相近，一般由一对或多对印制电路板制成的线圈串行连接而成。每对呈镜像的印制电路板为一组，引出一对出线端子；主板用来连接多对呈镜像的印制电路板，将其串联起来可以增大感应电势。

组合型空芯线圈由若干小贴片和一块主印制电路板组合而成。小贴片的作用是获得磁场变化所产生的感应电势，主印制电路板的作用是给小贴片提供回路并将它们串联起来。

窄带型空芯线圈指的是构成这种空芯线圈的多块印制电路板均为长方形，看起来就像一条条长长的“带子”。每条印制电路板包含上、下两个绕组，它们的分布间隔、绕线长度均完全一致，但是绕行方向相反。在电气的连接上，分别将多条带状印制电路板上、下绕组首尾相连，形成总体的上绕组和总体的下绕组，然后将这两个总绕组反向串联即形成窄带型空芯线圈。

平板型、组合型、窄带型三种空芯线圈的模型假设和推导是建立在长直导线磁场分布基础上的。螺旋线型载流导线是比较理想的针对微弱电流与磁场的变换器，其磁场分布与长直导线不同，可大致分为圈内磁场和圈外磁场，圈内磁场的磁感应强度在圆心处最小，靠近圆周处最大；圈外磁场的磁感应强度在靠近圆周处最大，随着离圆心的距离增大，圈外磁感应强度急剧下降。螺旋线型空芯线圈的一次导线是单匝或者多匝的载流螺旋导线，二次绕线亦为螺旋线，可根据具体需要设计成单匝或多匝。载流螺旋导线的圈内磁场和圈外磁场方向相反，两者反向串联，总的感应电势即为两部分感应电势之和。

2）低功率线圈

低功率电流互感器（low power current transformer，LPCT）是一种具有低功率输出特性的电磁式电流互感器，具有输出灵敏度高、技术成熟、性能稳定、易于大批量生产等特点。此外，其二次负荷较小，加上高磁导率铁芯材料的应用，有助于实现对大动态范围电流的测量。

用低功率铁芯线圈传感测量电流具有技术成熟、测量精度高、受温度影响小、动态范围较大等特点。LPCT 是传统电磁式电流互感器的一种发展，由于现代电子设备的低输入功率要求，LPCT 可以按照高负载阻抗 R_b 进行设计，这样传统电磁式电流互感器在非常高的一次电流下出现饱和的基本特性得到改善，并因此显著扩大了测量范围。LPCT 是一种输出功率很小的电流互感器，因此其铁芯截面及体积均较小。与传统电流互感器的 I/I 变换不同，LPCT 通过并联电阻 R_{sh} 将二次电流转换为电压输出，实现 I/U 变换，即 LPCT 的二次输出为电压信号。图 4-12 和图 4-13 所示为 LPCT 原理示意图和等效电路图。

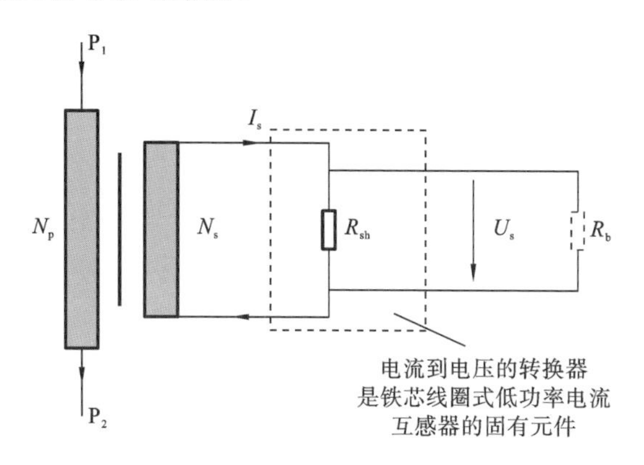

图 4-12 LPCT 原理示意图

图 4-13 中，I_p 为一次电流；R_{Fe} 为等效铁损电阻；L_m 为等效励磁电感；R_t 为二次绕组和引线的总电阻；R_{sh} 为并联电阻（电流到电压的转换器）；C_c 为电缆的等效电容；U_s 为二次电压；R_b 为负载电阻；P_1、P_2 为一次端子；S_1、S_2 为二次端子。

LPCT 包含一次绕组 N_p、小铁芯和损耗极小的二次绕组 N_s，后者连接并联电阻 R_{sh}。此电阻是 LPCT 的固有元件，对互感器的功能和稳定性极为重要。因此，原理上 LPCT 提供电压输出。R_b 为远大于 R_{sh} 的高阻抗，因此 LPCT 的二次输出近似表

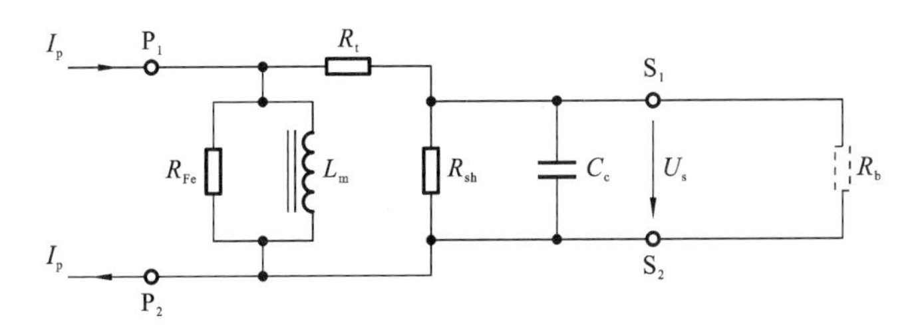

图 4-13　LPCT 等效电路图

达式为

$$U_s = R_{sh}\frac{N_p}{N_s}I_p \tag{4-2}$$

式中：R_{sh}为并联电阻；N_p为一次绕组匝数；N_s为二次绕组匝数；I_p为一次电流。

并联电阻R_{sh}的设计使互感器的功率消耗很小。二次电流I_s在并联电阻上产生电压降U_s，其幅值正比于一次电流且同相位。互感器的内部损耗及负荷要求的二次功率越小，其测量范围越广，且准确度越高。

2. 电子式电压互感器

电子式电压互感器根据分压原理的不同，主要分为电容分压和电阻分压两种形式，如图 4-14 所示。

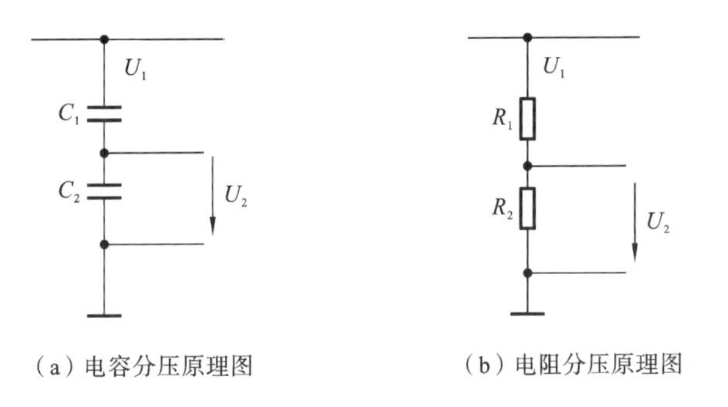

（a）电容分压原理图　　（b）电阻分压原理图

图 4-14　电子式电压互感器原理图

1）电容分压

图 4-14(a)为电容分压原理，由高压电容C_1和低压（接地）电容C_2两部分组成，其中C_1承受一次侧高压，C_2接地。C_2作为二次侧分压电容，输出二次电压U_2，由于C_2电容值远大于C_1，这样在C_2两端可以得到按比例缩小的电压U_2，电压变换关系为

$$U_2 = \frac{C_1}{C_1 + C_2}U_1 = K_c U_1 \tag{4-3}$$

式中：C_1为电容分压器的高压电容；C_2为电容分压器的低压电容；U_1为一次电压；

K_c 为变比系数。

高压电容 C_1 承受了几乎全部的一次电压，其绝缘可靠性是设计和制造中最重要的指标；高压电容运行情况复杂，要求在工作温度范围内容值稳定，设计时需注意选用温度稳定性足够好的型号；接地电容 C_2 具有大电容值，电子式电压互感器要求其分压在 1～4 V，分压比常规电容分压器大幅降低，接地电容 C_2 选用大容值电容，且 C_2 与 C_1 应具有相同的温度系数。由于电子式电压互感器分压器输出电压 U_2 的后续采样电路具有重新调节和校准的功能，所以分压器的变比允许有微小差异。

电容分压分为支柱式和同轴式两类。支柱式主要用于 AIS 独立式安装，同轴式主要用于 GIS 集成式安装，区别在于支柱式电容分压器的高压电容较大（大于 1000 pF），以抵御外界杂散电容的影响；GIS 罐体具有较好的屏蔽结构，GIS 同轴电容分压器的高压电容通常较小。电容分压式是目前电子式电压互感器最常用的分压方式，其优点是技术成熟、稳定性好、安全、可靠。

2）电阻分压

图 4-14(b) 为电阻分压原理，一、二次电压关系为

$$U_2 = \frac{R_2}{R_1 + R_2} U_1 = K_r U_1 \tag{4-4}$$

式中：R_1 为电阻分压器的高压电阻；R_2 为电阻分压器的低压电阻；U_1 为一次电压；K_r 为变比系数。

与电容分压不同的是：电阻上流过的是有功电流，分压器内电流过大，会直接产生有害温升，影响互感器温度稳定性，甚至对设备造成永久性损坏，所以电阻分压器最大的限制是不允许过大的电流。这使互感器设计在抵御外场干扰、提高测量精度上增加了技术难度，通常电阻分压多用于中低压场合。

电容和电阻分压有各自的优缺点。电容分压的优点是可通过较大的电流，绝缘性能好，抗干扰能力强；缺点是易受环境温度的影响，其测量稳定性相对较差，电容内存留电荷会导致暂态过电压以及谐振产生的容升现象。电阻分压的优点是可以选择较好的温度系数，分压器本体无存留电荷，无暂态响应过程；缺点是分压电流小，有散热问题，绝缘和抗干扰能力不如电容分压器。

4.1.3 有源电子式互感器的一次转换器

1. 构成及作用

一次转换器对一次传感器送入的电流测量信号和电压测量信号进行调理、采样、编码，输出至合并单元，是电子式互感器测量信号数字化的关键部件。传感器输出的模拟信号经滤波与信号调理电路，转化为高质量的电压小信号送入一次转换器中进行信号采样，采样得到的数字信号按约定通信协议编码后，以光信号形式通过光纤传输至合并单元。交流电子式互感器和直流电子式互感器两者所用一次转换器的结

构、功能基本相同，主要区别是供能方式不同。

一次转换器通常包括电源模块、数据采样模块、主控模块和数据转发模块等四个部分，流程框图如图 4-15 所示。

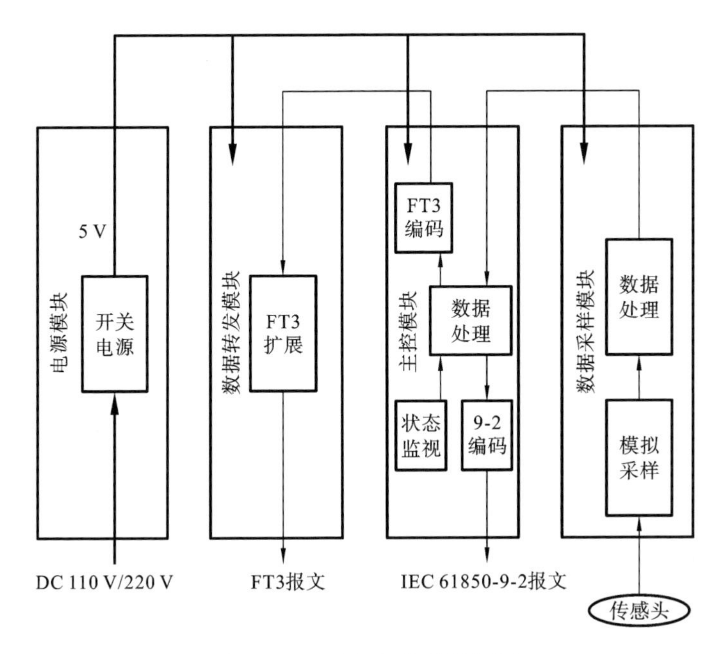

图 4-15　一次转换器流程框图

(1) 电源模块对由变电站直流供电系统提供或由激光供能等方式提供的电能进行变换，输出 5 V 电压供采样器内其他板卡使用。

(2) 数据采样模块完成采样单元工作。数据采样模块将空芯线圈和低功率线圈等一次传感器送出的信号进行信号调理，抗混叠滤波后送入模数转换器。模数转换器在中央处理器的控制下，高速、准确地进行数据采样，将模拟量转化为数字量后送入中央处理器。

(3) 主控模块和数据转发模块完成采样器中的控制及通信功能。主控模块采用数字信号处理芯片加可编程逻辑器件的架构，一方面对数据采样模块送入的数据进行信号处理和通信组帧，另一方面实现系统内部状态实时监视。根据合并单元的接口需求，采样器可按 FT3 或者 IEC 61850-9-2 标准格式输出采样数据；IEC 61850-9-2 格式的报文直接通过主控模块的光纤以太网口送出，FT3 格式的报文通过背板转发到数据转发模块进行发送。

2. 供能方式

对于有源电子式互感器，其一次转换器必须由稳定、可靠的电源供电，这是互感器电子化附加的必要条件，也因此称之为有源电子式互感器。互感器电源分为一次辅助电源和二次辅助电源，对于一次转换器高压侧安装的交流独立支柱式电子式电流互感器及直流电子式电流互感器，辅助电源安装在高压侧，可避免电信号长距离传输引入的干扰。因此高压侧如何获取电源是电子式互感器研发的核心技术之一。对于一次转换器在低压侧安装的交流电子式电流互感器，供电电源安装在低压侧，电源获取不存在难度，但长距离的电缆信号传输带来的电磁干扰成为新的技术难题。目前交流电子式互感器的供能方式主要有激光供能、高压母线取能和站用电供能三种方式，直流电子式互感器均采用激光供能。

1）激光供能

激光供能装置是由光源、传输光纤、光电池组成的一个能量传输系统，采用半导体激光二极管作为激光光源，利用会聚透镜将激光束会聚在光纤内进行传输。在光纤出口末端，将光束投射到光电池板上，转换为电能输出，为一次转换器供电。采用激光供能具有以下优点：一是高、低压侧实现了电气隔离，绝缘可靠；二是激光供能无需金属导线引入高压侧，降低了传感器电源对测量区域电磁分布的影响。图 4-16 所示为激光供能示意图。

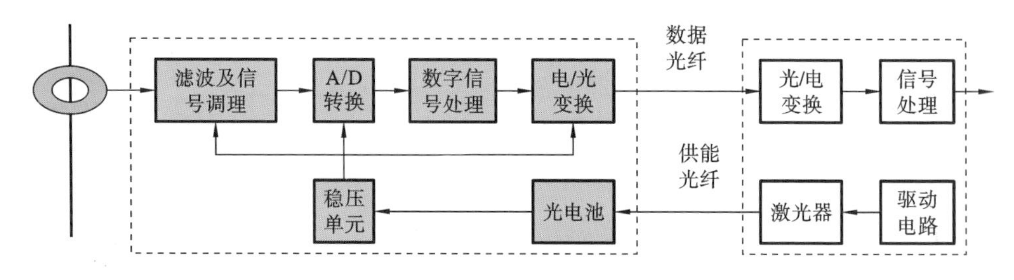

图 4-16　激光供能示意图

对于一次转换器高压侧安装的交流独立支柱式电子式电流互感器或交流电子式电流电压组合式互感器，目前通常采用激光供能与高压母线取能结合的供电方式。当一次电流较小时，利用高压母线取能为一次转换器供电；当一次电流较大时，利用激光供能为一次转换器供电。两者供电方式应能实现无缝切换。

2）高压母线取能

高压母线取能是指直接从一次导体电流磁场获取能量的方法，称为“自供电、自励源”技术，多用于交流 AIS 变电站中，为独立支柱式电子式电流互感器高压侧一次转换器供电。这种自供电方式不受外部运行条件的约束，可靠性和寿命周期远高于外部送能方式。采用自励源的供电方式，具有以下要求。

（1）减小唤醒电流：唤醒电流是指使传感器和变送电路启动进入正常工作的最小一次电流。为了在一次电流很小时采样器仍能正常工作，应尽可能减小唤醒电流；同时减小唤醒电流对小负荷线路可以减少激光供给时间，提高电子式互感器整体供给可靠性。

(2) 缩短唤醒时间。唤醒时间是指从一次合闸带电到传感器启动工作的时间。采用特殊裂相整流、非线性滤波、事先储能启动等技术可将唤醒时间缩短至 2 ms 以内，大大缩短母线取能的唤醒时间。

(3) 抑制大电流导致铁芯饱和。磁芯线圈工作在磁饱和状态时会输出高压尖脉冲。为了克服磁干扰，自励源装置采用两种不同结构参数的磁场取能磁环进行分段取能，保证一次电流在 0.5 A～63 kA 区间甚至更大区间内稳定取能。

(4) 增加断电延时。在一次线路因故障跳闸后至重合闸的过程中，要求 ECT 保持连续输出。自励源装置附带的储能装置可以保证在断电后继续延时工作 10 s 以上，确保重合闸期间互感器处于连续工作状态。

3) 站用电供能

站用电供能直接采用站用电，通过电缆为一次转换器供电。该方案简单、可靠，但仅适用于为低压侧安装的一次转换器供能，多用于为 GIS 集成式电子式互感器的一次转换器供电。在 AIS 站中，一次转换器安装在低压侧的独立支柱式互感器也可采用该供能方式。

3. 安装方式

直流工程用电子式电流互感器一次转换器均安装于高压侧，电子式电压互感器一次转换器均安装于低压侧，且均采用激光供能。

交流工程用 AIS 电子式互感器与 GIS 电子式互感器一次转换器安装方式不同，需要关注的重点问题也不同。

1) AIS 电子式互感器

在 AIS 站中，一次转换器安装一般有高压侧安装和低压侧安装两种方式。

(1) 高压侧安装。

一次转换器高压侧安装方案中，一次转换器、传感线圈均处于高电位，电子式互感器的传感头无需复杂的绝缘方式(如充气)，通过光纤与合并单元实现可靠电气隔离，没有对地电位短路的绝缘风险，安全、可靠，而且高压侧的传感线圈在短距离内转换为数字信号，在传输过程中不受干扰，信号更稳定，测量精度高，但需考虑一次转换器供电的可靠性及一次转换器在高压环境下的电磁兼容问题。

(2) 低压侧安装。

在一次转换器低压侧安装方案中，采用外供电源方案，可靠性得到保证，一次转换器处于低电位环境，电磁环境得以改善，但需着重考虑一次转换器与一次传感器传输线抗干扰问题。另外，电子式互感器的传感头物理上接近一次导体，却需要与低压侧一次转换器等电位，通常需要充气保证线圈绝缘性能，造成传感头体积增大。

表 4-4 是有源电流互感器一次转换器高、低压侧安装方式的优缺点对比。

表 4-4　有源电流互感器一次转换器高、低压侧安装方式的优缺点对比

指　　标	有源电流互感器	
	一次转换器高压侧安装	一次转换器低压侧安装
传感头	体积小(体积不随电压等级变化)、传感头与高压侧等电位,与合并单元间通过光纤实现隔离	体积大(电压等级越高,体积越大)、传感头与低压侧等电位,绝缘通常需要充气保证,存在漏气风险
绝缘结构	绝缘结构简单,光纤绝缘子	传统,复杂
供电方式	激光供电+自取电,需要切换	站用电,简单
电子回路工作环境(温度、干扰)	一次导体附近,浮地,温度高,电磁干扰大	底座下方,低压地电位,温度较低,电磁环境较好
一次传感线圈至一次转换器的信号传输及抗干扰	短距离内完成 A/D 转换,抗干扰能力强	传输距离长,且为小信号传输,传输路径易受干扰
一次部件寿命	有电子部件,较短	无电子部件,长
维护过程、难易度	电子部件在高压侧维护,难度大,时间长	在低压侧维护,方便、快捷
可靠性	可靠性相对较低	可靠性相对较高

2) GIS 电子式互感器

在 GIS 站中,一次转换器通常安装在 GIS 壳体上,属于低压侧安装。传感元件输出的模拟小信号在很短的距离、优良的电磁环境下传输至封装罐体内部的一次转换器,并转化为数字信号输出至合并单元,解决了小信号在罐体外长走线导致的小信号衰减问题和电磁干扰问题。当瞬态过电压(VFTO)干扰强烈时,采取信号双层屏蔽、采样单元浮地设计、强化信号调理回路、切断电源耦合干扰路径等方式,能有效提高电子式互感器抑制 VFTO 干扰的能力。也有厂家提出空芯线圈一次转换器采用近地安装的方式,结合一次转换器与一次传感器传输线抗干扰措施,减小一次转换器 GIS 壳体安装时壳体(地)电位跳变对电源引线的干扰作用,降低 VFTO 影响。

4.1.4　高精度测量技术

实现对一次电流、电压的准确测量是电子式互感器的主要功能之一,相对于传统的电磁式互感器,电子式互感器的构成部分较多,影响准确度的因素也较多,为提高电子式互感器的测量准确度,需要对影响电子式互感器测量精度的主要因素进行分析,从而实现高精度测量。

1. 低功率线圈零负载变换技术

LPCT 的电流互感器依据磁势平衡原理进行电流的转换与测量，一次绕组连接一次线路，常用一匝结构；二次绕组即测量线圈。当考虑励磁电流作用时，其一、二次传感关系的磁势平衡方程为

$$I_p N_p + I_s N_s = I_0 N_p \tag{4-5}$$

式中：I_p 为 LPCT 一次电流；I_s 为 LPCT 二次电流；N_p 为一次绕组匝数；N_s 为二次绕组匝数；I_0 为励磁电流。

由于高磁导率铁芯材料的应用，实际正常测量时，需要的励磁电流 I_0 非常小，所以传感关系式近似于 $I_p N_p + I_s N_s = 0$。

研究由于铁芯励磁导致的低功率线圈误差，可通过铁芯磁回路中主磁通 Φ 建立一、二次绕组以及铁芯参数之间的关系。为简化计算，忽略漏磁电抗以及铁损角的影响，假设并联电阻纯阻性，一、二次电流均为标准正弦波，则励磁电流与一次绕组产生的主磁通和二次电流与二次绕组产生的主磁通公式为

$$\Phi_p = \frac{\mu A I_0 N_p}{L} \tag{4-6}$$

$$\Phi_s = \frac{I_s Z_s}{2\pi f N_s} \tag{4-7}$$

式中：Φ_p 为励磁电流与一次绕组产生的主磁通；Φ_s 为二次电流与二次绕组产生的主磁通；A 为铁芯截面积；L 为平均磁路长度；Z_s 为二次回路总阻抗。

铁芯主磁通 $\Phi_p + \Phi_s = 0$，定义 I_0 在 I_p 中所占的百分比为 LPCT 的复合误差 ε，可得测量的复合误差 ε 为

$$\varepsilon = \frac{I_0}{I_p} = \frac{Z_s L}{2\pi f \mu A N_s^2} \times 100\% \tag{4-8}$$

由式(4-8)可知，影响低功率线圈二次电流精度的主要因素为铁芯材料、铁芯结构、二次绕组匝数 N_s 和二次回路总阻抗 Z_s，Z_s 是 LPCT 并联电阻 R_{sh} 与负载电阻 R_b 的并联。采用增大 N_s 与减小 R_{sh} 的方法都能减小二次回路功耗，降低测量误差，同时扩大线性量程范围。

设计中使用零负载变换技术可以实现 LPCT 的“零负载”，将二次回路电流进一步缩小到毫安级，零负载变换原理电路如图 4-17 所示。

在 LPCT 之后再级联一个小 CT，小 CT 按适当的变比将电流进一步缩小到毫安级，等效于进一步增大总变比。将毫安级的电流连接到运算放大器的输入端，由运算放大器将小电流转换为采样电压 U_s，供给 A/D 采样电路。U_s 的大小可由电阻 R_f 设定。U_s 与 I_p 的变比关系为

$$I_p = \frac{N_s}{N_p} \frac{N'_s}{N'_p} \frac{U_s}{R_f} \tag{4-9}$$

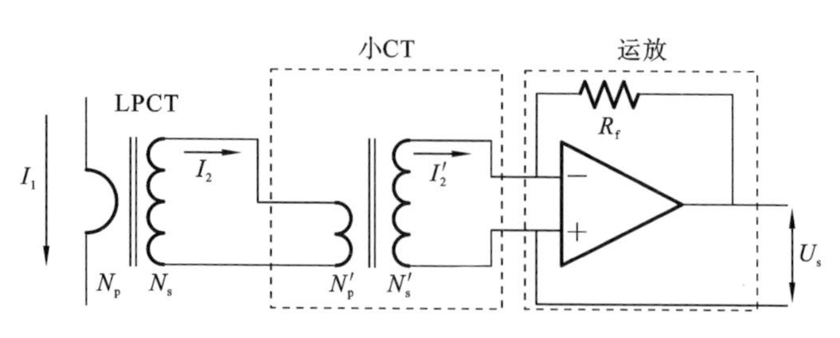

图 4-17　零负载变换原理电路

式中：I_p 为 LPCT 一次电流；N_p 为一次绕组匝数；N_s 为二次绕组匝数；N'_p 为小 CT 一次绕组匝数；N'_s 为小 CT 二次绕组匝数。

这一方法借助了运算放大器具有的阻抗变换功能，实现了 LPCT 的"零负载"，运放在放大工作状态，正、负输入端间总会保持等电位状态，相当于 N'_s 绕组被短路，即接入了零负载。将其换算到 LPCT 的输入端，则有效负载也为 0，由此实现了最大限度降低回路负载，并且最终输出电压 U_s 可由 R_f 设定。

小 CT 体积小，相当于一个电子元件，可以直接插装在 PCB 板上，实现完全电子式模拟信号的比例变换。实验表明，采用零负载措施相较于直接电阻负载可扩大线性测量范围数十倍，提高测量精度一个数量级，对缩小体积和减轻质量也非常有效。

2. 交流分压器的高精度测量技术

1）同轴电容分压器

外部环形安装的 GIS 集成式 EVT 采用同轴电容分压原理，其纵截面和横截面结构分别如图 4-18 和图 4-19 所示。高压电极和中间电极构成高压臂电容 C，中间电极和屏蔽环构成低压臂电容，为了改善电压测量的暂态特性，在低压臂电容两端并联一个小阻值的电阻 R，电阻上的电压 U_o 即为电压传感头的输出信号。

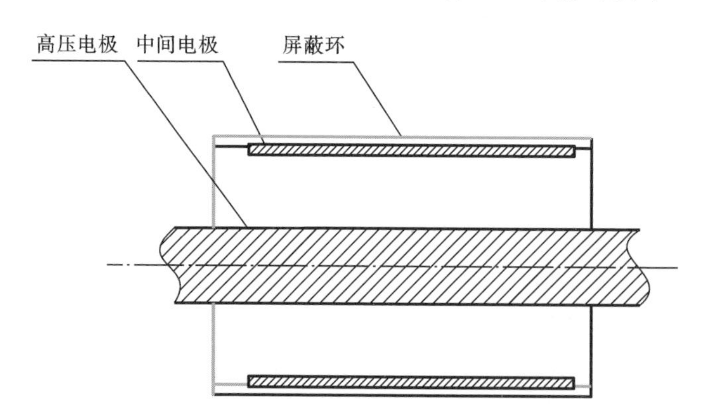

图 4-18　同轴电容分压传感器纵截面

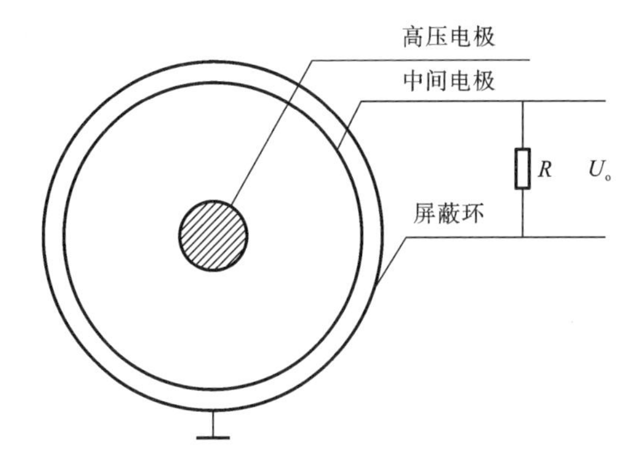

图 4-19　同轴电容分压传感器横截面

分压器低压臂输出电压 U_o 与被测电压 U_i 和高压臂电容 C 的关系为

$$U_o = RC\frac{dU_i}{dt} = RC\omega U_i \tag{4-10}$$

式中：C 为分压器高压电容；R 为分压器低压电容并联小电阻；U_i 为被测一次电压；U_o 为分压器输出电压；ω 为被测电压角频率。

对于同轴电容，$C=\frac{2\pi\varepsilon_r\varepsilon_0 l}{\ln D/d}$。其中，$\varepsilon_0=8.85\times10^{-12}$ F/m；l 为同轴环有效长度；D 为中间电极直径；d 为一次导棒直径。

同轴电容分压器的一次电容值易受结构偏心、电容介质、外界电场干扰等影响而发生变化，从而影响电子式电压互感器精度，在设计时需考虑短路状态和正常运行两种情况。当系统短路后，若电容环的等效接地电容上积聚的电荷在重合闸时还未完全释放，则在系统工作电压上叠加一个误差分量，严重时会影响测量结果的正确性以及继电保护装置的动作正确。此外，长期工作时等效接地电容会因温度等因素的影响而变得不够稳定，从而影响准确度，可采用以下几种方法提高电子式电压互感器的精度。

(1) 通过建立数学模型，计算得到同轴电容偏心小于 4 mm 情况下互感器的输出比差变化小于 0.2%。因此应保证同轴电容分压器的同轴电容偏心小于 4 mm，使互感器输出精度可以满足要求。

(2) 设计同轴电容屏时，应采用空芯铝管结构，其强度高、不易发生变形和偏心。

(3) 互感器紧固设计时，应留有 5 倍的紧固余量，提高其抗振动性能。

(4) 由于同轴电容的绝缘介质主要是 SF_6 气体，气体密度变化会导致绝缘介质的介电常数发生变化，从而影响电容值，并导致输出电压偏差。通过数学建模与长期观察可知，在额定充气压力和闭锁充气压力范围内，气体压力的变化对精度的影响可以忽略不计。但在长期运行后，当互感器 SF_6 气体压力泄放至报警压力时，必须由操作人员及时充气，才能保证电容分压传感器的输出无过大偏差。

(5) 对同轴电容分压器应进行全屏蔽设计,使电压互感器不受外界电场干扰的影响。

2) 电容分压器

如图 4-14(a)所示,电容分压电压互感器的传感器是一个电容分压器,在被测装置的相和地之间接有电容 C_1 和 C_2,C_1 承受几乎全部的一次电压,C_2 分得一个小电压信号。

对于串联型的电容分压器,采用由多个电容器叠置串联而成的电容分压器,这一方式广泛用于成熟的 CVT 中的分压部分,测量精度高。测量误差主要受分布电容的影响,串联型的高压电容因元件与高压引线、地面之间存在分布电容,其等值电容与各元件电容的串联计算值不同,当杂散电容变化时,等值电容也随之改变,对测量精度有一定的影响。总的来说,电容分压器的技术较为成熟,在选择合适的电容值、分压比时,串联型电容分压器的精度较高,满足 0.2/3P 级的要求。

3) 电阻分压器

如图 4-14(b)所示,电阻分压器一般由高压臂电阻 R_1、低压臂电阻 R_2 和过压保护的气体放电管组成,将一次电压按比例转换为小电压信号输出。

(1) 影响阻值稳定性的主要因素是温度。电阻的选择还应考虑耐受工频电压、冲击电压,阻值大小的选取应与通过电阻的电流大小相适应。电流太大会增大电阻功耗,引起较大温升,太小易受外界电磁场、电晕放电电流等的干扰。目前,多采用耐高压,几何尺寸、温度系数和阻值误差均很小的厚膜电阻。

(2) 电阻分压器的结果设计要满足绝缘要求,还应该尽量减小对地电容的影响。电压互感器工作在开关设备周围恶劣的电磁环境中,对传感器的电磁兼容性能提出了较高的要求。在分压器的高压端加适当的屏蔽电极可以改善高压端杂散电容引起的分压器上电压分布不均匀。分压器对地杂散电容会随周围现场条件发生变化。在接地端加设屏蔽电极,可对杂散电容起到一定的抑制作用。屏蔽电极的尺寸可以从电场的角度采用数值方法理论计算得到,也可以依据实际工程经验获得,采用试验法可以得到满足分压比误差要求的屏蔽尺寸。

(3) 在传感器内部,整个分压器用接地金属屏蔽罩与外界电磁干扰隔离开来,低压侧信号出线和地线组成双绞线,这种设计减少了能够产生感应电压的回路和区域,提高了传感器的抗干扰性能。

4.2 直流互感器

4.2.1 直流互感器传感原理

1. 直流分流器原理

直流分流器是根据被测电流通过已知电阻上的电压降来确定被测电流大小的。

分流器一般由锰镍铜合金制成，有两个电流端和两个电位端。分流器具有结构简单、不需要辅助电源、不易受外磁场影响等显著优点，结合光纤信号传输，可将分流器无电隔离的不足转化为易于绝缘的优势。

分流器是具有分布参数的无源四端元件，其等效电路如图 4-20 所示。

分流器的二次输出信号 u 与一次电流 i 的关系为

$$u=R_i+L\frac{\mathrm{d}i}{\mathrm{d}t} \tag{4-11}$$

式中：R 为分流器的电阻；L 为分流器的分布电感。

根据结构形式的不同，分流器有绞线式、折带式、同轴式、盘式和笼式等多种形式。直流电子式电流互感器的分流器通常采用鼠笼式结构，鼠笼式分流器是一种特殊形式的分流器，其结构如图 4-21 所示，中间的柱状体为多根锰铜合金棒，两端为圆盘形端子。鼠笼式分流器整体结构关于中心轴线对称，此结构分流器电感影响较小、热容量大，适用于长时间、大电流的测量。

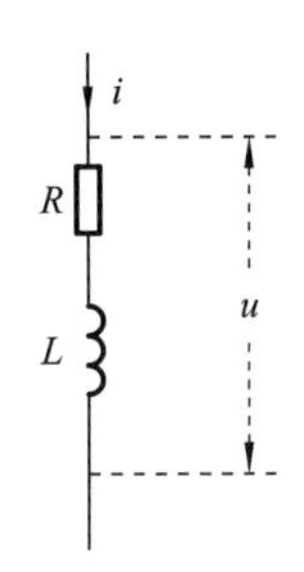

图 4-20　分流器等效电路

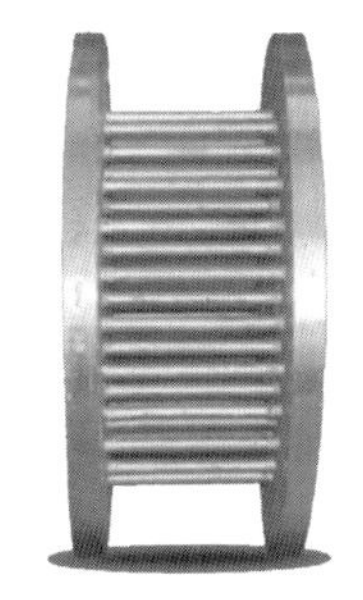

图 4-21　鼠笼式分流器

分流器是直流电子式电流互感器的关键部件，其性能直接关系到直流电子式电流互感器整体性能。对分流器的基本要求有如下几点。

(1)良好的温度稳定性，分流器由锰铜合金制成，其额定二次输出通常为 75 mV 或 100 mV，被测电流一般为数千安，分流器的阻值多为微欧级，分流器阻值的微小变化就会对测量精度产生较大影响，在被测电流作用下，分流器锰铜合金棒的温度会升高，阻值也会相应发生变化，当温度为 t 时，分流器的实际电阻值 R_t 为

$$R_t=R_m[1+\alpha(t-20)+\beta(t-20)^2] \tag{4-12}$$

式中：R_m 为 20 ℃时分流器的实际电阻值；α、β 为温度系数。为使分流器具有良好的温度稳定性，其温度系数 α 和 β 应较小。

(2) 良好的散热性能，分流器在通过被测电流时，会发热并引起温度升高，温升在影响分流器电阻值的同时，还会产生热应力等问题，合理设计并控制分流器的温升是保证准确测量的重要因素。

(3) 良好的阶跃响应特性，直流电子式电流互感器在实际应用中应具有良好的

暂态特性，为此要求分流器具有良好的阶跃响应特性，由式(4-11)可知，分流器的分布电感 L 对分流器的阶跃响应有较大影响，为使分流器具有良好的阶跃响应，应尽量减小分流器的分布电感 L。

直流电子式电流互感器可分为悬挂式和支柱式两种结构，分别如图 4-22 和图 4-23 所示。

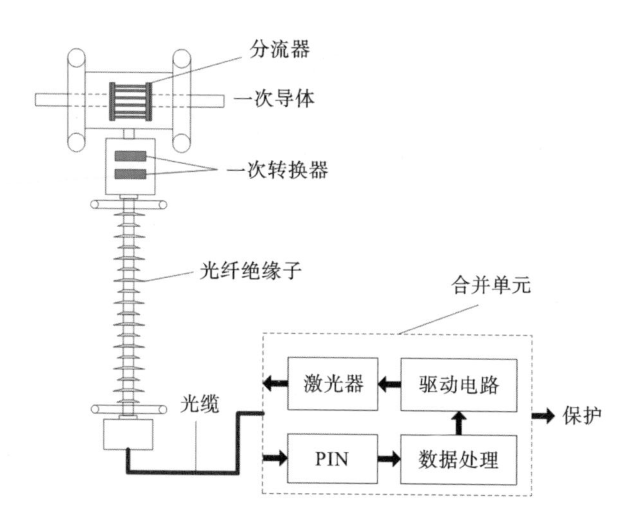

图 4-22　直流电子式电流互感器结构(悬挂式)

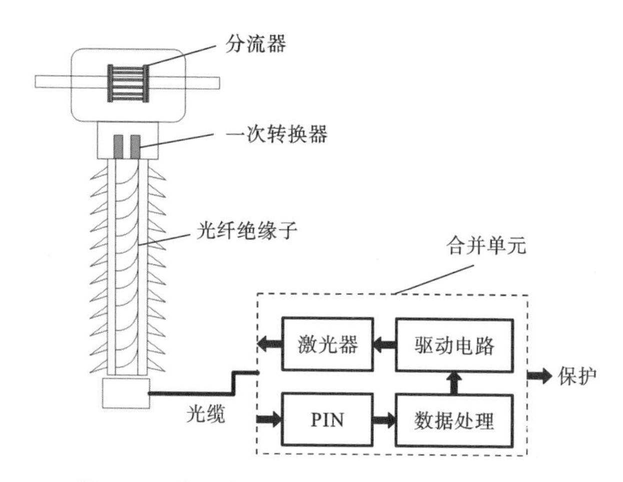

图 4-23　直流电子式电流互感器结构(支柱式)

由图 4-22 和图 4-23 可知：直流电子式电流互感器利用分流器传感直流电流，利用基于激光供能的一次转换器就近采样分流器的输出信号，一次转换器的输出信号通过光纤下送，利用光纤绝缘子保证绝缘。分流器串接于一次回路中，分流器将被测一次电流转换为电压信号输出，分流器及一次转换器均位于高压侧。

2. 零磁通互感器原理

高精度零磁通电流互感器采用磁通门技术，应用于高准确度直流的精确测量，广泛应用于高能物理、核物理、医疗、新能源测试计量、精密控制等领域的电流测试。

零磁通互感器的基本原理如图 4-24 所示，一次电流 I_p 流过传感器产生一个磁通量，会被二次电流 I_s 抵消。任何残留未抵消的磁通都会被传感器内部的三个环形绕线磁芯（N_1，N_2，N_3）检测出来，如图 4-24 所示。

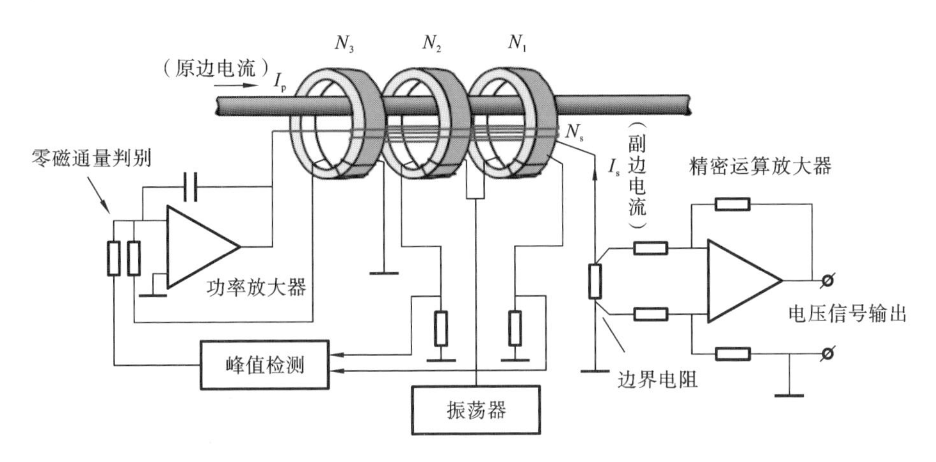

图 4-24　零磁通互感器的基本原理

N_1 和 N_2 磁芯主要检测 DC 直流部分的剩磁，N_3 主要负责交流的检测。振荡器驱动检测 DC 的两个磁芯，使其反向达到饱和。如果剩余 DC 磁通量为零，峰值瞬时检测的结果是不同方向的 N_1 与 N_2 电流是相等的。如果不为零，其差分分量与剩余 DC 磁通量成正比。当增加检测交流的 N_3，其产生的二次电流会使磁通抵消为零。其功率放大器主要把电流 I_s 转换输入到二次绕组 N_s 中，其产生的磁通将根据绕组的匝数被放大 N 倍，最后通过边界电阻，就可以把电流转换成电压。最后，再通过精密的运算放大器放大其电压信号为用户直接接入仪器的电压信号。

当被测电流超过一定频率之后，功率放大器不再工作，仅作为回路的连通。此时的零磁通电流互感器仅作为一个无源的电流互感器。零磁通电流互感器的带宽上限与传感器头和线缆的杂散电感和电容有关系。当零磁通电流互感器为电流型输出时，其二次侧的电流直接作为传感器的输出，不包含边界电阻和精密运算放大器。

3. 直流分压器原理

直流电压互感器采用直流分压器传感被测电压，直流分压器是直流电压测量设备的核心部件，其性能直接关系到直流电压互感器的绝缘性能、测量精度、阶跃响应、频率特性和温度稳定性等主要指标。

直流分压器利用精密电阻分压器实现对直流电压的分压测量，分压电阻的大小

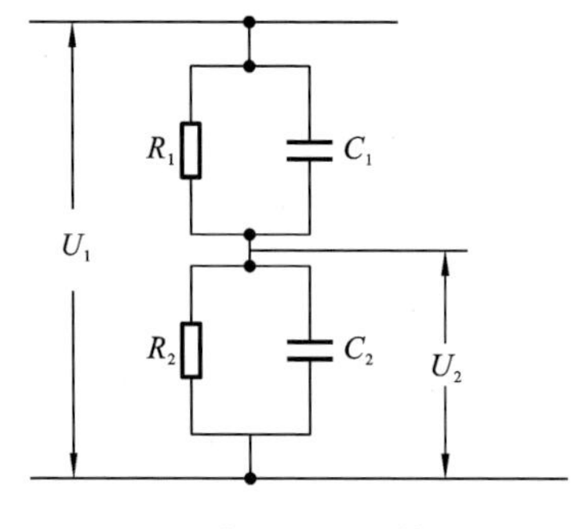

图 4-25 直流分压器等效电路

决定了流过分压电阻的工作电流，分压电阻工作电流的大小直接影响分压器的温升。对于高压直流分压器，为减小分压器温升，分压器高压臂电阻通常设计为数百兆欧，为减小杂散电容的影响、提高直流分压器的频率特性，通常在电阻分压器上并联电容分压器，并联的电容分压器可起到均压作用，提高直流分压器的绝缘性能。图 4-25 所示是直流分压器等效电路。

根据直流分压器等效电路，有

$$\frac{U_2}{U_1}=\frac{Z_2}{Z_1+Z_2}=\frac{\dfrac{R_2}{1+\mathrm{j}\omega C_2R_2}}{\dfrac{R_1}{1+\mathrm{j}\omega C_1R_1}+\dfrac{R_2}{1+\mathrm{j}\omega C_2R_2}}=\frac{R_2}{R_2+R_1\dfrac{1+\mathrm{j}\omega C_2R_2}{1+\mathrm{j}\omega C_1R_1}} \tag{4-13}$$

若 $C_1R_1=C_2R_2$，则式(4-13)可简化为

$$U_2=\frac{R_2}{R_1+R_2}U_1 \tag{4-14}$$

式中：R_1 为分压器高压臂电阻；R_2 为分压器低压臂电阻；U_1 为分压器一次电压；U_2 为分压器二次输出电压。

由式(4-14)可知，若分压器高压臂阻容时间常数 R_1C_1 与低压臂阻容时间常数 R_2C_2 相等，则直流分压器二次输出与电容分压器的电容无关，只与分压电阻有关，这样直流分压器将具有很好的频率特性，即选择分压器的阻容参数使 $R_1C_1=R_2C_2$，是设计直流分压器的基本原则。

根据电压等级的不同，分压器高压臂通常采用多节阻容单元串联构成，如图4-26所示，多节阻容单元通常固定于复合套管内，套管内充有 SF_6 气体以保证绝缘。

对直流分压器的基本要求有如下几点。

(1) 可靠的绝缘性能，直流分压器在直流电压作用下电压分布比较均匀，在雷电冲击电压下，由于不同高度对地杂散电容的不同，电压分布可能极不均匀，高压侧单个电阻元件承受的冲击电压将远远超过中、低部，易造成绝缘击穿，为改善电场分布，需要在电阻元件两端并联电容。直流分压器的设计还需充分考虑径向绝缘问题，分压器长时间运行后外表面污秽部分不均匀，雨天时污秽分布可能更不均匀，电压沿套管外表面的纵向分布会很不均匀，而套管内电压沿阻容分压单元的纵

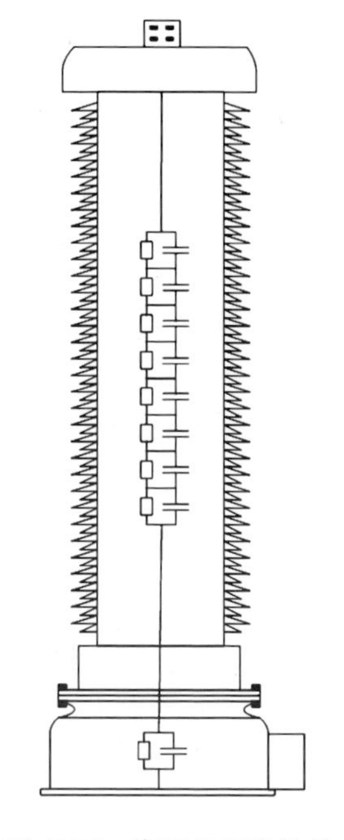
图 4-26 直流分压器结构

向分布是均匀的，这样就会形成径向电压差，若分压器径向绝缘裕度不够，则可能造成径向绝缘击穿。

(2) 分压比稳定，直流分压器分压比的稳定性直接影响直流电压互感器测量精度的稳定性，为此分压器分压电阻应选用温度系数小的电阻，同时高、低压臂的分压电阻应有相同的温度系数。

(3) 温升小，温升对直流分压器长期运行的可靠性及设备寿命有较大影响，直流分压器的温升与其分压电阻的大小有直接关系，分压电阻越小，分压器的工作电流越大，分压器的功耗越大，温升就越大。分压器分压电阻阻值的设计应综合考虑测量精度和温升影响，在保证测量精度的同时尽量降低分压器的温升。

(4) 频率特性好，直流分压器在传变直流电压的同时，对谐波电压也要求能够正确传变。为使分压器具有较好的频率特性，应合理设计分压器高压臂阻容参数及低压臂阻容参数，使高压臂阻容时间常数与低压臂阻容时间常数相等。

4.2.2 直流互感器测量技术

1. 直流分流器测量技术

高压直流回路中的电流应为直流电流，但实际还包含因换流器工作产生的一定量的谐波电流，另外，在过渡过程和干扰时也可能产生相应的谐波电流。在交变电流通过导体时，在近导体中心处比导体表面处所交链的磁通量多，在近表面处的感应电动势较中心小，因而在同一外加电压下，导体表面处的电流密度较大，导体内部的电流密度较小，这种现象即为集肤效应。集肤效应会增大导体的交流电阻，影响直流电子式电流互感器的测量精度。

理论分析表明，对于长度为 L、半径为 a 的圆柱形长直导体，其电阻 R 与流过长直导体的电流角频率 ω 的关系为

$$R=\frac{L}{\pi a^2 \gamma}\left(1+\frac{\omega^2 \mu^2 \gamma^2}{192} a^4\right) \tag{4-15}$$

式中：γ 为电导系数；μ 为磁导系数。式(4-15)中第一项为直流电阻，第二项为对应频率下的交流电阻。

根据式(4-15)可知，集肤效应与谐波角频率的平方、圆柱截面半径的平方成正比。为减小集肤效应的影响，分流器结构设计中必须控制锰铜导体的截面半径。

对实际应用的鼠笼式分流器，多个锰铜导体是相互靠近、并联排布的。相互靠近的导体通以交变电流时，每一导体不仅处于自身电流产生的电磁场中，还处于其他导体电流产生的电磁场中。显然，各导体中的电流分布与其单独存在时是不一样的。采用磁矢位法进行分析，半径为 a、轴间距为 b 的两导体因对方影响而产生的单位长度附加阻抗公式为

$$Z_{\text{prox}} = \sum_{n=1}^{\infty} \frac{\mathrm{j}\omega\mu_0}{\pi a}\left(\frac{a}{b}\right)^{2n} \frac{\mathrm{I}_n(ma)}{\frac{n}{a}\mathrm{I}_n(ma) + m\mathrm{I}'_n(ma)} = \sum_{n=1}^{\infty} \frac{m}{\pi a\gamma} \frac{\mathrm{I}_n(ma)}{\mathrm{I}_{n-1}(ma)}\left(\frac{a}{b}\right)^{2n} \tag{4-16}$$

式中：$m^2=\mathrm{j}\omega\mu\gamma$；$\mathrm{I}_n$ 是 n 阶第一类变型的贝塞尔函数。

由式(4-16)可知，导体间相互影响产生的附加阻抗与导体间的距离成反比，导体间距离越近，相互间影响产生的附加阻抗越大，导体间距离越远，相互间影响产生的附加阻抗越小。

综上所述，对于实际应用的鼠笼式分流器，为减小集肤效应引起的交流阻抗及锰铜导体相互间近距离排布引起的附加阻抗的影响，提高分流器的测量精度，必须控制锰铜导体的截面半径，同时要尽量加大相邻导体的间距。

2. 直流分压器测量技术

直流分压器利用电阻分压实现对直流电压的测量。对于高电压等级的直流分压器，分压器高压臂电阻阻值较高，通常为数百兆欧姆，分压电阻的表面电阻对测量精度的影响不可忽视。若分压电阻的表面电阻不够大，在高电压作用下，将有可能产生泄漏电流，给直流电阻分压器的分压比带来误差，因此，高精度直流分压器的设计必须考虑泄漏电流对分压器测量精度的影响。

分析及试验发现，防止泄漏电流最有效的方法是采用等电位屏蔽措施，其原理是基于两个相同电位之间不会产生电流。方法是在电路上增加一路辅助分压器，在分压电阻表面两端人为地建立等电位点，使这段的等效电阻为无穷大。此方法可以有效阻断沿分压电阻表面的泄漏电流，且不影响分压器的分压比，从而可有效保证直流分压器分压比的稳定，提高直流分压器的测量精度。等电位屏蔽直流分压器电路如图 4-27 所示。

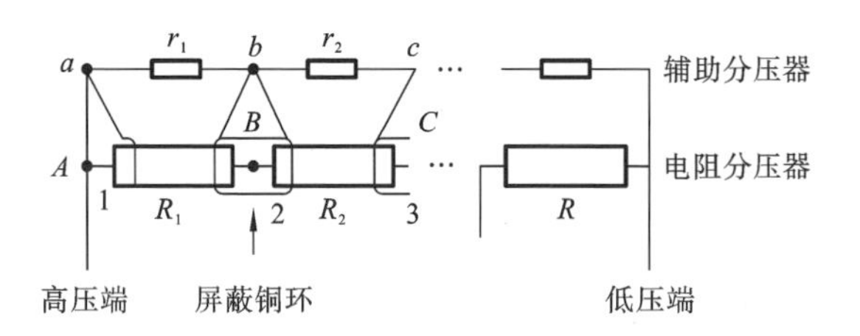

图 4-27　等电位屏蔽直流分压器电路

R_1、R_2 是直流分压器的分压电阻，r_1、r_2 是辅助分压器的分压电阻，两组分压器的分压比相同，即 $R_1 : R_2=r_1 : r_2$。在直流分压器的分压电阻两端分别安装屏蔽铜环，铜环与辅助分压器的相关电位点相连，如图 4-27 所示，环 1 上的电位与 A 点相同，环 2 上的电位与 b 点相同，而 b 点与 B 点是等电位。以此类推，屏蔽环与相邻的电阻具有相等的电位，使该段等效电阻趋于无穷大，从而可消除泄漏电流，而电阻两环之间的表面电阻上即使有泄漏电流，也会流经辅助电阻，不会影响电阻分压器的测量精度。

4.3 合并单元

4.3.1 合并单元的作用

合并单元为智能电子设备提供一组时间同步（相关）的电流和电压采样值。其主要功能是汇集或合并多个互感器的输出信号，获取电力系统电流和电压瞬时值，并以确定的数据品质传输到电力系统电气测量仪器和继电保护设备。其每个数据通道可以传输一台和/或多台的电流和/或电压互感器的采样值数据。

合并单元应能汇集或合并电子式电压互感器、电子式电流互感器输出的数字量信号，也可汇集并采样传统电压互感器、电流互感器输出的模拟信号或者电子式互感器输出的模拟小信号，并进行传输。合并单元是互感器与间隔层智能电子设备间采样数据的桥梁，它为电气测量仪器和继电保护装置等二次设备提供一组或多组时间相关的电流和电压样本。

通常，合并单元对来自一个设备间隔（一套包括互感器在内的三相开关设备的总称）的各电流和电压，按 DL/T 860.92 标准进行合并和传输。

在多相或组合单元时，多个数据通道可以通过一个实体接口从电子式互感器的二次转换器传输到合并单元。

合并单元应能输出若干组数字量信号以分别满足继电保护、测量、计量等不同应用的要求。

针对电子式互感器，典型的合并单元及其系统架构如图 4-28 所示，但并不局限于此。

目前大部分合并单元与传统互感器配合使用，合并单元的输入量分为交流模拟信号和数字信号两大类，而数字信号接口又包含多种类型的光纤接口和 RJ45 以太网等电接口。

4.3.2 合并单元的基本结构

通用的典型合并单元内部原理框图如图 4-29 所示。外部硬开入信号通过开入插件接入合并单元，通过扩展插件转为数字信号后接入 CPU 插件；合并单元接收多路常规互感器或电子式互感器输出的模拟信号，模拟信号经交流插件变换为电压小信号，再经 ADC 插件低通滤波及 A/D 采样回路转为数字信号接入 CPU 插件；同时它也可以接收电子式互感器输出的数字信号。CPU 插件将外部输入的模拟量采样信号、数字量采样信号和数字开入信号进行合并和处理，并按 IEC 61850-9-2 标准转

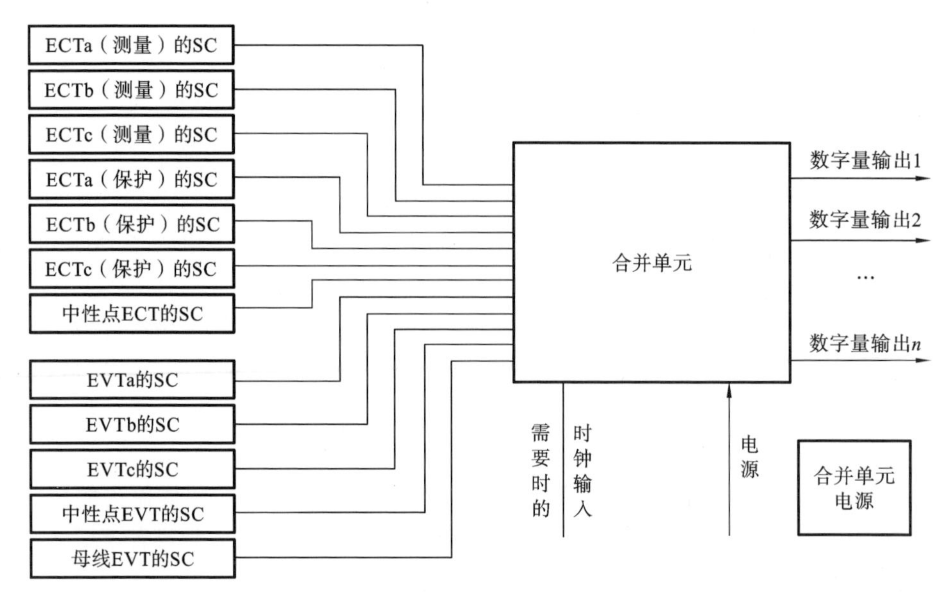

图 4-28　典型的合并单元及其系统架构

注：EVTa 的 SC，为 a 相电子式电压互感器的二次转换器。ECTa 的 SC，为 a 相电子式电流互感器的二次转换器。可能有其他数据通道布局。

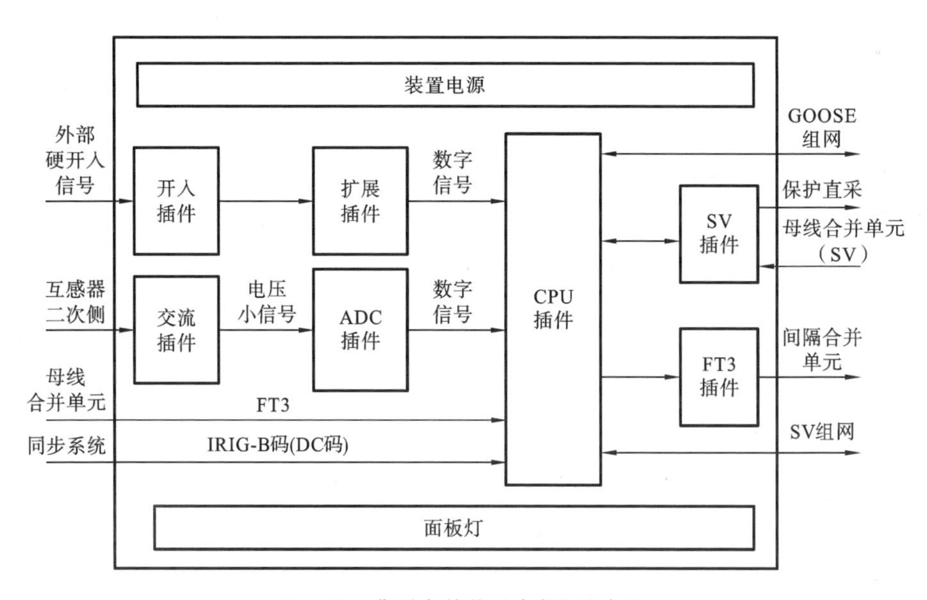

图 4-29　典型合并单元内部原理框图

换成以太网数据或支持通道可配置的扩展 IEC 60044-8 的 FT3 数据，再通过光纤输出到过程层网络或相关的智能电子设备。同时合并单元支持 PPS、IRIG-B 码（DC 码）或 IEC 61588 对时协议，并采用 OCXO 恒温晶体晶振器，利用外部时间基准对

OCXO 进行驯服,保证采样数据的均匀性和报文发送的准确性。

为了节省成本,合并单元生产企业会根据现场的使用情况对合并单元的输入插件进行增、减配置,因此出现了模拟量输入合并单元、数字量输入合并单元、模拟量和数字量混合输入的合并单元。模拟量输入合并单元分为传统互感器接入的模拟量输入合并单元和模拟小信号输入合并单元。数字量输入合并单元按同步方式分为带外同步方式和带插值方式的合并单元。数字量输入带外同步的合并单元是指合并单元发出 4 kHz 采样脉冲,电子式互感器每接收到该采样脉冲后输出一个采样值给合并单元,因此合并单元与每只电子式互感器之间采用两根光纤连接,一根用于传输采样脉冲信号,另一根用于传输采样值。数字量输入带插值方式的合并单元用插值算法取代了同步脉冲,因此合并单元与每台电子式互感器之间一般只有一根光纤传输采样值,部分厂家电流互感器采用激光供电,导致合并单元与电子式互感器之间存在两根光纤,但数据同步处理仍然采用插值算法。

4.3.3　自校准合并单元

美国亚德诺(ADI)半导体公司提出一种在电网基础设施资产使用寿命内保持设健康的新技术,即 mSure 技术。以 mSure 技术为代表的在线校准及在线准确等级分析技术可以在仪表工作时运行,且不影响计量功能的条件下测试模拟测量精度,图 4-30 显示了采用在线校准技术的信号采样前端框图。与传统的计量前端非常相似,由传感器和一些电子器件组成,实现电压或电流信号数字化。集成电路内部包括参考信号生成器、检测器和移除电路等模块,实现在线校准和准确度等级分析功能。

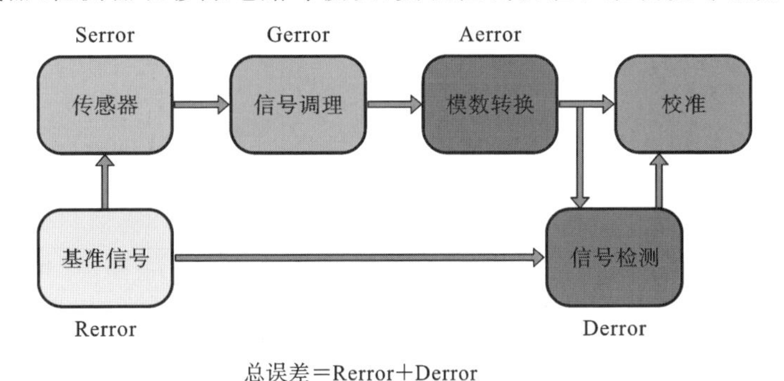

图 4-30　新型闭环模式信号采样前端框图

以合并单元自校准方案为例,采用分离原件方案的自校准合并单元结构示意图如图 4-31 所示。

在常规合并单元功能的基础上,引入注入电压/电流源,在触发脉冲的驱动下分别给仪表型电压/电流互感器注入频率为 f_1 的标准信号,通过分析 A/D 采样提取得到的 f_1 信号特征(幅度和相位),判断互感器、阻容滤波器及 A/D 采样的工作是否正

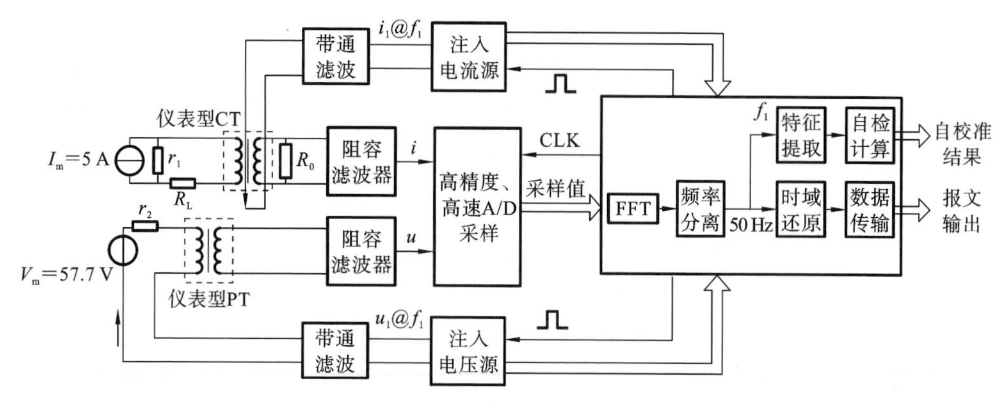

图 4-31　采用分离原件方案的自校准合并单元结构示意图

常。当采样提取得到的 f_1 信号特征偏移超过一定范围时，给出报警信息。注入电压/电流源分时工作，这样 A/D 采样后频率 f_1 的信号相乘不会产生功率。选择注入信号源的频率 f_1 时需尽量避开工频的整数倍频，避免注入信号与工频谐波成分叠加，导致频率分离失效。为了避免待测电压/电流源通过互感器耦合在注入信号端产生强的工频干扰，进而导致注入信号源无法稳定工作，特在信号注入端口增加带通滤波器旁路工频信号。

针对采样信号进行频率分离、时域还原或者特征提取的主要过程如下。

(1) FFT：将离散采样信号进行快速傅里叶变换(FFT)，得到其频谱信息。

(2) 频率分离：在 FFT 获得的离散频域信号中，将频率 f_1 的谱线幅值置为零，从而获得计量需要的电信号频谱；仅保留频率 f_1 的谱线，其他谱线置为零，获得注入信号的频谱信息。

(3) 时域还原：将计量需要的电信号频谱进行快速傅里叶反变换(IFFT)，得到对应的时域信号。

(4) 特征提取：直接针对频率 f_1 的谱线进行分析，获得其幅值和相位信息。

(5) 自检计算：对比特征提取的和标准信号源设定输出的幅值/相位信息，判断互感器、阻容滤波器及 A/D 采样的工作是否正常。

4.4　数字化电能表

4.4.1　数字化电能表的概况

电能表作为法定纪念册研发机构器具，广泛应用于发电、供电和用电等各环节，技术上历经了机械式电能表、电子式电能表和电子式多功能电能表三个阶段，IEC 61850 标准的颁布实施产生了相配套的数字化电能表。由于数字化电能表不同于传统的电能表，显然，已发布的电能表设计、制造、采购、验收及使用相关的各类国家和行业标准规范并不完全适用于数字化电能表。数字化电能表不使用传统专用高精密计量芯片，也不进行采样，采样在电子式互感器或合并单元中完成。数字信号经过光纤以太网传输，不受电磁波干扰，经过校验的数据无附加误差。理论上数字化电能计量系统的误差只由电子式互感器和合并单元决定，数字化电能表仅对电子式互感器或合并单元提供的数字电压、电流信号进行处理。理论上电量计算过程中不产生误差，只可能产生误差为浮点数运算的有效位误差，该误差为计算机系统固有误差。这种误差小于万分之一，但由于目前数字化电能表厂家编写的程序并不统一，因此在程序算法上依然有可能引入一定的误差。

4.4.2　数字化电能表的整体设计方案

数字化电能表的整体设计方案如图 4-32 所示。

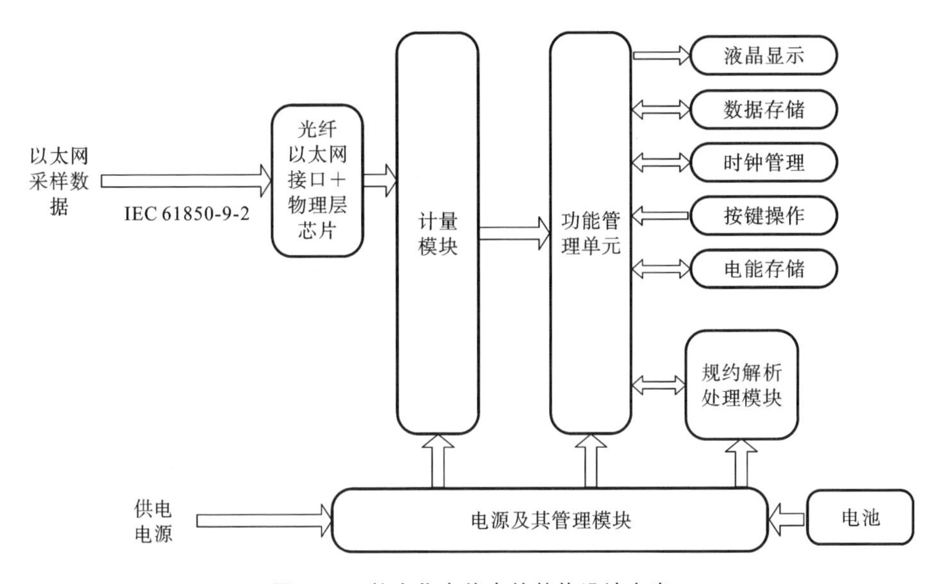

图 4-32　数字化电能表的整体设计方案

数字化电能表主要由以下四部分组成。

（1）电源及其管理模块：主要给各模块供电。

（2）计量模块：是课题设计的主要核心内容，也是区别于常规电能表设计的主要部分，主要由光纤以太网接口、物理层芯片以及数字信号处理（DSP）芯片三部分组成，如图 4-33 所示。

光纤以太网接口：接收合并单元或者交换机输出的光信号，将其转换成电信号。物理层芯片：使用 DSP 自身所带的 MAC 接口＋外接以太网 PHY 芯片方案完成以太网数据解析。DSP 芯片：在以太网 DMA 中断中解析 IEC 61850-9-2（或者 LE）协

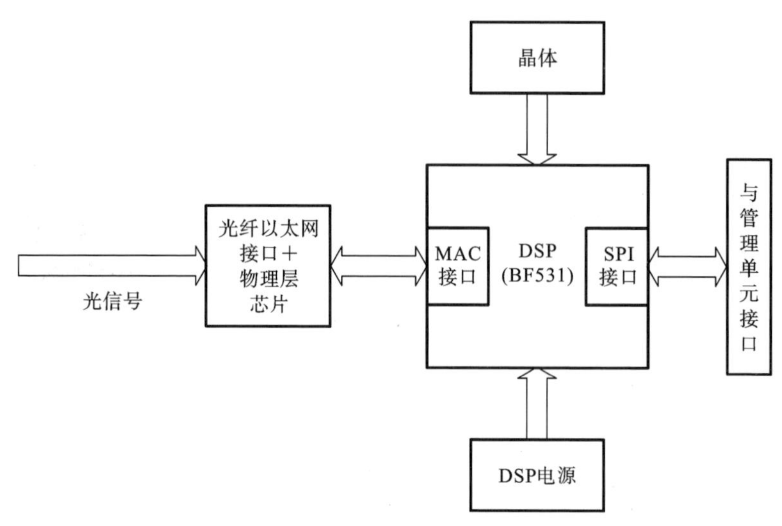

图 4-33 计量模块组成

议报文，按照 T-L-V 格式找到所需要的相应通道的电压、电流波，并在大循环中完成数据处理，主要包括 RMS 计算、脉冲输出、有功电能与无功电能累加等。

(3) 规约解析处理模块：采用 ARM 完成 IEC 61850-8 通信规约功能、规约解析处理。

(4) 功能管理单元：完成通信、液晶显示、数据存储、时钟管理、按键操作、电能存储、事件记录等功能。

典型厂家数字化电能表技术方案对比如表 4-5 所示。

表 4-5 典型厂家数字化电能表技术方案对比

序号	主要技术性能、特点
1	采用 DSP 和 CPU 联合应用的双处理器，1 路光纤接入采样值报文，通过 RS485 与终端通信，双路外接电源
2	采用摩托罗拉公司生产的具有 32 位 RISC 嵌入式双处理器，1 路光纤接入采样值报文，通过 RS485 与终端通信
3	采用 DSP 和 CPU 联合应用的双处理器结构，1 路光纤接入采样值报文，通过 RJ45 及 RS485 与终端通信
4	双 CPU 系统，计量和通信单元相对独立，1 路光纤接入采样值报文，2 路 100M 以太网接口，双路外接电源
5	单 CPU 系统，双核主流 CPU 芯片，2 路光纤接入采样值，2 路符合 MMS 协议的抄表用 RJ45 接口，2 路 RS485 接口，双路外接电源

某型号的三相跨间隔数字化电能表的外形如图 4-34 所示，电能表外壳上有无功、有功、报警、连接指示灯以及各种功能标志等，透明翻盖下左侧为停电抄表电池盒，右侧为编程按钮。

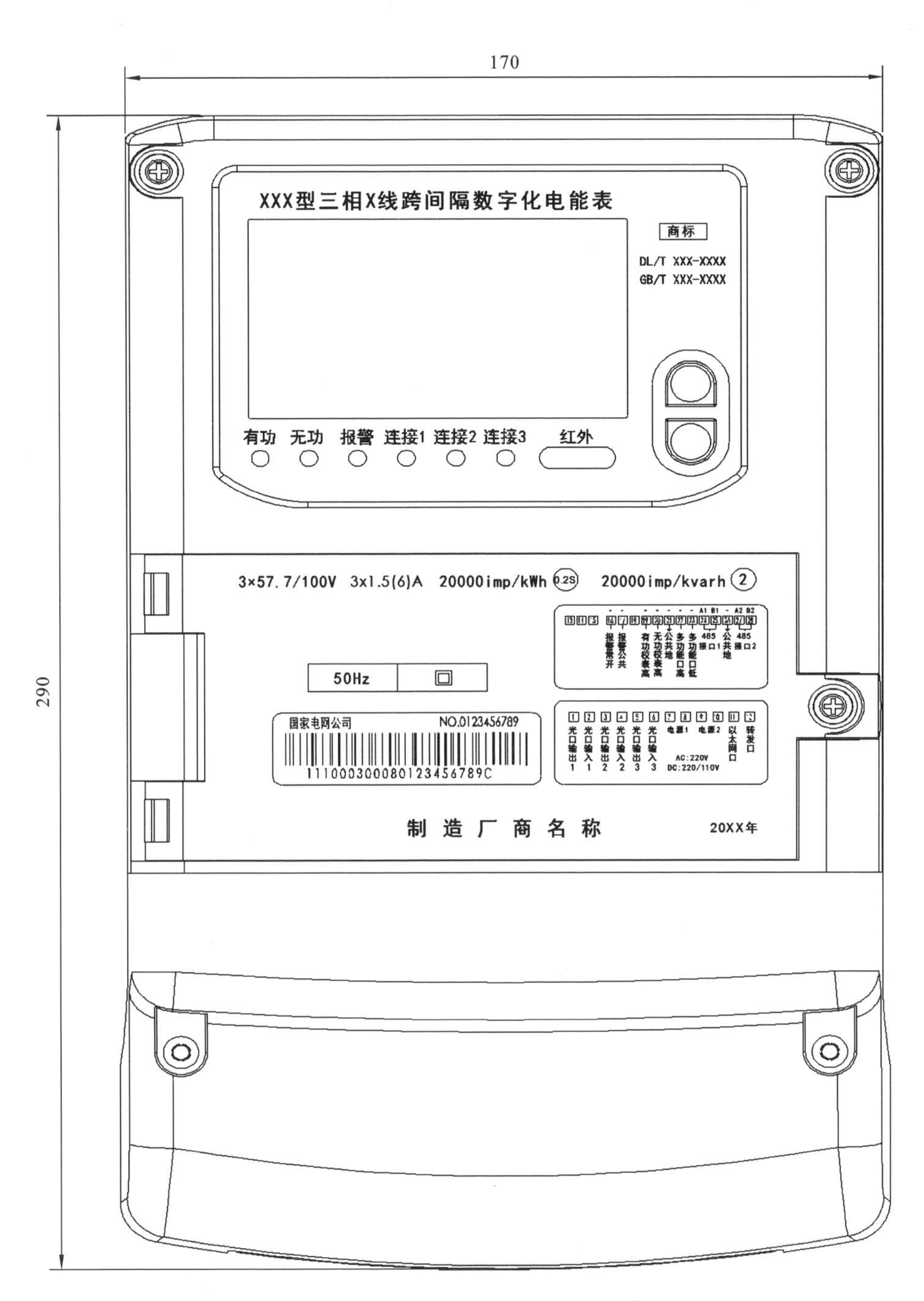

图 4-34　某型号的三相跨间隔数字化电能表的外形

4.5 集中计量装置

4.5.1 集中计量装置的作用

集中计量装置适合用于 IEC 61850-9-2(或者 LE)标准建设智慧变电站,可精确地分时计量正/反向有功电能、四象限无功电能、最大需量及需量发生时间,精密实时测量三相电压、电流、有功功率、无功功率、功率因数等运行参数,监测并记录失压、失流、断相等事件,可实现远程和本地抄表、编程等功能。该装置的电压、电流信号都为网络数字信号输入,用于对电能进行高精度计量。该装置采用先进的大规模集成电路、成熟的软件算法、低功耗的设计以及表面贴装技术(SMT),依照国际、国内相关标准的要求设计制造。

集中计量装置的计量板卡通常可完成至少 40 路计量,根据现场配置计量方式,包括单间隔与跨间隔两种方式,每路板卡支持 9 路单间隔计量与 3 路跨间隔计量。通过软件配置计量板卡实现检表功能,利用朗讯连接器(LC)光纤接口完成现场不停电情况下校准计量板卡功能。

4.5.2 集中计量装置的主要功能

1. 电能计量功能

集中计量装置的电能计量功能如下。

(1) 具有正向有功电能、反向有功电能、四象限无功电能计量功能,并可以据此设置组合有功电能和组合无功电能。

(2) 对于四象限无功电能,除能分别记录、显示外,还可通过软件编程,实现组合无功 1 和组合无功 2 的计算、记录、显示(出厂默认:组合无功 1=一象限无功+二象限无功,组合无功 2=三象限无功+四象限无功)。

(3) 支持分时计量,支持 4 费率时段测试。

(4) 存储最近 12 个结算日电量数据,结算时间可设定为每月中任何一天的整点时刻(出厂默认:结算日 0 时)。

2. 需量测量功能

测量双向最大需量、分时段最大需量及其出现的日期和时间,并存储带时标的数据。

通过维护软件实现最大需量清零功能。

最大需量测量采用滑差方式,需量周期和滑差时间可设置(出厂默认:需量周期 15 min、滑差时间 1 min)。

3. 测量监测功能

测量、记录当前装置的总电压、电流、功率、功率因数，以及各分相相应运行参数。

提供越限监测功能，可对相电压、电流设置限值并进行监测，当某参数超出或低于设定的限值时，将以事件方式记录相关数据。

4. 时钟功能

采用具有温度补偿功能的内置硬件时钟电路，实现日历、计时和闰年自动切换功能。内部时钟端子输出频率为 1 Hz。

5. 时段、费率及校时

全年可设置 1～14 个时区。

每个时区可以在两套日时段表中任意选择一个日时段表。

每个日时段表在 24 小时的周期内可以任意设置 14 个时段，时段的最小间隔时间为 15 min，并且时段间隔大于表内设定的需量周期值，可跨越零点设置。

每个时段可以任意选择尖、峰、平、谷 4 种费率中的一种。

具有两套可以任意编程的时区表和日时段表，每套时区表全年可设置 14 个时区，每套时段表内最多可设置 8 个日时段表，并可通过预先设定两套时区表、日时段表切换时间，实现在两套时区表及日时段表之间自动切换。两套时区表和日时段表示意图如图 4-35 所示。

6. 事件记录功能

集中计量装置通常具备数字化电能表的事件记录功能，具体的事件记录功能如下。

(1) 记录各相失压的总次数，最近 10 次失压发生时刻、结束时刻及对应的电能量数据等信息。

(2) 记录各相过压的总次数，最近 10 次过压发生时刻、结束时刻及对应的电能量数据等信息。

(3) 记录各相欠压的总次数，最近 10 次欠压发生时刻、结束时刻及对应的电能量数据等信息。

(4) 记录各相断相的总次数，最近 10 次断相发生时刻、结束时刻及对应的电能量数据等信息。

(5) 记录各相失流的总次数，最近 10 次失流发生时刻、结束时刻及对应的电能量数据等信息。

(6) 记录各相过流的总次数，最近 10 次过流发生时刻、结束时刻及对应的电能量数据等信息。

(7) 记录各相断流的总次数，最近 10 次断流发生时刻、结束时刻及对应的电能量数据等信息。

(8) 抄读每种事件记录总发生次数和(或)总累计时间。

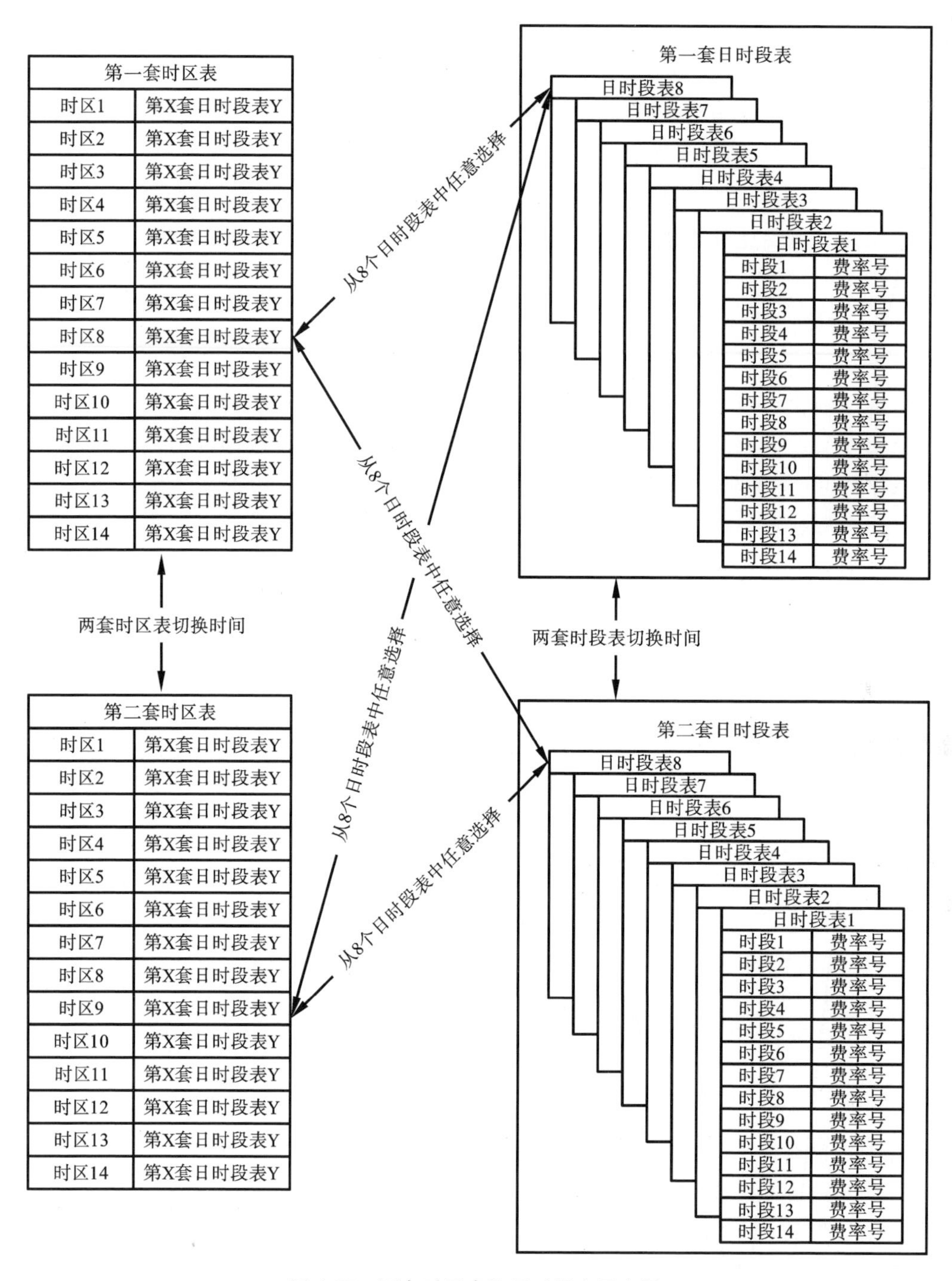

图 4-35　两套时区表和日时段表示意图

7. 冻结功能

集中计量装置支持定时冻结、瞬时冻结、日冻结等方式，可以单独设置每类冻结数据的模式控制字。

8. 负荷记录功能

负荷记录内容可以从“电压、电流、频率”“有、无功功率”“功率因数”“有、无功总电能”“四象限无功总电能”“当前需量”六类数据项中任意组合。

负荷记录间隔时间可以设置为1～60 min。

9. 安全防护功能

集中计量装置支持加强的密码安全防护功能。

(1) 密码6位，采用2级管理，高级密码可修改低级密码，或执行低级密码的所有操作。

(2) 所有通信接口均加有口令防护，进行安全验证。

(3) 每级密码连续五次输入错误后电能表应自动退出编程状态，并保持闭锁(分级闭锁)24小时，期间不允许进行任何设置工作。

10. 通信功能

集中计量装置包含两个RS485通信接口，通信信道物理层独立。

1) RS485通信

RS485接口具有电气隔离功能，通信波特率可设置，其范围为1200～9600 b/s，缺省值为2400 b/s。

2) 网络通信

电能表与合并单元之间通过光纤通信，光接口采用ST(光波长1300 nm，100 Mb/s)标准接口，现场校准也通常采用LC光纤。

11. 校时功能

可通过RS485通信接口对集中计量装置的时钟进行校准。通过通信规约设置日期时间受密码限制，而通过广播校时不受密码限制。仅当从站与主站的时差在5 min以内时执行广播校时命令。不允许装置在执行结算数据转存操作前后5 min内校时，每天只允许校时一次。

12. 电表清零功能

集中计量装置具有以下电表清零功能。

(1) 可通过RS485进行有限度的清零。

(2) 出厂后装置清零仅实现电量清零，不允许清除冻结数据、事件记录、负荷曲线等。

(3) 只清除当前电能量和最大需量、上12个结算日的电能量和最大需量等数据，同时设置操作密码并记录清零事件。

4.6 计量监测装置

4.6.1 计量监测装置的作用

面对电能计量装置异常问题日益严重的情况，传统的电能计量监测手段逐渐无法满足监测需求。目前，这一工作主要依靠人工进行，包括两个环节：抄表和稽查。前者是营销部门日常进行的工作，由抄表人员定时对电表计量状况和计量装置的不正常情况（如卡盘、卡字、自走、倒转、私启封印、窃电、违章用电等）进行检查和记录；后者根据相关部门的规程要求，由用电稽查人员和农村电工等对电能计量状况进行稽查，执行用电监察和电量追补等任务，是对日常电能计量监测工作的补充。但是，随着电力行业市场化改革日益推进，电力系统不断扩大和电能计量装置数量急剧增加，这种主要依赖于人工的电能计量监测方法已经很难适应形势的需求，其不足之处主要表现在以下两点。

(1) 信息化程度低，不能及时反馈电能计量装置异常状态并对其做出反应。特别是对人为窃电问题，难以及时发现和查证。从事监察工作的人员普遍反映反窃电工作有四难——进门难、取证难、定量难、执行难。

(2) 工作过分依赖于人员素质。抄表人员往往单独进行工作，稽查人员权力大而制约小，因此一旦抄表和稽查人员工作不得力，甚至直接参与违法活动，就很难对电能计量状况做出正确的判断和评估。

传统电能计量监测手段存在的这些不足说明，对电能计量装置应用在线监测技术是电网企业针对电能计量装置进行智能化、信息化管理的重要手段。计量在线监测系统作为一种必要和有效的工具，运用先进、自动化的在线监测技术对电能表内部的电量数据计量，可以为计量工作者带来极大的方便。伴随着我国经济社会的不断发展，电能计量作为保证电力生产结算公平的有效手段，对保障电力部门效益发挥着重要作用。近年来，我国变电站数量逐步增加，变电站容量也随之增加，站内各个关口能否准确计量是计量工作人员面临的一个难题。

4.6.2 计量监测装置的系统架构

计量监测装置对厂站电能计量装置以及二次回路等进行实时监测，实现局部电网及站内电量数据分析与统计、计量装置异常诊断与预警、二次回路异常诊断与预警，并能够以可视化的方式将电能计量装置的运行状况进行展示。计量监测装置实现站内相关数据的采样、诊断、处理，分析站内计量装置运行状态，并进行告警与存储。智能变电站典型计量监测装置架构示意图如图 4-36 所示。

计量监测装置主要包括数据采样单元和数据管理单元两部分，数据采样单元接

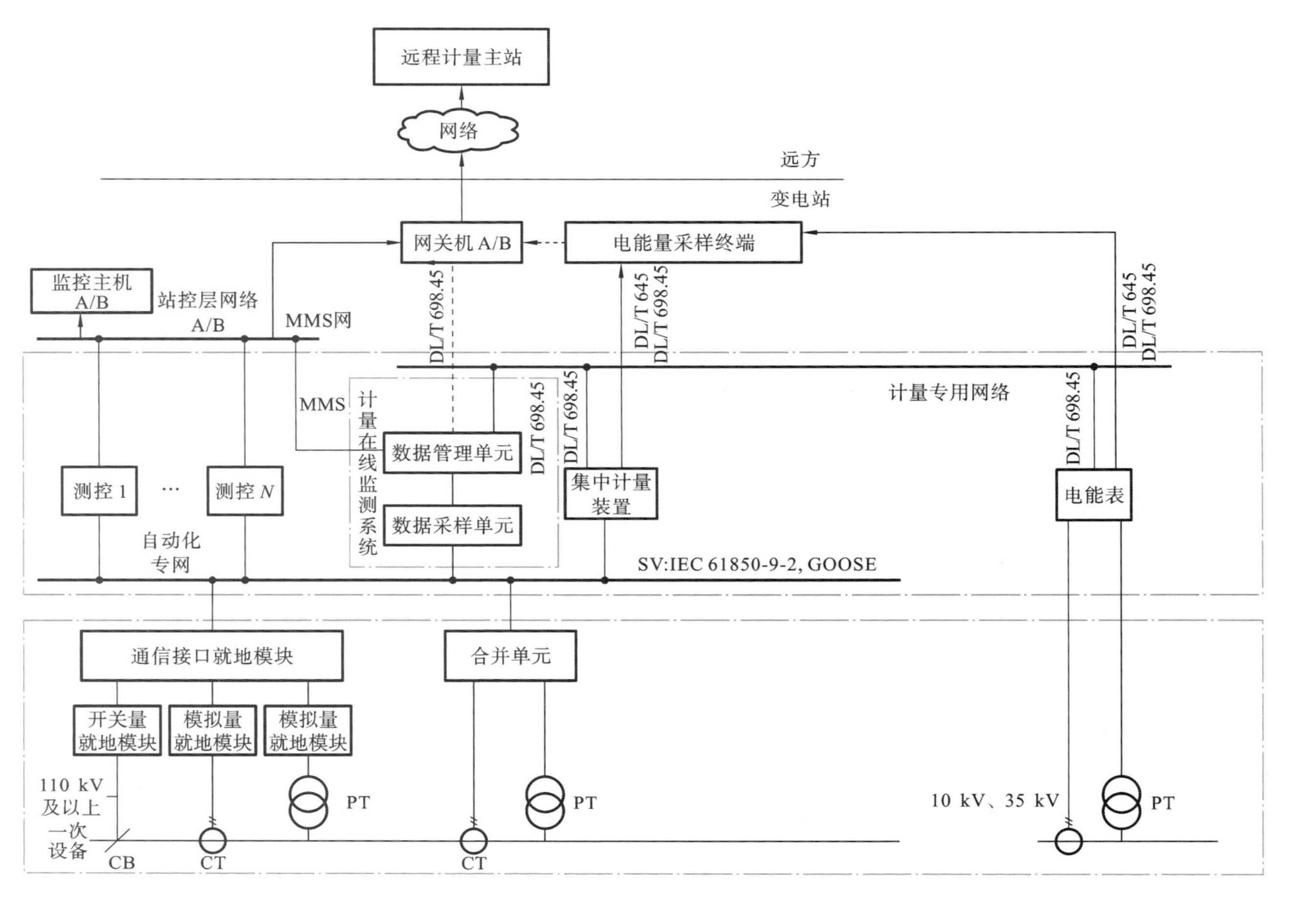

图 4-36　智能变电站典型计量监测装置架构示意图

入过程层网络，采样各间隔 SV、GOOSE。数据管理单元接入站控层网络，接收测控装置的 MMS 电功率数据，同时接入计量专用网络，以 DL/T 698.45 协议采样计量装置电能量信息，通过对采样数据的综合分析处理，实现全站电能计量监测分析功能，对提高电能计量装置的稳定性、可靠性、安全性起到重要作用，为计量误差处理提供有力的依据。

4.6.3 组屏方式及主要技术参数

计量监测装置由一面屏组成，屏内装置包括数据采样单元、数据管理单元、一面液晶显示屏以及若干交换机，组屏示意图如图 4-37 所示。

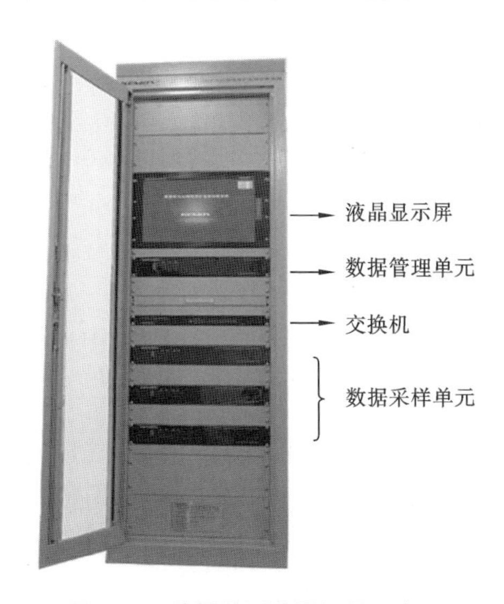

图 4-37 计量监测装置组屏示意图

计量监测装置通常包含以下主要技术参数。

(1) 配置 1:6 路 100 Mbps 光纤以太网接口+2 路 1000 Mbps/100 Mbps 光纤以太网接口，LC 接口。

(2) 配置 2:12 路 100 Mbps 光纤以太网接口+4 路 1000 Mbps/100 Mbps 光纤以太网接口，LC 接口。

(3) 配置 3:18 路 100 Mbps 光纤以太网接口+6 路 1000 Mbps/100 Mbps 光纤以太网接口，LC 接口。

(4) 4 路 100 Mbps 或 1000 Mbps 自适应以太网 RJ45 接口。

(5) 1 路电 IRIG-B/PPS 接口。

(6) 16 路 RS232/485 串口。

(7) 光纤以太网接口，LC 接口，百兆采用 1310 nm 多模光纤，千兆采用 850 nm

多模光纤。

(8) 装置在 24 h 内的守时误差为－500～500 ms。

(9) 装置对时误差为－1～1 μs。

(10) 在平均流量不大于 200 Mbps 的情况下(其中非 SV 报文所占比例不应大于 10％),SV 报文连续记录时间≥3 天,非 SV 报文连续记录时间≥7 天。

(11) 记录报文的分辨率≤1 μs。

(12) 装置的工作电源符合如下要求:直流电源电压(额定电压)为 220 V(110 V),允许偏差为－20％～15％,纹波系数≤5％;交流电源电压为 85～264 V。

4.7 小　　结

本章主要介绍了当前电力系统智能变电站、直流配电网、充电桩、复杂电力系统、工业用电等场景中应用较为广泛的数字化计量设备,主要包括交流电子式互感器、直流互感器、合并单元、数字化电能表、集中计量装置、计量监测装置等。电子式互感器、合并单元以及数字化电能表已经在智能变电站中广泛应用,集中计量装置和计量监测装置已在新一代的智慧变电站中试点应用。与传统互感器相比,电子式互感器包含一次传感器和一次转换器,其中电子式电流互感器的一次传感器采用空芯线圈和低功率线圈。数字化计量系统主要采用电子式互感器的一次转换器或合并单元实现模拟信号的数字化采样以及数字信号处理等,而数字化电能表仅实现数字电压、电流信号的处理和电能计算。为适应电力系统的数字化、智能化发展,集中计量装置和计量监测装置实现了整站计量数据融合、大数据分析和计量设备状态监测,可支撑数字化计量设备的数据深化应用。

第5章 高电压大电流数字化计量设备量值传递技术

本章主要介绍数字化计量设备的量值传递技术，根据数字化计量设备的量值传递技术现状，目前现场量值传递仍然以离线校准为主，在变电站或换流站停电检修期间，利用电子式互感器和传统标准互感器进行误差校验。此外，根据数字化计量设备的数字量输出特性，国内外开展了采用在线接入标准器的在线校准方案和基于大数据智能分析预测的在线校准方案，但由于在线技术尚不成熟，现场应用不多。在直流互感器现场校准方面，为了解决直流互感器现场校准时模拟小信号传输易受干扰以及误差来源难以精准判断的难题，开展了基于无线数据通信方案以及分体式校验方案的离线校准方法研究。

5.1 数字化测量设备量值传递技术研究现状

电子式电流互感器是新一代的电流互感器，与传统电流互感器相比，除了采用先进的空芯线圈、光电传感原理之外，其信号输出方式也有很大改变，其信号输出方式一般为数字信号。电子式电流互感器结构框图如图5-1所示，在高压侧，电子式电流互感器将一次大电流通过传感、模数变换等转化为数字信号，光纤从绝缘支柱接到合并单元，最终将一次电流的采样瞬时值以IEC 61850协议的数字帧输出。

现有的电子式电流互感器校准方法是参考传统互感器的校准方法，将电子式电流互感器与高级别的标准电流互感器进行比较，得到误差和对应的不确定度。电子式电流互感器误差校准接线图如图5-2所示，将升流器、电子式电流互感器、标准电流互感器等设备串联形成电流回路。电子式互感器校验仪标准输入端接收标准电流互感器输出信号，电子式电流互感器输出IEC 61850信号到电子式互感器校验仪数字输入端，通过电子式互感器校验仪同步时钟实现同步采样，最后通过算法计算得出电子式电流互感器的误差。

按照《中华人民共和国计量法》相关规定，为确保贸易结算的计量器具测量准确，需要定期开展校准工作。电子式电流互感器作为电力系统关口重要的计量器具也需要定期进行校准。因为电子式电流互感器一般都安装在变电站，按照校准过程是否需要将变电站线路停运，通常将电子式电流互感器的校准方法分为离线校准和在线校准两种。

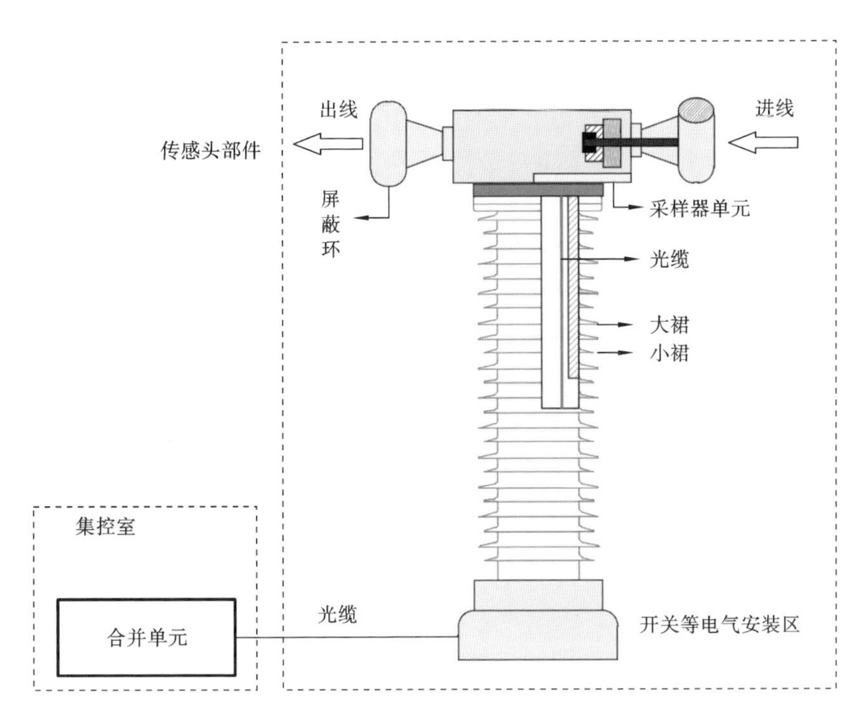

图 5-1　电子式电流互感器结构框图

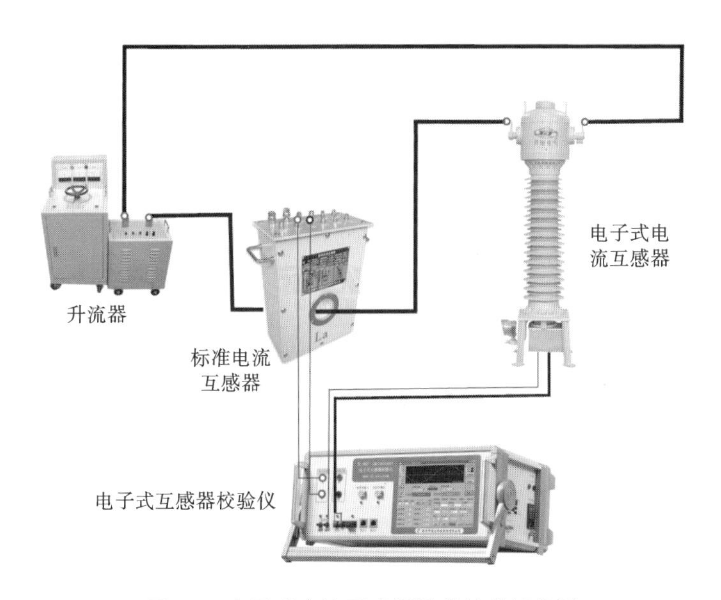

图 5-2　电子式电流互感器误差校准接线图

5.1.1 离线校准方法

电子式电流互感器离线校准在变电站停电检修状态下进行，采用大型升流设备产生大电流，模拟实际运行的大电流信号，按照图 5-2 试验线路测量电子式电流互感器的误差。相对于传统的电磁式电流互感器离线校准方法，试验所用的升流装置、标准电流互感器都与传统电磁式电流互感器校准时所用的一致，唯一不同的设备就是电子式互感器校验仪。因为电子式电流互感器采用的是 IEC 61850 数字信号输出，无法像传统电磁式互感器模拟量输出那样进行差流，所以传统互感器校验仪无法用于电子式电流互感器的离线校准。

我国最早从 2004 年开展电子式电流互感器离线校准技术研究，成功研制电子式电流互感器离线校准系统，并在国家高电压计量站使用。利用研制的电子式电流互感器校准设备，开展了电子式电流互感器的现场试验，验证了校准设备的可行性。

国外学者于 2017 年研制了一套可以校准 0.2 级电流和电压组合式电子式互感器的实验室试验装置，电压为 110～220 kV，额定电流为 2000 A，成功开展了电子式电流互感器的校准试验。

目前电子式电流互感器离线校准技术相对成熟，其关键设备——电子式互感器校验仪在国内外已经有成熟的商业产品。与传统的电磁式电流互感器离线校准一样，电子式电流互感器离线校准面临的最大难点就是校准时需要将标准互感器、大型升流设备运输到变电站，需要耗费大量人力、物力来升流，整体试验效率不高。

近年来，气体绝缘开关设备(GIS)大面积推广使用，不同于空气绝缘开关设备(AIS)，GIS 电流互感器不是独立安装的，而是作为 GIS 管道的一部分安装在 GIS 封闭装置里面，这给现场离线校准带来了一定的困难。在现场离线校准时，GIS 不能像 AIS 那样，可以方便地将一次母线解开进行升流，因此 GIS 电流互感器的试验回路更长，一般可达几百米，整个回路的阻抗非常大，现场试验需要大量的升流和补偿设备，才能保证试验电流能够达到规程要求。图 5-3 为 750 kV 兰州东变电站电流互感器离线校准时所用的 12 台大型升流器组。

为提升电流互感器离线校准效率，国内学者研制了特高压电流互感器现场检定系统，成功实现了 108 台 GIS 电流互感器的自动化试验。在智能变电站全光学互感器的现场校准研究方面，还开展了升流和开关刀闸操作方案研究以提升现场试验效率。此外，国内学者还提出了一种电子式电流互感器高效现场校准方法，采用了一次开关刀闸配合和多通道校验仪实现了多台电子式电流互感器的同时校准，提高了试验效率。但是这些方法不能从根本上解决离线校准需要大型升流设备的问题。为此，很多学者开展了电子式电流互感器在线校准方法研究，期望在变电站不停电的情况下实现对电子式电流互感器误差校准。目前在线校准方法主要有基于误差比较和基于数据驱动两种方法。

图 5-3　750 kV 兰州东变电站电流互感器离线校准时所用的 12 台大型升流器组

5.1.2　基于误差比较的在线校准方法

在线校准与离线校准试验原理相同，都是将标准电流互感器与被测电子式电流互感器接入同一回路中，然后计算两个输出值之间的误差。不同的地方在于离线校准试验线路是在变电站停电情况下人工搭建，再使用升流设备产生试验所需的电流，然后开展试验，而在线校准是利用变电站实际的一次线路，将标准互感器带电接入，再开展试验。

电子式电流互感器在线校准标准装置主要可以分为两部分：一部分是标准电流互感器，其作用是将输电线路大电流信号转化为二次仪表可以测量的小电流信号，如 5 A、1 A 信号；另一部分是电子式互感器校验仪，主要用来测量在线校准标准电流互感器与电子式电流互感器的误差。

在线情况下使用的电子式互感器校验仪基本原理与离线式普通电子式互感器校验仪一样。李宝磊等人引入了 FFT 双峰谱线相位修正算法，成功地减少了非同步采样和傅里叶变化引起的电子式互感器校验仪测量误差。唐毅等人针对频率变化、谐波间谐波等对误差的影响，采用基于二阶汉宁卷积窗的算法，有效提升了电子式互感器校验仪测量准确度。

相比成熟的电子式互感器校验仪技术来说，在线校准标准电流互感器还存在很多问题。为了方便带电接入变电站线路，在线校准标准电流互感器一般都采用开口式结构。目前按照原理不同，主要有空芯线圈原理、铁芯线圈原理、全光纤电流互感器(fiber optical current transformer，FOCT)原理。

1. 空芯线圈原理

因为空芯线圈具有线性度好、动态范围大、频带宽、重量轻、便于安装等特点，采用空芯线圈原理的在线接入式标准电流互感器在 kA 级大电流以及暂态电流测量中具有较大的应用优势。由于其骨架容易受环境温度影响而变形，从而引起线圈排列不均匀，对误差产生影响，所以在现场使用空芯线圈标准电流互感器时，需要采用分流器对其进行使用前后的标定。另外开口气隙大小对空芯线圈误差影响非常明显，基于印制电路制板工艺的空芯线圈原理在线接入标准电流互感器，要求开口气隙在 0.1 mm 以内，准确度才可以满足 0.05%，因此这种原理一般很难作为高准确度的电流互感器使用，图 5-4 为采用空芯线圈原理的开口电流互感器。

图 5-4　采用空芯线圈原理的开口电流互感器

2. 铁芯线圈原理

铁芯线圈互感器技术非常成熟，为了减小开口气隙对误差的影响，早期的铁芯线圈在线接入标准电流互感器大部分都采用电流比较仪，采用有源补偿电路，准确度可达 1×10^{-5}，可同时测量交流和直流，适用于直流电流互感器和发电机出口等额定电流较大的电流互感器现场校准，但其铁芯结构复杂、体积大，不适合高压电流互感器的现场在线校准。Houtzager E. 等人使用改进后的运算放大器补偿电路来提高整体准确度，但是铁芯补偿结构依然非常复杂。Li Z. 等人设计了空芯线圈和铁芯线圈组合的在线接入标准电流互感器，通过软件判断空芯线圈和铁芯线圈输出数据，确定气隙大小是否满足要求，以保证校准时的准确性，但是普通的单级铁芯线圈互感器受气隙影响，误差较大，整体性能还是很难满足要求，图 5-5 为空芯线圈与铁芯线圈组合式开口电流互感器。

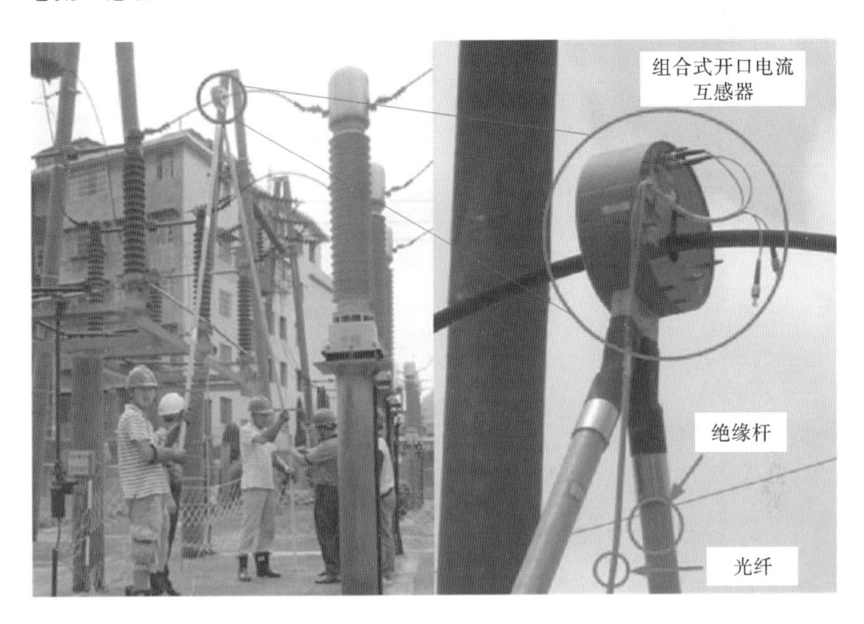

图 5-5　空芯线圈与铁芯线圈组合式开口电流互感器

采用空芯线圈研制高准确度的在线接入标准电流互感器难度很大，而电流比较仪式标准电流互感器的铁芯结构过于复杂。尤其是对于 GIS 电子式电流互感器校准，GIS 管道截面积较大，如果选用铁芯线圈开口标准电流互感器，那么体积和重量会非常大。因此需要研制更实用的高准确度在线接入式标准电流互感器，以同时满足方便接入和高准确度要求。

3. FOCT 原理

上面提到的空芯线圈和铁芯线圈在线接入标准电流互感器大部分都是针对架空线，但是现在大部分变电站都采用 GIS，这种方式的母线都封闭在气室里，如果用现有的开口式标准互感器进行在线校准，要求其体积非常大，这使得设计制造难度进一步增大。FOCT 由于其在绝缘上的先天优势，受到广泛的关注，其体积和重量都可以比上述原理的在线接入标准电流互感器小。ALSTOM 公司生产的 NXCT-F3 型 FOCT 可以实现 550 kV 等级的互感器在线校准，如图 5-6 所示，但其准确度不能满足 0.1%的要求。

Santos J. C. 等人计划研制准确度为 0.03%的开口 FOCT，但是目前还没有相

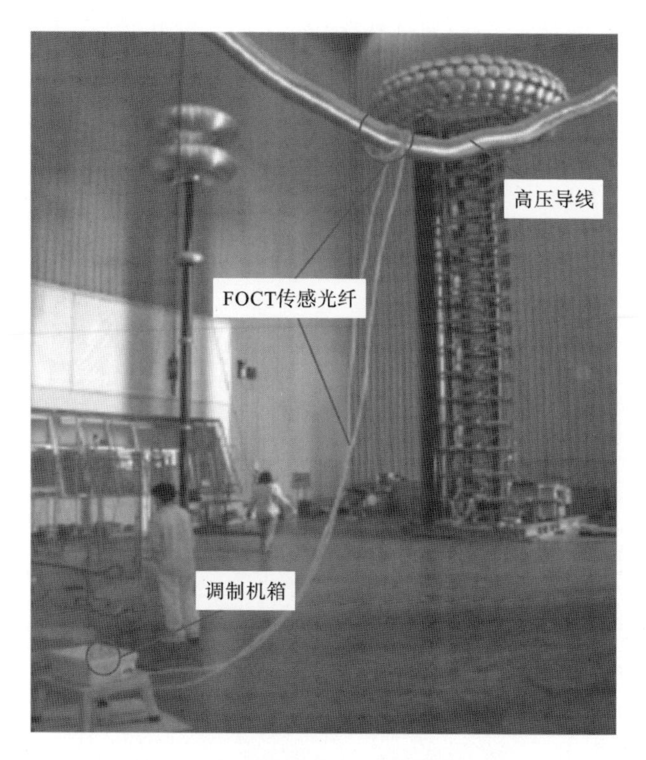

图 5-6 在线校准用 FOCT 绝缘试验图

关的试验数据报道。采用光学原理的标准电流互感器由于是柔性结构，外形尺寸很容易调节，可以比较方便地对 GIS 电子式电流互感器进行校准，但是现有 FOCT 准确度还有待提升。郝兆荣等人将 FOCT 电场引起的旋光角放大 4 倍，并采取光路互易等措施，有效提升了小电流的精确测量准确度。桂林等人利用全光纤互感器绕制灵活、安装方便等特点，在大型水轮发电机保护及监测上应用探索。李振华等人全面分析了 FOCT 误差影响因素，并指出补偿温度、振动等是提高 FOCT 准确度的难点。樊占峰等人对 FOCT 温度特性及温度补偿技术进行了研究，采用软件补偿的方式研制了 0.2 级的 FOCT。

综上所述，FOCT 在 GIS 电子式电流互感器校准应用上有技术优势，但是现有 FOCT 的准确度还有待提高。

5.1.3 基于数据驱动的在线校准方法

基于误差比较原理的在线校准方法始终摆脱不了标准互感器的依赖，实际操作起来还是非常复杂的，随着大数据技术的不断发展，很多学者对基于数据驱动的在线校准方法做了探索。

国内学者提出了基于运行数据的误差预测方法，基本思路是：利用已知互感器在某一特定状态下部分特征量对网络中其他互感器的误差特性进行评估或预测。具体是以基尔霍夫定律为核心判断依据，通过求解矩阵方程得到误差预测结果。还有基于聚类径向基函数提出电子式互感器的误差预测方法，实现比值差和相位差的预测。此外，也有学者提出一种基于退化神经网络的误差预测方法，采用差分归一化处理数据，通过数据算法的训练，初步实现了电子式电流互感器误差计量状态的评估。

在电能表等其他计量装置上，国内外学者也开展了基于数据误差预测方法的研究。

文献介绍了一种电能表远程校准方法。该方法根据广义流量仪表集群模型及流量守恒理论，结合台区电压、电流、线路电阻等数据开展算法研究，从而计算出电能表误差。然而，该方法是建立在精准获取电能表台区用电数据及线路损耗等信息的前提上，实践中相关真实数据很难准确远程获取，这导致该方法在实际工况中无法应用。

杨光等人在该方法的基础上提出了迭代计算线损的方法，优化了模型。同时，针对误差计算结果验证难的问题，构建了一种基于电能表检定数据的假设检验方法，提高了该方法的实用性。

综上所述，现有的电子式电流互感器误差预测方法相关研究处于初步研究阶段，电子式电流互感器数据库也比较缺乏。电子式电流互感器的运行状态受多参量共同作用的非线性影响，因此仅从运行数据的角度无法建立电子式电流互感器在线状态监测的准确模型，有必要建立数据平台，开展多维参量综合影响的算法分析和方法研究。

5.2　智能变电站数字化计量系统离线校准技术

5.2.1　电子式互感器校准方法

从目前国内电子式互感器的试点情况来看，尽管所有的电子式互感器产品都通过了型式试验和出厂试验，但在现场安装时其误差合格率普遍偏低，多数电子式互感器都需要在现场进行误差调整。电子式互感器在实验室内、现场离线和在线运行三种情况下误差特性往往不一致，严重影响了电子式互感器的计量可信度，其原因主要有两方面：一方面是外界环境、使用工况改变，使电子式互感器的误差变化，如温度、振动等条件会对光学互感器误差有影响；另一方面是不同试验方法带来的影响，由于受现场条件限制，有些实验室采用的试验方法在现场不一定适用，如目前实验室中电子式互感器校验设备大部分都是基于同步脉冲方法，此种方法容易受现场实际条件限制，在现场不一定适用，有厂家提出了一种固定延时校验方法，但是有关这两种方法的一致性却有待研究。

《互感器　第8部分：电子式电流互感器》(GB/T 20840.8—2007)、《互感器　第7部分：电子式电压互感器》(GB/T 20840.7—2007)包括了电子式互感器的相关名称、原理框图、数字量帧格式定义，以及电子式互感器的各种型式试验、例行试验等试验要求。相比传统电磁式互感器，电子式互感器包含电子电路(采样或隔离放大器)、光电/电光转换模块，另外，具备FT3或IEC 61850-9-2数字协议输出，现场一般采用光纤传输数字信号。

由于电子式互感器通常采用数字量输出或者与合并单元配合，传输的是数字信号，因此，电子式互感器的校准方法与传统互感器不同。传统互感器通常采用测差法校验方案，在国家计量技术规范JJG313、JJG314中给出了传统电流互感器、电压互感器的校验方案。传统校验仪分别测量差流与参考电流，从而计算出被测互感器的比差和角差。电子式互感器通常采用直接测量法，在国家计量技术规范JJF1617电子式互感器校准规范中给出了电子式电流/电压互感器的校验方案。电子式互感器校验原理如图5-7所示。电子式互感器校验仪直接测量标准电流互感器和被测电子式电流互感器的二次信号，进行直接比较，计算出相对误差，所以称为直接测量法。

电子式互感器校验与传统互感器校验主要有以下两点不同。

第一是传统校验仪采用测差原理，对差流或差压信号的测量准确度要求不高，其准确度等级为2级，而电子式互感器采用直接测量，对模拟量的测量准确度要求较高；其准确度等级通常为0.05级，比被测的0.2级电子式互感器高两个准确度等级。

第二是电子式互感器校验仪采用数字采样和FFT算法得出误差，通常来说，对电源的质量要求较高，尤其是相位误差的测量。

根据国家计量技术规范JJF1617电子式互感器的误差定义，电子式互感器的比值误差定义与传统互感器的一样，电子式互感器的相位误差定义相对复杂一些，根据JJF1617中的定义，相位误差相当于传统互感器的角差定义，其定义为相位差φ减去由额定相位偏移φ_{or}和额定延时时间φ_{tdr}构成的相位移，如图5-8所示。

相位差φ主要是一个绝对的延时，例如假设一次故障电流发生，这个相位差就是故障电流数据从一次传输到二次设备的时间，其侧重于时效性，主要与保护相关。而相位误差相当于传统互感器的角差，主要是指互感器一次到二次之间的相位差，与数字信号处理和数据传输延时无关。额定延时时间是指数字量数据处理和传输所需时

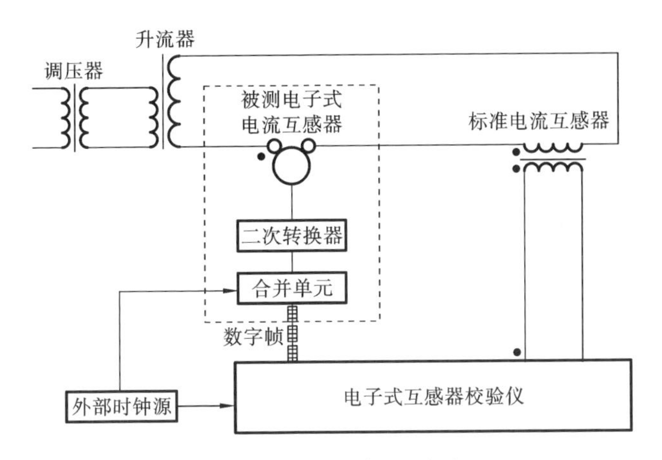

（a）电子式电流互感器校验原理

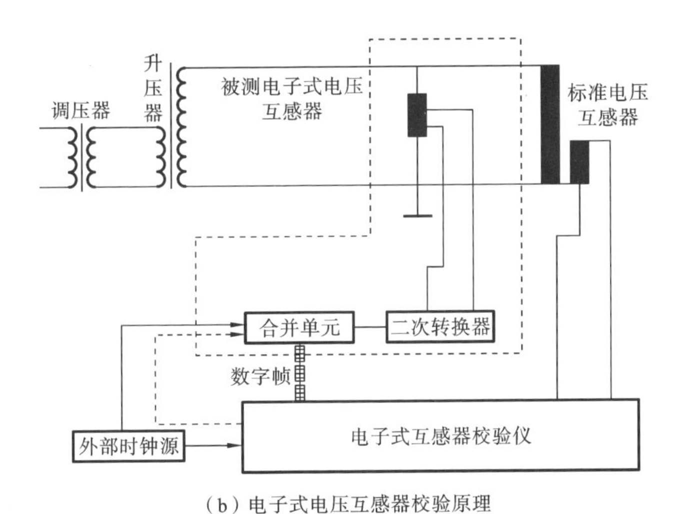

（b）电子式电压互感器校验原理

图 5-7　电子式互感器校验原理

间的额定值；额定相位偏移是指电子式互感器的额定相位移，依据所采用的技术，它不受频率影响。

对于数字输出，如果采用时钟脉冲同步，则电子式互感器相位误差是指时钟脉冲与数字量传输值对应的一次电流/电压采样瞬时之间的时间差。时钟脉冲一般是指同步采样的触发脉冲，频率一般为 1 Hz，最常见的就是 GPS 同步秒脉冲。固定延时法主要是测量绝对延时，通常用于电力系统控制保护，而同步脉冲法主要是针对计量应用。

同步脉冲方法原理框图如图 5-9 所示，目前大部分电子式互感器校验设备都

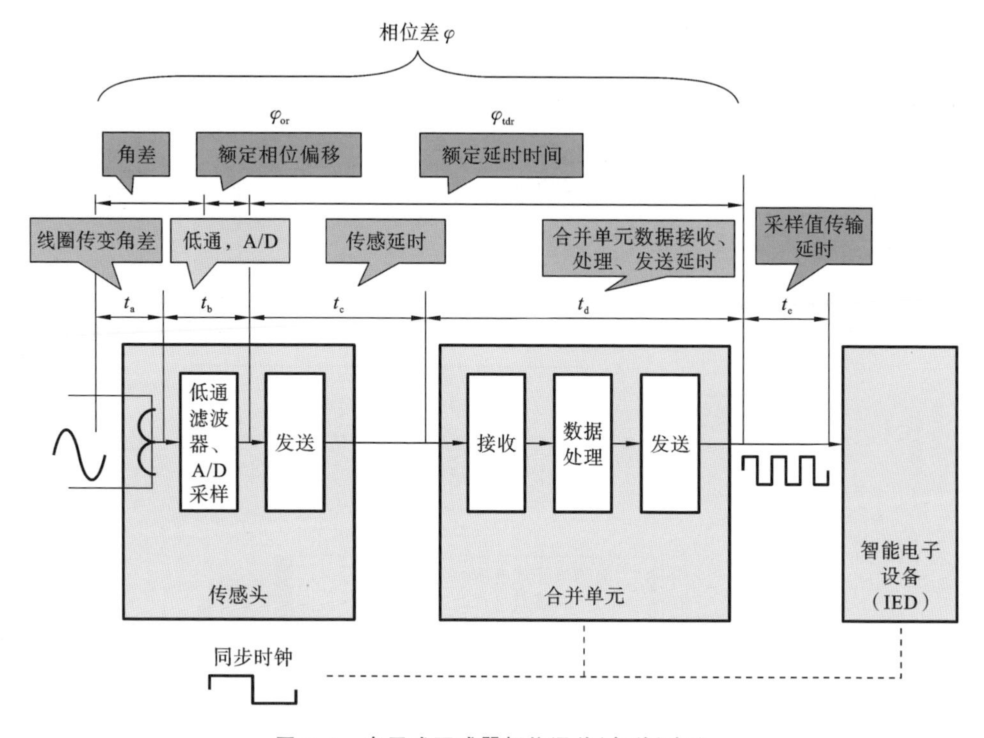

图 5-8　电子式互感器相位误差(角差)定义

采用这种方法。标准系统与被测电子式互感器通过同步脉冲进行同步采样，这样就可以得到一系列的数字采样值，然后通过 FFT 算法可以得出相应的角差和比差。

前面已经提到，这种方式测量出来的 $\varphi_{e}=\varphi_{e_1}-\varphi_{e_2}-\varphi_{t}$，此方法的特点如下。

(1) 要求合并单元支持秒脉冲同步功能。

(2) 最少需要三根光纤，一根是同步脉冲，另外两根是传输采样数据使用的光纤。

(3) 数据处理算法比较简单，因为采样的数据本来就是同步的，所以直接采用 FFT 算法就可以计算出比差和角差。

在现场试验中，由于现场条件限制，如备用光纤不够或者合并单元不支持脉冲同步方式，同步脉冲法往往无法使用。因此有厂家提出了固定延时测量方法，这种方法原理框图如图 5-10 所示，标准系统相互独立进行采样，没有同步时钟进行同步。采样得到的 $i_{ref}(n)$和 $i_{s}(n)$输送到求值单元(如 PC 机)，求值单元同时记录下 $i_{ref}(n)$和 $i_{s}(n)$的绝对时标 t_n 和 t'_n，然后通过插值算法得到 $i_{ref}(n)$和 $i_{s}(n)$过零点的绝对时间 $t(0)$ 和 $t'(0)$，如图 5-11 所示。通过绝对时间 $t(0)$和 $t'(0)$即可求出电子式互感器

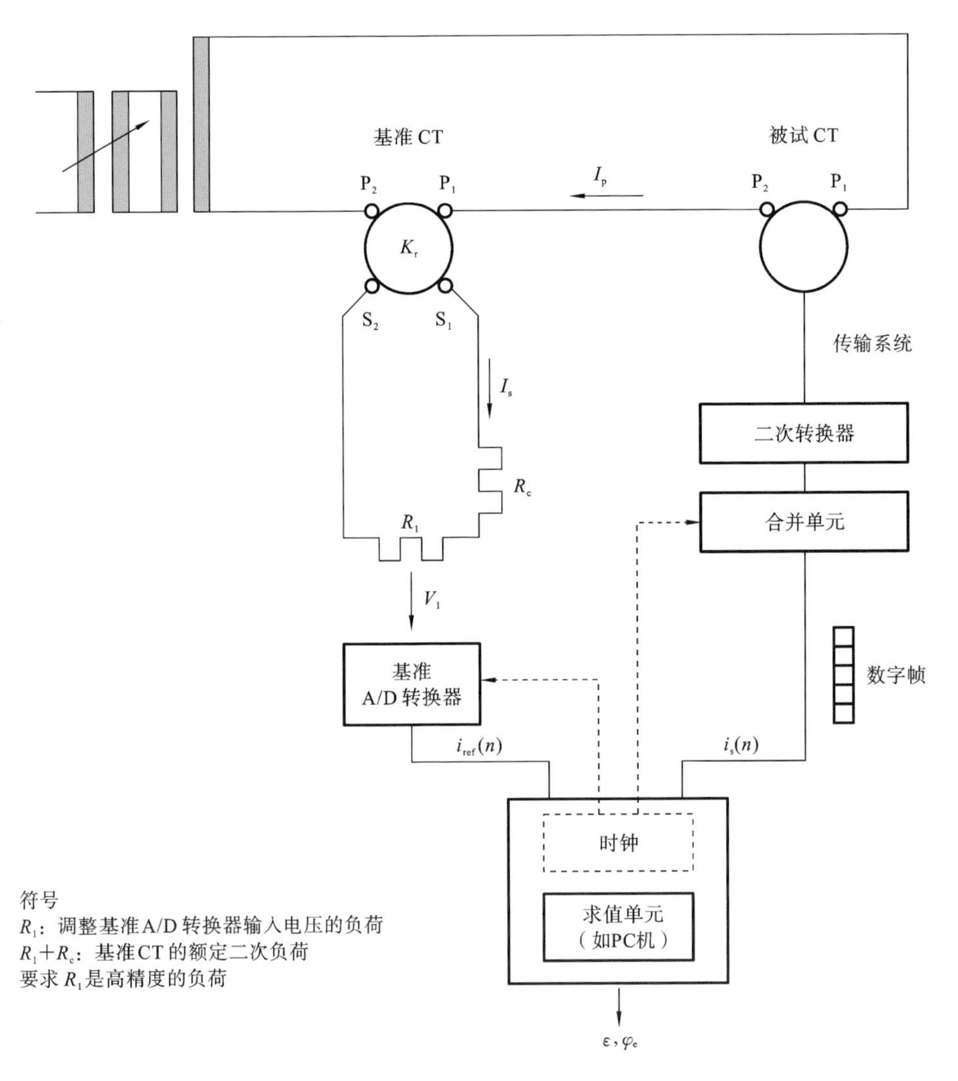

图 5-9　同步脉冲方法原理框图

的相位差为

$$\varphi=2\pi f[t'(0)-t(0)] \tag{5-1}$$

得出 φ 后，根据额定延时时间（φ_{tdr}）和额定相位偏移（φ_{or}），即可得到互感器的角差。比差可以直接由 $i_{ref}(n)$和 $i_s(n)$计算得出。

前面已经提到，这种方式测量出来的 $\varphi_{e_1}-\varphi_{e_2}$ 的特点如下。

（1）要求额定延时时间 φ_{tdr} 和额定相位偏移 φ_{or} 值准确，否则会影响互感器角差的测量。

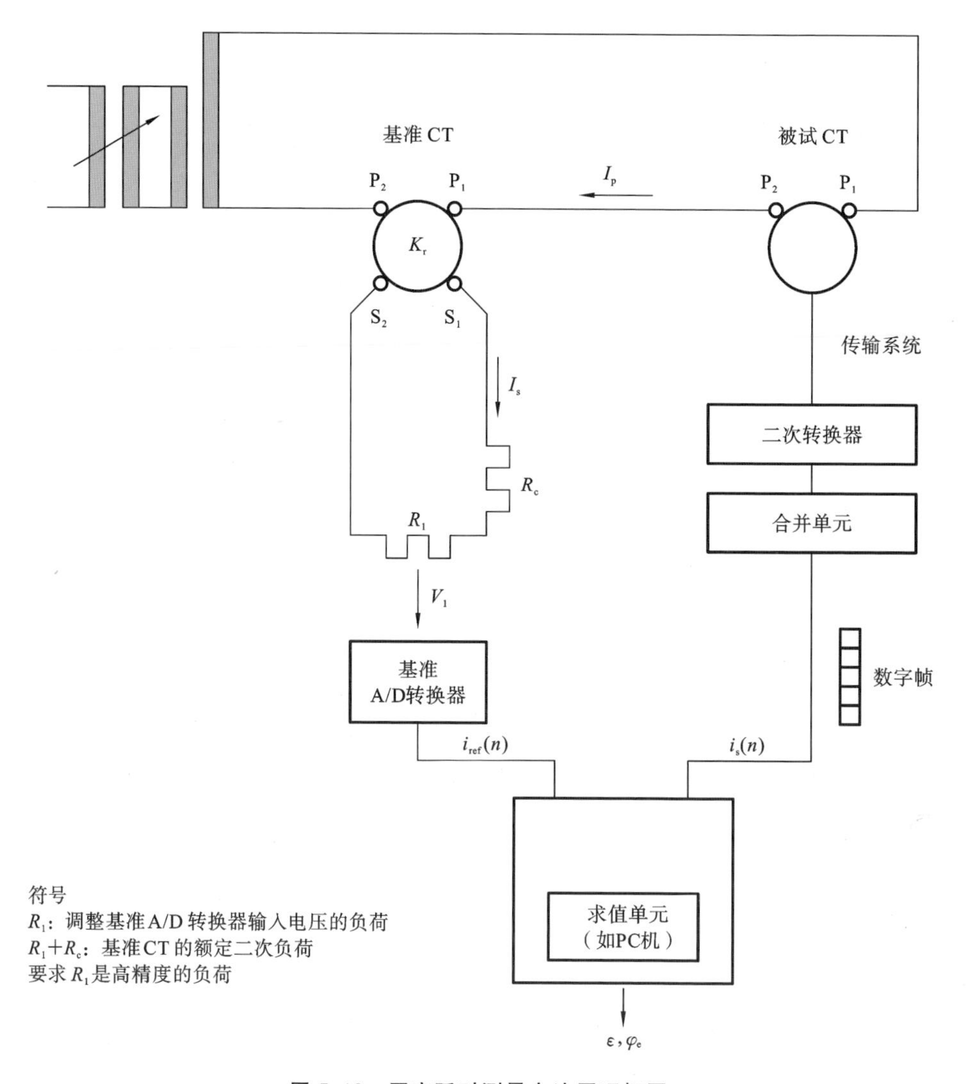

图 5-10　固定延时测量方法原理框图

（2）数据传输延时容易受网络结构及通信的影响。

（3）没有考虑反应时间 φ_t 的影响。

（4）数据处理算法相对复杂。

（5）暂时还无法准确溯源。

（6）现场试验接线比较简单。

（7）可以得到电子式互感器输出的相位差，此参数对于保护比较重要。

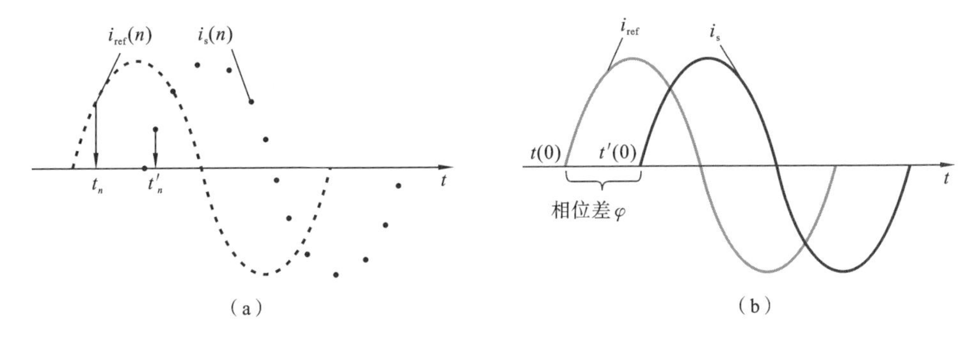

图 5-11　固定延时方法下角差计算示意图

5.2.2　基于网络报文的电子式互感器现场高效测试方法

为了提高电子式电流互感器现场校验的效率，方案结合了实际的一次接线形式，充分利用现有一次接线形式进行设计和优化，达到提高现场校验效率的目的。方案按照 3/2 接线、单母线、双母线分为三类。

1. 3/2 接线形式电子式电流互感器现场高效测试方案

3/2 接线形式广泛应用在电力系统的电气一次主接线中，其两组母线之间接有若干串断路器，每一串有 3 台断路器，中间一台称为联络断路器，每两台之间接入一条回路，共有两条回路。平均每条回路装设一台半(3/2)断路器，故称一台半断路器接线，又称 3/2 接线。3/2 接线的主要优点有可靠性高、运行灵活、操作和检修方便等，在智能变电站中也广泛使用。3/2 接线形式每串中都装有 3 组电流互感器或 4 组电流互感器。

为了便于展示说明方案，以 3/2 接线的 500 kV 间隔加以分析说明，此方案并不限于 500 kV 电压等级。为了一次对多只电子式电流互感器进行校验，对于主接线形式为 3/2 接线的结构，考虑将一个完整“串”的三相中 12 只电子式电流互感器按照其空间布置的位置顺序连接，如图 5-12 所示。

该方案共需要一次电流线 4 根，其中②与③分别将 A 相 5051 间隔出线与 B 相 5053 间隔出线相连，将 B 相 5051 间隔出线与 C 相 5053 间隔出线相连，使得 5051、5052、5053 三个间隔上共计 12 只电子式电流互感器串联起来，达到一次接线通流 12 只电子式互感器的目的。从一次电流与线的长度上看，①为短测试线，②③④为长测试线，长度应大于 5051 与 5053 间隔的最大长度，实际上应保证 2 倍长度，并确保留一定裕度。

对于校验装置来说，一方面需要接收标准电流互感器的模拟量输入信号，另一方面接收通过间隔合并单元发出的数字量信号。

(1) 若校验仪仅可同时接 1 台合并单元且具有多路多通道解析功能，则每次升

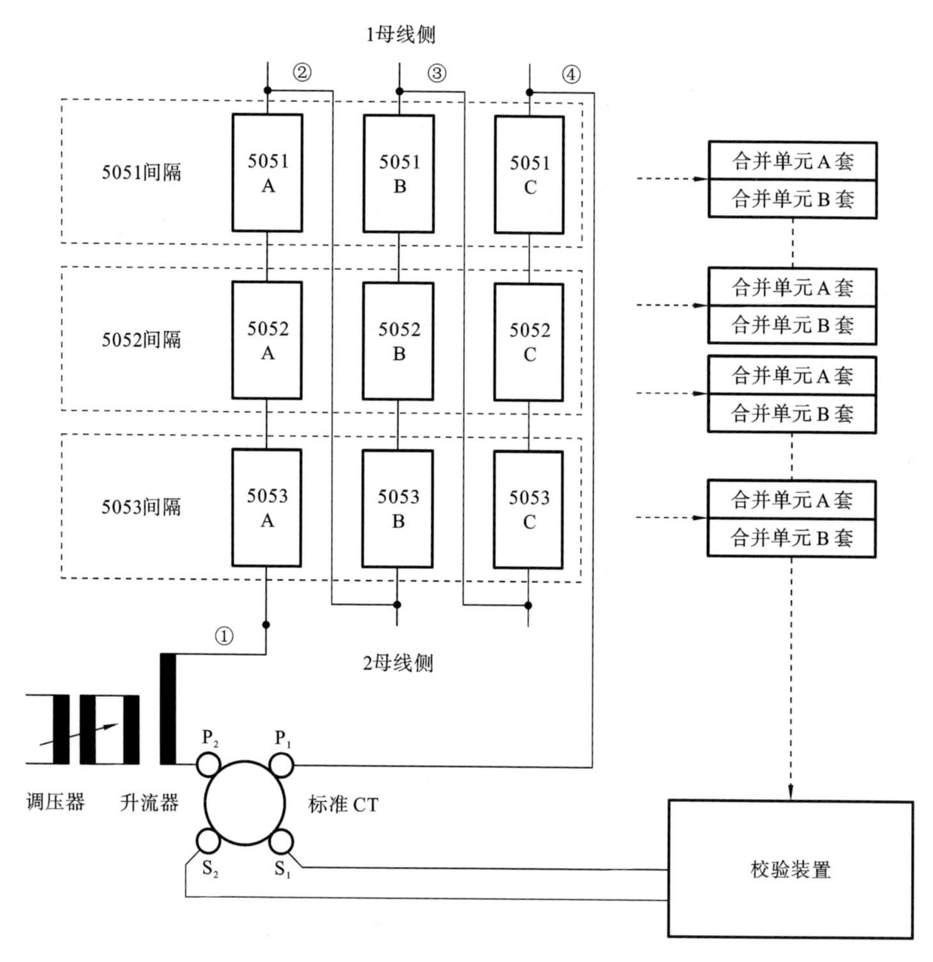

图 5-12 3/2 接线形式电子式电流互感器现场校验方案

流可以同时校验该间隔的 A、B、C 三相 3 只电子式电流互感器对应该合并单元的误差数据。对于这三个间隔其余 5 台合并单元对应的误差来说，仅需要改变合并单元的输入端即可，一次测试线与标准互感器二次测试线无需任何改变。12 台电子式电流互感器对应的 24 组误差数据的总工作量为：一次接线 1 次、二次模拟线接线 1 次、升流 12 次、光纤接线 12 次。

(2) 若校验仪可同时接 2 台合并单元且具有多路多通道解析功能，则每次升流可以同时校验该间隔的 A、B、C 三相 3 只电子式电流互感器对应 2 台合并单元的误差数据。对于这三个间隔其余 4 台合并单元对应的误差来说，仅需要改变合并单元的输入端即可，一次测试线与标准互感器二次测试线无需任何改变。12 只电子式电流互感器对应的 24 组误差数据的总工作量为：一次接线 1 次、二次模拟线接线 1 次、升流6次、光纤接线6次。

（3）若校验仪可同时接6台合并单元且具有多路多通道解析功能，则每次升流可以同时校验该间隔的A、B、C三相3只电子式电流互感器对应6台合并单元的误差数据，一次测试线与标准互感器二次测试线无需任何改变。12只电子式电流互感器对应的24组误差数据的总工作量为：一次接线1次、二次模拟线接线1次、升流1次、光纤接线1次。

2. 单母线接线形式电子式电流互感器现场高效测试方案

单母线接线形式广泛应用在电力系统的电气一次主接线中，常见于500 kV变电站低压侧和220 kV变电站中压侧等，单母线接线的优点是结构简单、清晰、操作简便，断路器和隔离开关之间容易做成联锁，有效防止误操作事故，此外还有使用一次设备少、运行费用低等特点。

为了一次对多只电子式电流互感器进行校验，对于主接线形式为单母线接线的结构，考虑将相邻两个出线间隔或主变间隔的6只电子式电流互感器按照图5-13所示连接。分别将两个间隔的A、B相出线和B、C相出线连接，将剩余的A相与C相引出线接入升流电流中。其连接方式并不唯一，而图5-13中所示的方法是最为节省一次电流导线的方式，因为采用此方式可以将升流装置置于两间隔之间，且引出线均为邻近相。

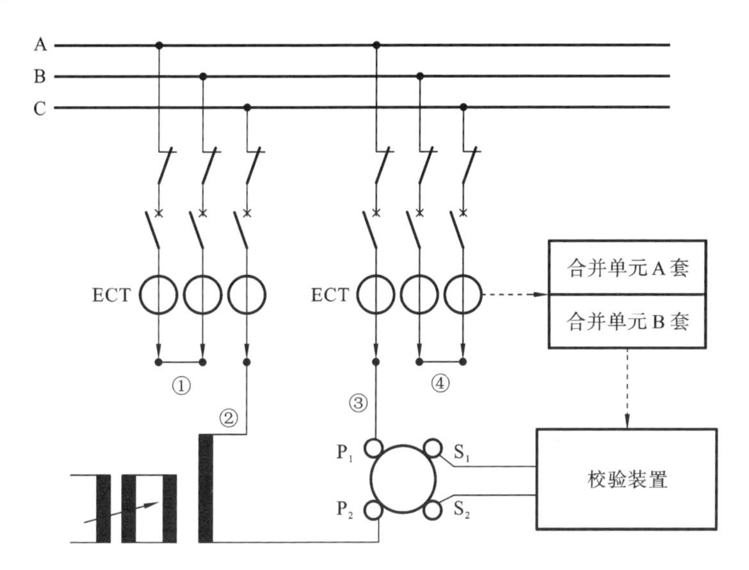

图5-13　单母线接线形式电子式电流互感器现场校验方案

该方案共需要一次电流线4根，其中①与④分别将A、B相与B、C相相连，使得通过②③和母线可以构成电流的完整回路，达到一次接线通流6只电子式互感器的目的。从一次电流线的长度上看,①②③④均为短线,长度应大于相间距离,实际上应保证 2 倍相间距离长度,并确保留一定裕度。

对于校验装置来说,一方面需要接收标准电流互感器的模拟量输入信号,另一方面需要接收通过间隔合并单元发出的数字量信号。

(1) 若校验仪仅可同时接 1 台合并单元且具有多路多通道解析功能,则每次升流可以同时校验该间隔的 A、B、C 三相 3 只电子式电流互感器对应该合并单元的误差数据。对于这两个间隔其余 3 台合并单元对应的误差来说,仅需要改变合并单元的输入端即可,一次测试线与标准互感器二次测试线无需任何改变。6 台电子式电流互感器对应的 12 组误差数据的总工作量为:一次接线 1 次、二次模拟线接线 1 次、升流 6 次、光纤接线 6 次。

(2) 若校验仪仅可同时接 2 台合并单元且具有多路多通道解析功能,则每次升流可以同时校验该间隔的 A、B、C 三相 3 只电子式电流互感器对应该合并单元的误差数据。对于这两个间隔其余 2 台合并单元对应的误差来说,仅需要改变合并单元的输入端即可,一次测试线与标准互感器二次测试线无需任何改变。6 台电子式电流互感器对应的 12 组误差数据的总工作量为:一次接线 1 次、二次模拟线接线 1 次、升流 3 次、光纤接线 3 次。

(3) 若校验仪仅可同时接 6 台合并单元且具有多路多通道解析功能,则一次升流可以同时校验这两个间隔的 A、B、C 三相 3 只电子式电流互感器对应该合并单元的误差数据,一次测试线与标准互感器二次测试线无需任何改变。6 台电子式电流互感器对应的 12 组误差数据的总工作量为:一次接线 1 次、二次模拟线接线 1 次、升流 1 次、光纤接线 1 次。

对于单母线分段间隔上配置 ECT 的情况,采用图 5-14 所示的方案进行现场校验。将分段间隔的隔离开关闭合,线路间隔均通过隔离开关连接母线,这样就通过母联间隔和两段母线将三个间隔的 ECT 串联起来。

(1) 若校验仪仅可同时接 1 台合并单元且具有多路多通道解析功能,则每次升流可以同时校验该间隔的 A、B、C 三相 3 只电子式电流互感器对应该合并单元的误差数据。对于这两个间隔其余 3 台合并单元对应的误差来说,仅需要改变合并单元的输入端即可,一次测试线与标准互感器二次测试线无需任何改变。9 台电子式电流互感器对应的 18 组误差数据的总工作量为:一次接线 1 次、二次模拟线接线 1 次、升流 6 次、光纤接线 3 次。

(2) 若校验仪仅可同时接 2 台合并单元且具有多路多通道解析功能,则每次升流可以同时校验该间隔的 A、B、C 三相 3 只电子式电流互感器对应该合并单元的误差数据。对于这两个间隔其余 3 台合并单元对应的误差来说,仅需要改变合并单元的输入端即可,一次测试线与标准互感器二次测试线无需任何改变。9 台电子式电流互感器对应的 18 组误差数据的总工作量为:一次接线 1 次、二次模拟线接线 1 次、

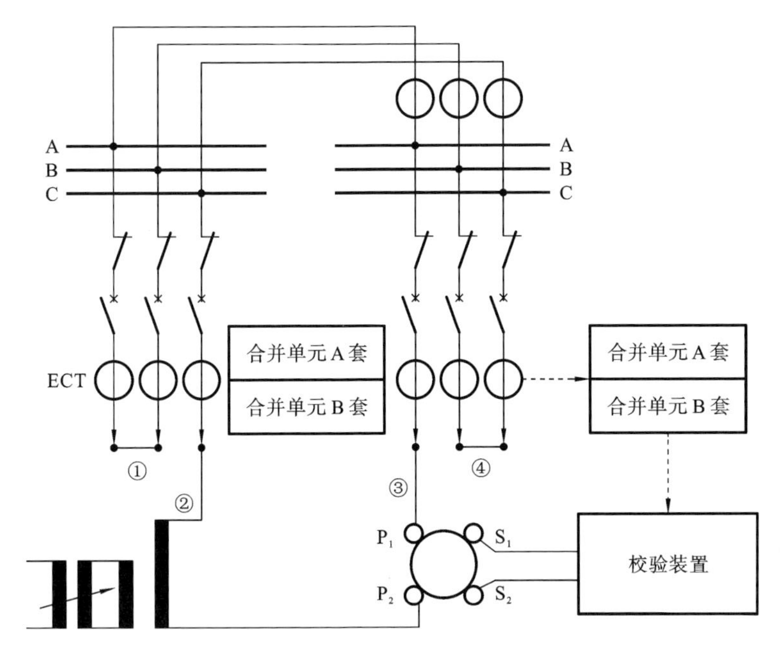

图 5-14　单母线分段形式电子式电流互感器现场校验方案

升流3次、光纤接线3次。

(3) 若校验仪仅可同时接9台合并单元且具有多路多通道解析功能，则一次升流可以同时校验这两个间隔的A、B、C三相3只电子式电流互感器对应该合并单元的误差数据，一次测试线与标准互感器二次测试线无需任何改变。9台电子式电流互感器对应的12组误差数据的总工作量为：一次接线1次、二次模拟线接线1次、升流1次、光纤接线1次。

3. 双母线接线形式电子式电流互感器现场高效测试方案

双母线接线形式广泛应用在电力系统的电气一次主接线中，常见于500 kV变电站中压侧和220 kV变电站高压侧等，双母线接线的优点是检修任一组母线不会中断供电，在任一回路断路器检修时，可用母联断路器代替工作等优点。

对双母线形式来说，其在线路出线位置的接线完全一致，不同的地方在于，由于一条出线可以通过隔离开关与两条母线的任一条连接，因此为了构成电流的完整回路，就需要将两条出线连接同一条母线，如闭合①与③，如图5-15所示。

对于校验装置来说，一方面需要接收标准电流互感器的模拟量输入信号，另一方面需要接收通过间隔合并单元发出的数字量信号。其现场校验在效率方面与单母线情况一致。

(1) 若校验仪仅可同时接1台合并单元且具有多路多通道解析功能，则每次升

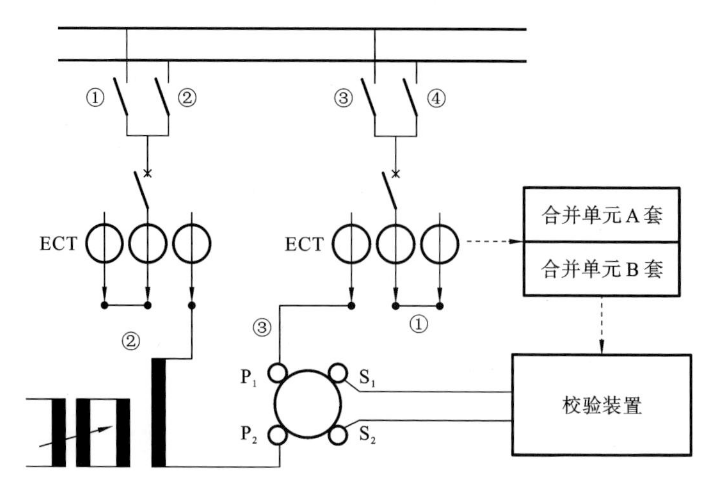

图 5-15 双母线接线形式电子式电流互感器现场校验方案

流可以同时校验该间隔的 A、B、C 三相 3 只电子式电流互感器对应该合并单元的误差数据。对于这两个间隔其余 3 台合并单元对应的误差来说，仅需要改变合并单元的输入端即可，一次测试线与标准互感器二次测试线无需任何改变。6 台电子式电流互感器对应的 12 组误差数据的总工作量为：一次接线 1 次、二次模拟线接线 1 次、升流 6 次、光纤接线 6 次。

(2) 若校验仪仅可同时接 2 台合并单元且具有多路多通道解析功能，则每次升流可以同时校验该间隔的 A、B、C 三相 3 只电子式电流互感器对应该合并单元的误差数据。对于这两个间隔其余 2 台合并单元对应的误差来说，仅需要改变合并单元的输入端即可，一次测试线与标准互感器二次测试线无需任何改变。6 台电子式电流互感器对应的 12 组误差数据的总工作量为：一次接线 1 次、二次模拟线接线 1 次、升流 3 次、光纤接线 3 次。

(3) 若校验仪仅可同时接 6 台合并单元且具有多路多通道解析功能，则一次升流可以同时校验这两个间隔的 A、B、C 三相 3 只电子式电流互感器对应该合并单元的误差数据，一次测试线与标准互感器二次测试线无需任何改变。6 台电子式电流互感器对应的 12 组误差数据的总工作量为：一次接线 1 次、二次模拟线接线 1 次、升流 1 次、光纤接线 1 次。

对于双母线分段间隔上配置 ECT 的情况，采用图 5-16 所示的方案进行现场校验。将分段间隔的隔离开关闭合，线路间隔均通过隔离开关连接同一条母线，与另一条母线断开，这样就通过母联间隔和两段母线将三个间隔的 ECT 串联起来。对于另一条母线分段间隔的 ECT 校验仅需要将线路间隔的隔离开关切换到与之连接的母线即可。

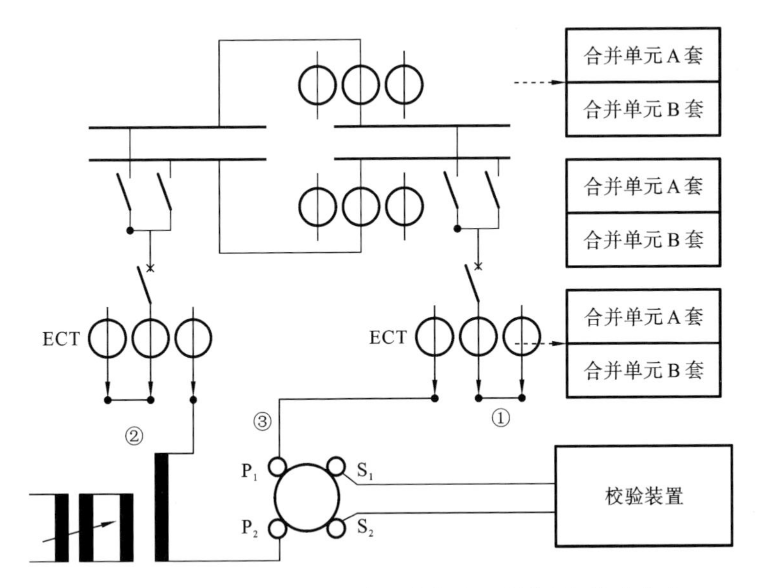

图 5-16　双母线双分段形式电子式电流互感器现场校验方案

(1) 若校验仪仅可同时接 1 台合并单元且具有多路多通道解析功能，则每次升流可以同时校验该间隔的 A、B、C 三相 3 只电子式电流互感器对应该合并单元的误差数据。对于这两个间隔其余 3 台合并单元对应的误差来说，仅需要改变合并单元的输入端即可，一次测试线与标准互感器二次测试线无需任何改变。9 台电子式电流互感器对应的 18 组误差数据的总工作量为：一次接线 1 次、二次模拟线接线 1 次、升流 6 次、光纤接线 3 次。

(2) 若校验仪仅可同时接 2 台合并单元且具有多路多通道解析功能，则每次升流可以同时校验该间隔的 A、B、C 三相 3 只电子式电流互感器对应该合并单元的误差数据。对于这两个间隔其余 3 台合并单元对应的误差来说，仅需要改变合并单元的输入端即可，一次测试线与标准互感器二次测试线无需任何改变。9 台电子式电流互感器对应的 18 组误差数据的总工作量为：一次接线 1 次、二次模拟线接线 1 次、升流 3 次、光纤接线 3 次。

(3) 若校验仪仅可同时接 9 台合并单元且具有多路多通道解析功能，则一次升流可以同时校验这两个间隔的 A、B、C 三相 3 只电子式电流互感器对应该合并单元的误差数据，一次测试线与标准互感器二次测试线无需任何改变。9 台电子式电流互感器对应的 12 组误差数据的总工作量为：一次接线 1 次、二次模拟线接线 1 次、升流 1 次、光纤接线 1 次。

对于双母线母联间隔上配置 ECT 的情况，采用图 5-17 所示的方案将母联间隔的隔离开关闭合，线路间隔均通过隔离开关各连接一条母线，例如将①④闭合，将②

③断开，这样就通过母联间隔和两条母线将三个间隔的 ECT 串联起来。

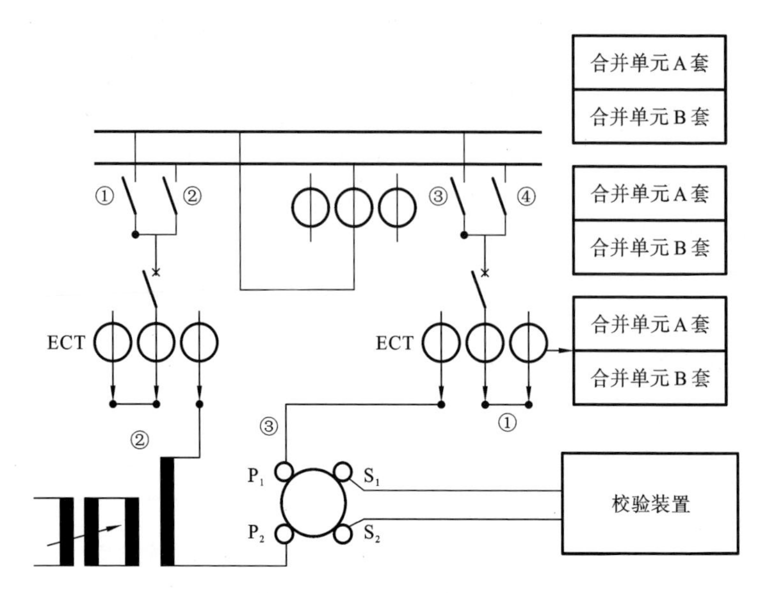

图 5-17 双母线带母联形式电子式电流互感器现场校验方案

4. 不同布置形式母线对方案的影响

常见的高压变电装置有三种：第一种是空气绝缘的常规配电装置，简称 AIS，其母线裸露，直接与空气接触，断路器可用瓷柱式或罐式，其特点是外绝缘距离大、占地面积大、投资少、安装简单、可视性好，现大多数电力用户使用的均是这类配电装置；第二种是混合式配电装置，简称 H-GIS，母线采用敞开式，其他均为六氟化硫气体绝缘开关装置；第三种是六氟化硫气体绝缘全封闭配电装置，简称 GIS，GIS 的优点是占地面积小、可靠性高、安全性强、维护工作量很小，其主要部件的维修间隔不小于 20 年，但投资大，对运行维护的技术要求很高。

GIS 设备只有在引出出线的位置才有明显的断开点或者可以接线测试的端子，因此对 GIS 设备试验通常都需要带很长一段母线或者其他一次设备，给试验带来麻烦。对于 GIS 的 ECT 来说，之前针对三种主接线形式的方案均适用，且无需配置额外的装置或操作。此外，方案对于 H-GIS 也同样适用。因此，ECT 的三种高效现场校验方案对 AIS、GIS、H-GIS 形式均适用。

5.2.3 基于分布式的互感器与合并单元组合校准方法

为解决电压、电流合并单元异地分布导致电能离线检测无法实施的问题，采用高速功放及同步时钟信号源技术，研制与 UTC 时间同步的离线检测装置，控制中心通过无线通信方式远程控制离线检测装置,同时获取数字化电能计量结果,实现数字化电能计量系统的二次侧离线检测,离线检测系统准确度等级应达到0.05级。

离线检测系统如图5-18所示,离线检测系统由两台离线检测装置、控制中心(计算机)、电能误差计算装置构成。控制中心通过无线方式下达命令,控制不同地点分布的离线检测装置,在约定的时间输出三相交流功率、电能信号到合并单元,实现对数字化变电站电能计量系统二次侧的现场检测。

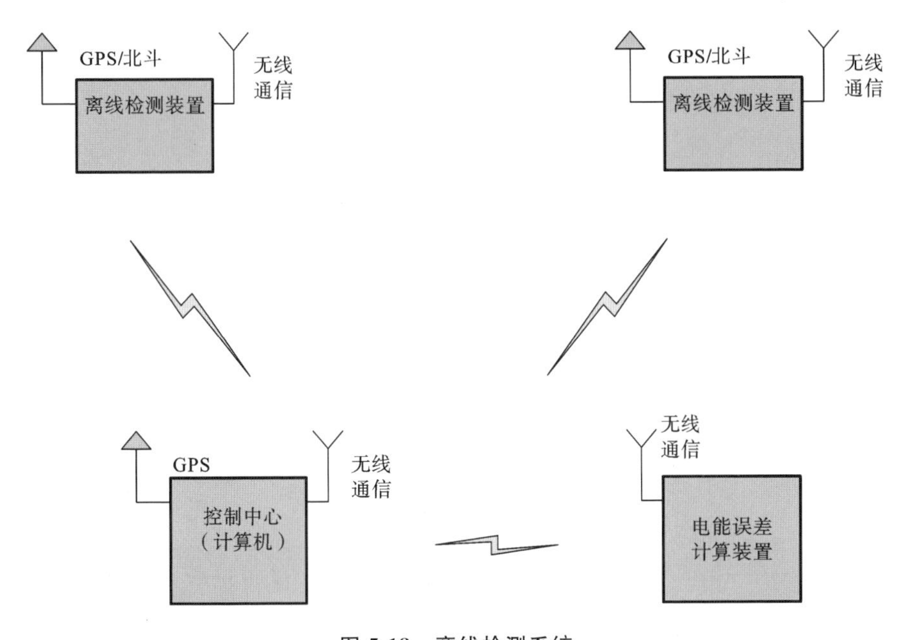

图5-18　离线检测系统

由于电能表厂家类型较多,无法通过接口程序直接读取电能表数据,必须通过电能表脉冲输出,实现数字化电能表的检测工作,因此,离线检测系统控制中心需研制专用的电能同步采样装置,采样电能表输出电能脉冲,同时接收离线检测装置输出的同步电流、电压、相角,实现电能误差计算功能。

1. 离线检测系统工作原理

离线检测系统以控制中心为核心,以GPS/北斗时钟为基准,以无线通信为手段,以控制中心作为系统服务器,以离线检测装置、电能误差计算装置作为客户端,构建离线检测系统。

控制中心制定现场测试方案,确定现场测试时间、输出电流及电压参数、被测设备参数,以无线通信方式,远程下达到离线检测装置。

离线检测装置根据现场测试方案，以 GPS/北斗时钟为基准，在预定的时间触发输出同步交流电压、电流信号，电流和电压信号的幅值、相位、频率等参数按照测试方案要求设定，同时将输出电流、电压信号的各次谐波的有效值、同步相位、频率参数按照 1 次/秒的频率发送到电能误差计算装置。

电能误差计算装置接收离线检测装置输出的各次谐波的电流和电压有效值、同步相位参数，计算各次谐波有功功率、无功功率，在求和后，按照固定常数，转换输出一定频率的脉冲，该脉冲的频率为被检电能表输出脉冲频率的 100000 倍；同时采样数字化电能表输出的脉冲，根据测量圈数及实际时间间隔，与在此期间电能误差计算装置输出的脉冲数量比较，从而获得计量误差，以无线方式发送到控制中心，完成该点检测工作。

检测过程中，电能表输出的脉冲与此期间离线检测系统输出的脉冲并非完全同步，由于离线检测方法是标准源法，离线检测系统准确度等级满足 0.05 级要求，系统输出稳定性误差小于 0.01%，即离线检测系统输出电能在 1 min 之内不会发生急剧变化，而且离线检测系统输出电能脉冲频率非常高，因此，被检电能表测量的电能与离线检测系统输出电能脉冲同步，对计量误差的计算影响非常小。

控制中心在完成所有检测方案后，将检测结果写入数据库，自动完成检测报告编写，实现自动化检测工作，其流程图如图 5-19 所示。

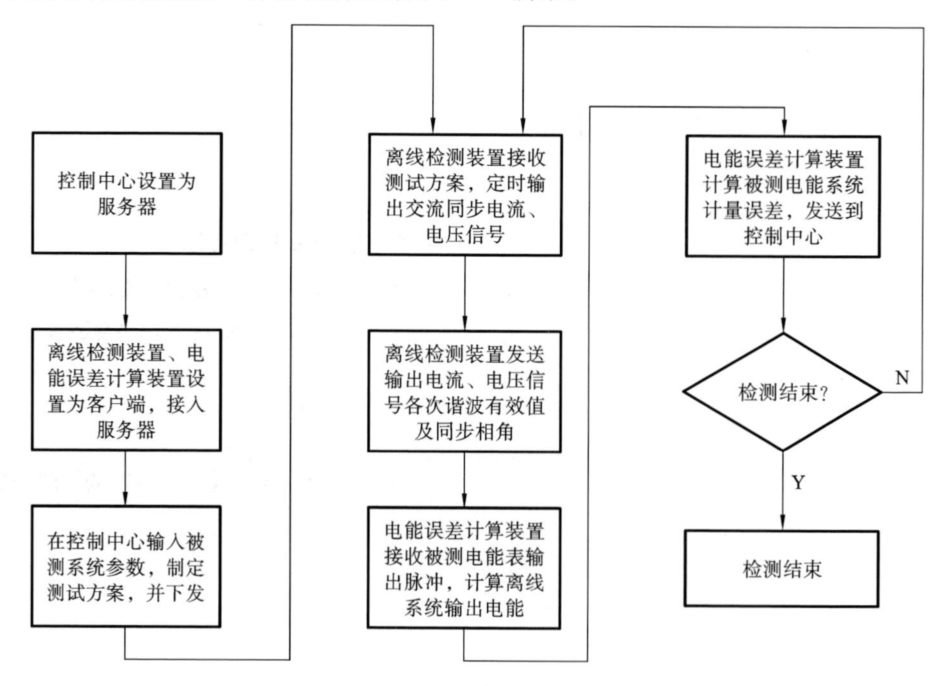

图 5-19　离线检测系统工作流程图

2. 控制中心的硬件设计与实现

控制中心通过无线网络，构建离线检测系统。检测时，控制中心根据被测设备类型，制定统一的检测方案，由无线网络下达到各点的离线检测装置，离线检测装置按照方案在规定的时间输出既定的GPS同步功率、电能及数字化电流和电压信号，控制中心同步接收数字化电能表的测量结果，最后计算，实现误差检测。

控制中心硬件结构如图5-20所示，采用嵌入式系统构建，主要包括控制模块、网络模块、存储器模块、外设模块、时钟模块。控制模块根据基准时钟模块提供的高精度全球同步时钟信号及秒脉冲信号，与受控的离线检测装置所提供的GPS/北斗时钟进行比较，可以实现系统对时，确保参与测试装置时钟的统一性，且能满足测试同步性要求；还可以确定数据传输的通信延时，为测试提供传输时间冗余参数。控制模块通过网络模块发送测试方案、接收测试结果，实现与离线检测装置的无线远程连接、控制。

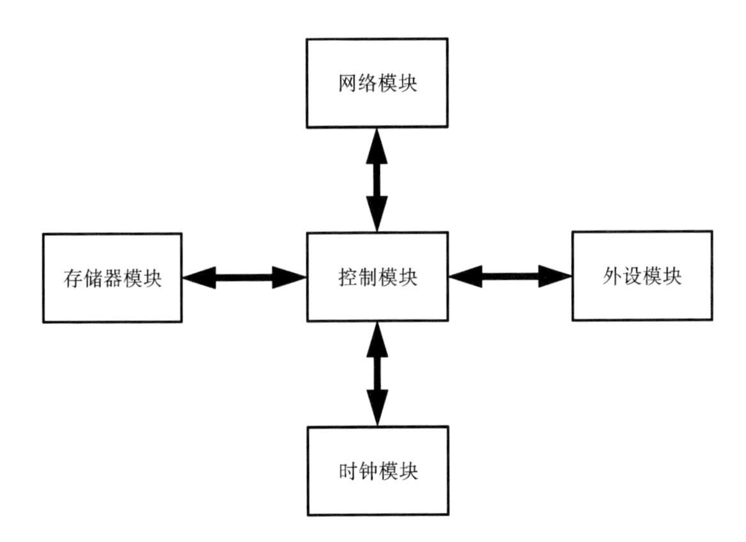

图5-20　控制中心硬件结构

时钟模块由GPS/北斗信号接收芯片及其信号处理模块构成。基准时钟模块只能选择GPS接收芯片或者北斗信号接收芯片提供的时钟基准信号，选择的标准是所能捕获到的卫星数量必须超过3个；由于GPS或北斗信号接收芯片输出的时间信息是IRIG-B码，因此时钟信号处理模块在选择时钟基准信号之后，必须对GPS/北斗信号接收芯片输出IRIG-B码时间信息进行解析处理，输出标准UTC时间格式，因此需要专门的信号处理模块完成对IRIG-B码的解码工作，获得标准的全球同步时钟。

无线通信模块主要建立与时标功率源点对点通信的链路，完成测试控制命令的协议化打包处理，进行测试数据的协议解析并发送给测试控制模块。无线通信模块主要由网络数据处理模块、网络控制芯片、无线网卡构成。在控制命令发送过程中，网络数据处理模块负责控制命令的封装，网络控制芯片将封装后的数据按TCP/IP协议要求再次封装，然后通过无线网卡将数据发出。在测试数据接收过程中，无线网卡接收数据之后，传输到网络控制芯片，网络控制芯片将数据按TCP/IP协议要求进行解析，获得解析结果后上传至网络数据处理模块进行最后解析，得到最终数据。

I/O接口控制器包括显示器、键盘、鼠标等。通过这些接口，测试人员对同步测试控制中心进行控制，实现测试方案的制定、测试命令的下达等，完成整个测试工作。

XILINX FPGA芯片构成如图5-21所示，控制中心的控制器包括嵌入式处理器、存储控制器、网络数据处理模块、时钟信号处理模块、I/O接口控制器。网络数据

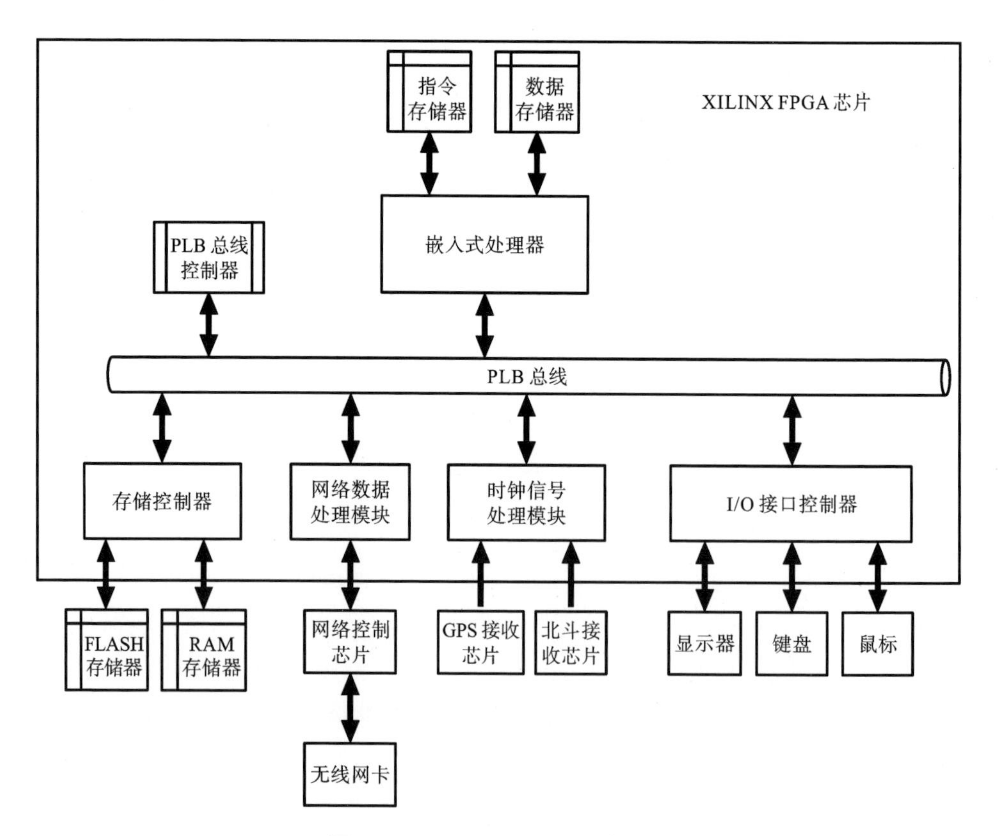

图5-21 XILINX FPGA **芯片构成**

处理模块、时钟信号处理模块、I/O接口控制器都是通过VHDL硬件在FPGA芯片上生成IP核的。控制模块通过底层驱动程序调用这些IP核，实现对时钟信号处理模块、网络数据处理模块、I/O接口控制器的控制。

控制中心也可采用具有无线通信功能的计算机作为硬件基础，在此基础上，设计并编制上层控制软件，实现控制。

3. 控制中心的软件设计与实现

二次侧电能计量系统检测软件主要框架如图5-22所示。

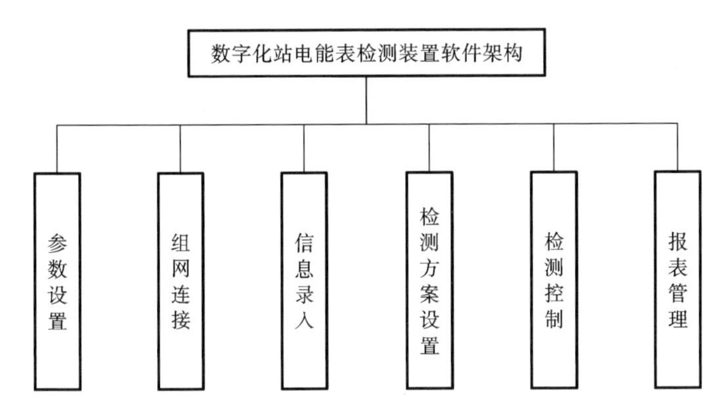

图5-22　二次侧电能计量系统检测软件主要框架

(1) 参数设置：该模块为软件参数设置部分，主要功能包括软件初始化参数、电能表检测参数设置。

(2) 组网连接：该模块为软件无线通信组网部分，主要作用为检测操作前，利用无线WiFi，实现软件与检测装置无线网络连接，从而实现实时监测并控制检测装置。

(3) 信息录入：该模块为电能表参数信息录入部分，包括当前检测电能表接线方式，电压、电流量程等信息。

(4) 检测方案设置(或选择)：根据《电子式交流电能表》(JJG 596—2012)设置检测方案，也可按实际需求自由组合方案。

(5) 检测控制：检测软件根据步骤(3)(4)设置参数，利用无线网络技术，自动控制检测装置，实现电能表误差的检测。

(6) 报表管理：该模块为数据库管理操作部分，所有程序检测数据查询都是本模块呈现出来的。

4. 电能误差计算装置的硬件结构与实现

电能误差计算装置主要通过无线方式获取离线检测装置输出的电流、电压各次谐波的有效值以及相位值，通过有线方式采样数字化电能表输出的电能脉冲，实现被测分布式电能计量系统的综合误差计算。电能误差计算装置结构如图 5-23 所示，装置通过无线模块接收带时标的电压、电流实时参数值，计算出功率后，通过DDSAD9850电路转换成电能高频脉冲信号，然后与数字电能表输出的电能脉冲比较，采用捕获脉冲计数法计算电能表计量误差，从而实现被测分布式电能计量系统的综合误差。电能脉冲指两台离线检测装置输出的电能脉冲，主要用于离线检测系统的量值溯源工作。

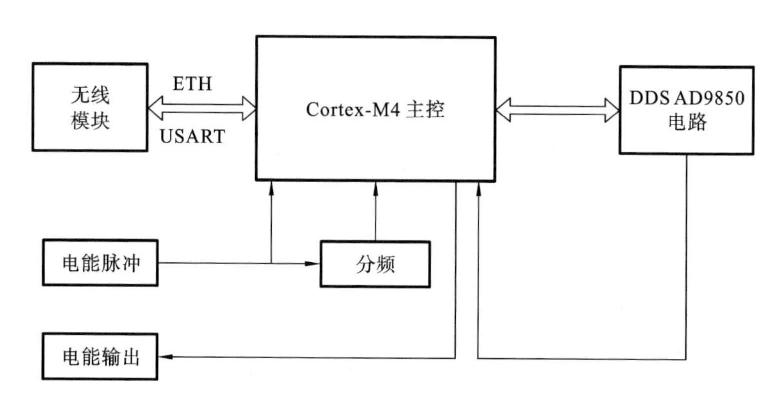

图 5-23 电能误差计算装置结构

5. 电能误差计算装置的软件结构与实现

电能误差计算装置的软件结构如图 5-24 所示，主要包含主控制程序、电能误差计算子程序、高频脉冲产生子程序、通信子程序，其主要任务是接收电压/电流源发送的带时标数据后，对时标一致性的电压/电流数据进行功率计算后送 DDS，转换为高频脉冲，并由误差计数器计算误差后将数据发送到上位机。

由于电压合并单元、电流合并单元的异地分布，为了实现电能在线检测，需要通过电压、电流异地采样，实现分布式电能计算。分布式电能计算装置通过无线模块接收电压/电流同步测量装置计算的电压/电流各次谐波的幅值、相位、频率，计算公式为

$$P=\sum_{n=1}^{50}U_nI_n\cos\varphi(n) \tag{5-2}$$

$$Q=\sum_{n=1}^{50}U_nI_n\sin\varphi(n) \tag{5-3}$$

计算出 1～50 次谐波的有功功率和无功功率，累加后获得总有功功率和总无功功率，通过电路转换成电能高频脉冲信号，然后与数字电能表输出的电能脉冲比较，采用捕获脉冲计数法计算电能表计量误差，从而计算出被测分布式系统电能计量系

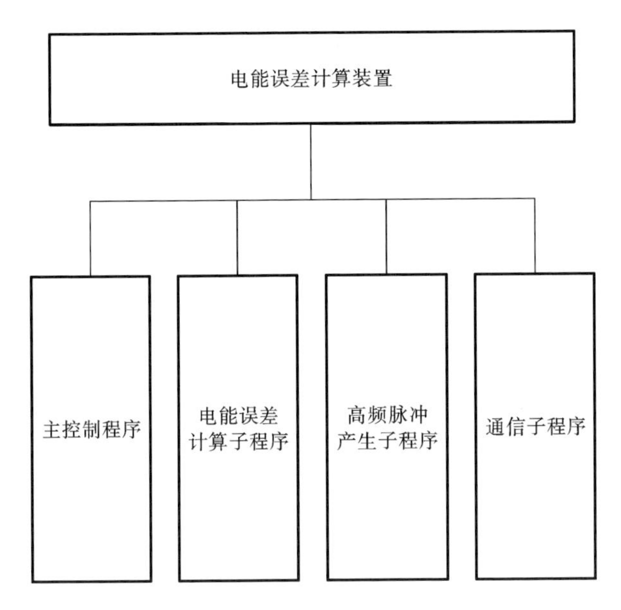

图 5-24　电能误差计算装置的软件结构

统的综合误差。其计算过程如下。

将平均功率 P 乘以一个系数 k，发送到 DDS 芯片转换电路，转换成脉冲信号，其频率为

$$f=k\times P\times f_c/2^{32} \tag{5-4}$$

式中：f_c 为脉冲转换芯片外接晶振频率(1 MHz)。若校验时段被校电能表输出了 m_0 个低频脉冲，所用时间为 T_0，此时电能脉冲检测装置输出的高频脉冲数为 m，被校电能表常数为 C，则 m_0 个低频脉冲折算的电能值 W_0 计算公式为

$$W_0=m_0\times 3600000/C \tag{5-5}$$

校验仪输出的 m 个高频脉冲数折算的电能值 W 为

$$W=P\times T_0=P\times m/f=m\times 2^{32}/(k\times f_c) \tag{5-6}$$

此时被校电能表的相对误差计算公式为

$$E=\frac{W_0-W}{W}\times 100\% \tag{5-7}$$

当 k 设定为 $k=10^5\times 2^{32}\times C_1/(3600000\times f_c)$（$C_1$ 为本装置电能常数）时，计算电能表的相对误差为

$$E=\frac{(m_0\times C_1/C)\times 10^5-m}{m}\times 100\% \tag{5-8}$$

此前平均功率 P 乘以了系数 k，目的是产生高速脉冲，k 根据 C_1 和 f_c 进行设定，当 $C_1=C$ 时，其产生的脉冲频率是被测电能表输出脉冲频率的 10^5 倍；当 $C_1<C$ 时，

可通过增加低频脉冲 m_0，即增加校验圈数，使计数值超过 10^5，计数 m 产生的±1 量化误差引起的相对误差为 0.001%，从而保证了相对误差 E 的精度。电能同步采样装置主控程序流程图如图 5-25 所示。

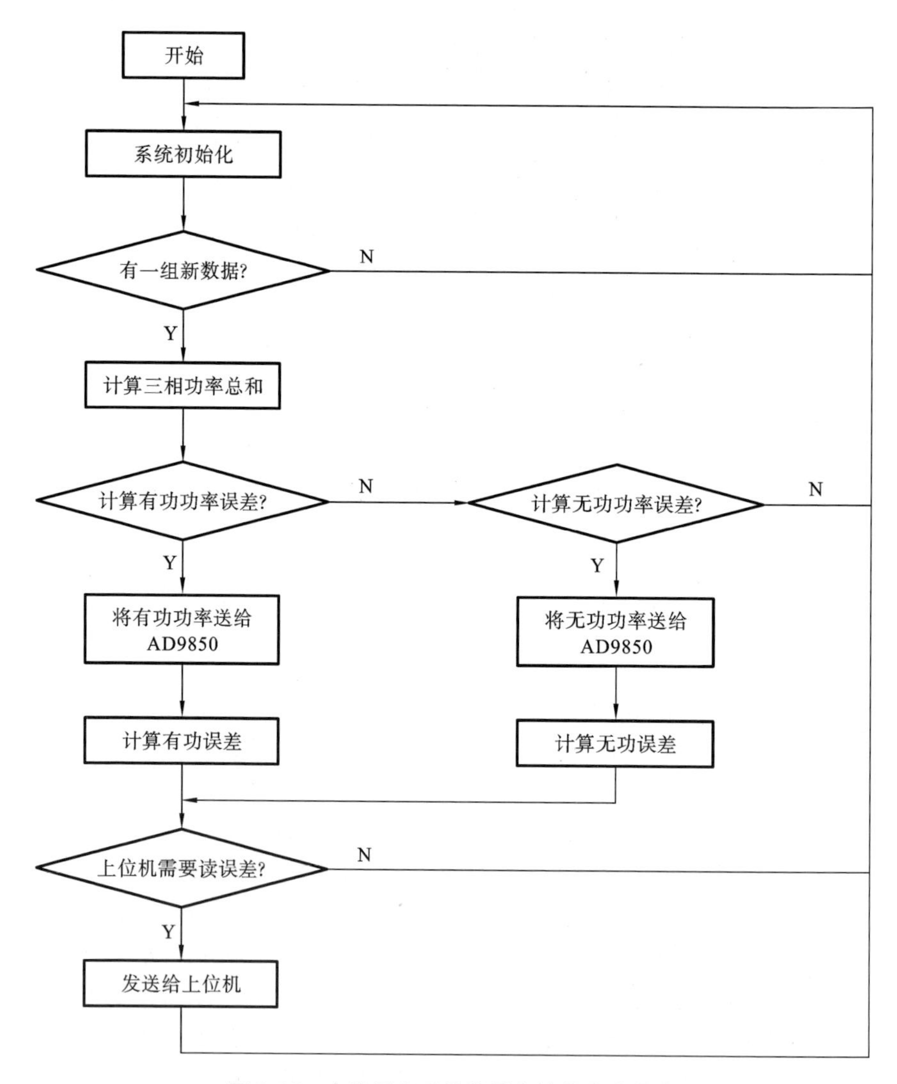

图 5-25　电能同步采样装置主控程序流程图

电能误差计算装置实物图如图 5-26 所示，电能误差计算装置有两个脉冲端口：标准脉冲输出和电能脉冲输入。此外，电能误差计算装置还包含一个无线通信用的 WiFi 天线及相关的系统指示。

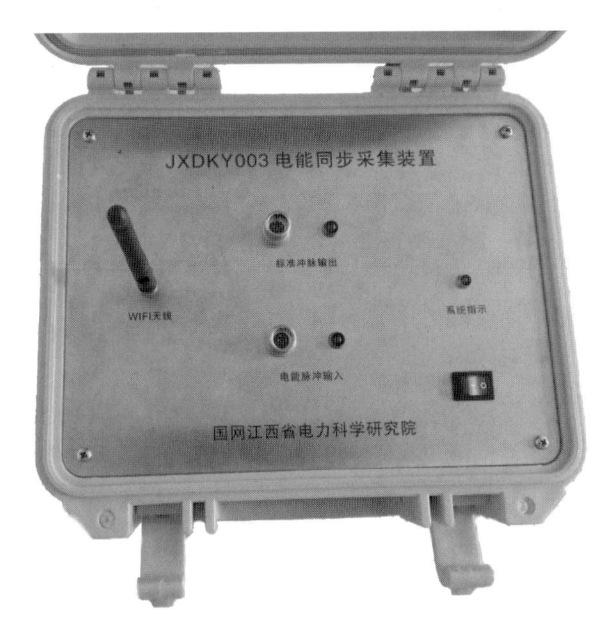

图5-26 电能误差计算装置实物图

5.3 直流换流站现场离线校准技术

5.3.1 无线校准方法

在直流换流站中,直流互感器本体在户外直流场或直流阀厅,而其二次测量系统通常在控制室,两者相距100～500 m,为直流互感器的现场校准带来了一定的难度。直流互感器现场校准通常在换流站停电检修期间进行,现场环境复杂,在直流换流站铺设长距离电缆、光纤存在很大弊端,实际校准过程中容易造成电缆或光纤折断,影响试验进行。此外,电缆的有线方式在模拟小信号长距离传输时不适用。因此,早期直流互感器现场校验大多采用对讲机方式,分别在直流场和控制室用数字多用表测量标准直流互感器和被测直流互感器的二次信号,通过对讲机进行远程报数,该校验方式简单,但人工报数无法实现同步采样且工作量比较大,同时对标准直流源的稳定度要求较高,随着无线通信技术的发展,该校验方式逐渐被取代。目前常用的无线通信方式包括WiFi、Zigbee、蓝牙和移动通信网络等,如表5-1所示。

Zigbee通信技术目前应用较多,采用一点对多点的蜂窝通信,但其穿墙能力较弱,遇到较多的障碍物会导致通信成功率下降,而且其通信距离往往小于100 m,因此不适合直流互感器现场校验;蓝牙与WiFi的通信距离也比较短,通常只有十几米,

表 5-1 无线通信技术选型

种类	Zigbee	蓝牙	WiFi	移动通信网络
单点覆盖距离	50～300 m	10 m	50 m	可达几千米
网络扩展性	自动扩展	无	无	依赖现有网络覆盖
电池寿命	数年	数天	数小时	数天
复杂性	简单	复杂	非常复杂	简单
传输速率	250 Kb/s	1 Mb/s	1～11 Mb/s	38.4 Kb/s
频段	868 MHz～2.4 GHz	2.4 GHz	2.4 GHz	0.8～1 GHz
网络节点数	65000	8	50	—
联网所需时间	仅 30 ms	高达 10 s	3 s	数秒
终端设备费用	低	低	高	较高
有无网络使用费	无	无	无	有
安全性	128 b AES	64 b AES	128 b TKIP	128 b SNOW 3 G/AES
集成度和可靠性	高	高	一般	一般
使用成本	低	低	一般	高
安装使用难易	非常简单	一般	难	一般

功率强劲的 WiFi 装置通信距离能覆盖近百米，但仍然不适用于数百米的通信；传统数传电台的通信距离较远，但是通信设备架设过程复杂，且费用高。在直流换流站中，由于直流户外场与控制室的距离相距几百米，且中间有滤波场、换流变、建筑物等障碍物遮挡，直流换流站现场通常采用远距离传输能力强和穿透能力强的移动通信，主要包括 GSM、GPRS、3G、4G 和 5G 等，目前在电力系统无线通信应用最广泛的是 4G 通信技术，5G 通信技术也在逐渐推广应用。为保证校验结果的可靠性，计量装置必须确保被测互感器与标准器采样信号同步，通常采用 GPS 或北斗系统进行远程同步。

图 5-27 为基于 4G 通信技术和北斗无线同步技术的直流互感器无线校准方法。校验装置包括主机和从机两套系统，每套系统均包括 4G 通信模块和北斗无线同步模块、测量模块以及上位机，两套系统通过卫星提供的高精度授时信号实现时钟同步，通过云服务器实现数据的无线通信，从而实现直流互感器的无线校验。4G 通信模块和北斗无线同步模块均通过 RS232 串口与校验系统进行通信。测量模块采用高精度数字多用表或协议转换器，用于测量被测直流互感器输出的模拟信号或 FT3 数字报文，通过 GPIB 仪器控制接口或以太网与上位机进行数据交互。直流互感器无线校验工作原理为：北斗无线同步模块接收到北斗卫星授时信号，获得秒脉冲和绝

对时间信息，秒脉冲信号用于触发测量模块进行采样，同步精度优于 100 ns，绝对时间信息用于标识数字多用表的采样时间。主机系统和从机系统中的测量模块分别对标准直流互感器和被测直流互感器的输出进行采样，并通过北斗无线同步模块接收高精度卫星授时同步信号进行同步采样并将采样数据传输到上位机中，在从机系统中，上位机对测量模块采样的被测互感器输出信号进行数据处理后，通过 4G 通信模块和云服务器将含有绝对时间标识的被测直流互感器数据传输到主机系统，频次为 1 次/秒。主机通过软件算法将接收的被测直流互感器的数据和标准直流互感器的数据进行时标对齐，如图 5-28 所示，将同一时刻标准直流互感器和被测直流互感器的采样数据进行比对计算，得到被测直流互感器的误差，从而实现直流互感器的无线校准。

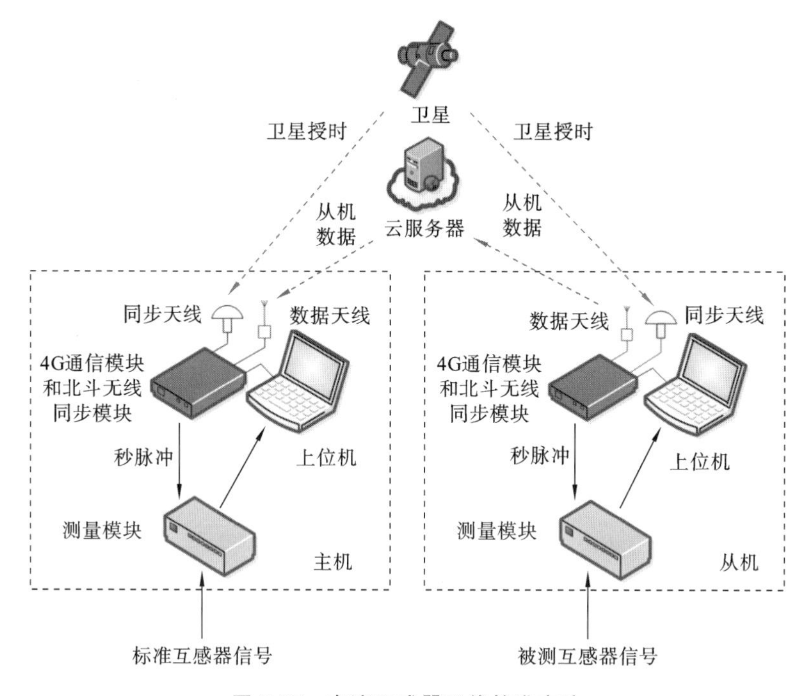

图 5-27　直流互感器无线校准方法

直流互感器无线校验的 4G 通信方案如图 5-29 所示。4G 通信模块通过 SIM 手机卡实现数据的无线发送和接收，并且与具有固定 IP 地址的云服务器进行通信。多个 4G 无线通信模块能够通过与云服务器通信来实现点对点、一对多或多对一的无线数据透明传输，可实现数据的远距离、高速、稳定无线传输，同时可通过第三方客户端对云服务器数据进行访问，实时获取现场直流互感器的校准数据，对校准数据进行远程管控。

图 5-30 为国家高电压计量站研制的直流互感器无线校验装置，整体准确度优于

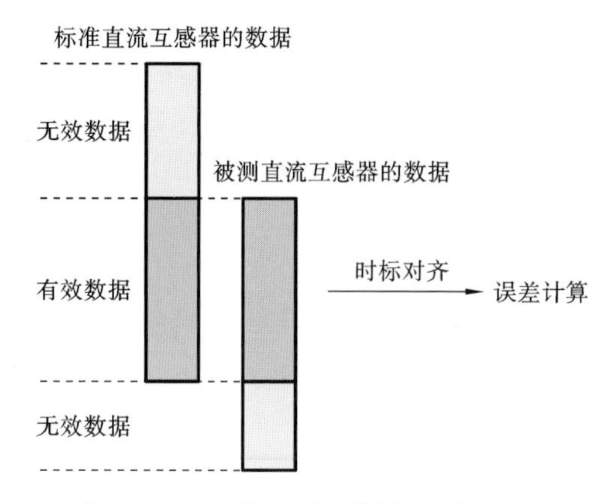

图 5-28　主、从机测量数据的时标对齐

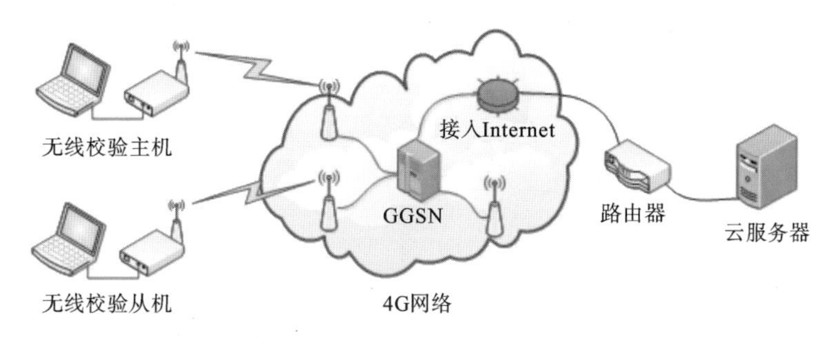

图 5-29　直流互感器无线校验的 4G 通信方案

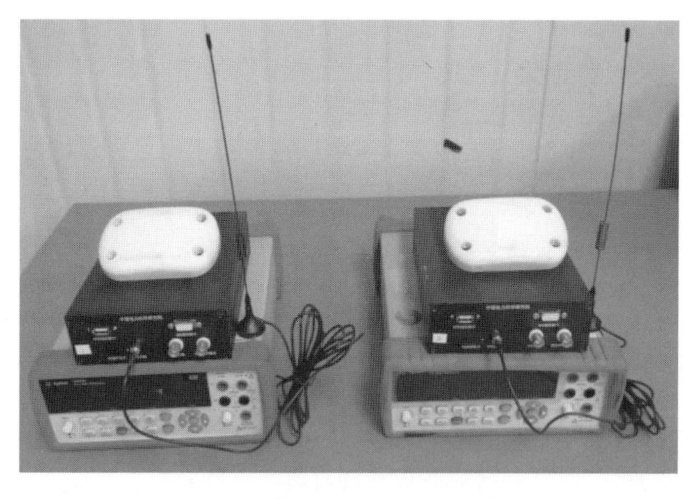

图 5-30　直流互感器无线校验装置

0.05%，由两个结构、功能完全相同的主机和从机组成，采用成熟的6位数字多用表作为模拟信号测量模块，分别用于测量标准直流互感器和被测直流互感器的数据，采样准确度优于0.01%，测量量程高达1000 V，可满足直流换流站现场模拟量输出直流互感器的无线校准试验。

5.3.2 二次测量系统校准方法

在直流换流站中，直流电压互感器通常采用阻容分压原理，如图5-31所示。

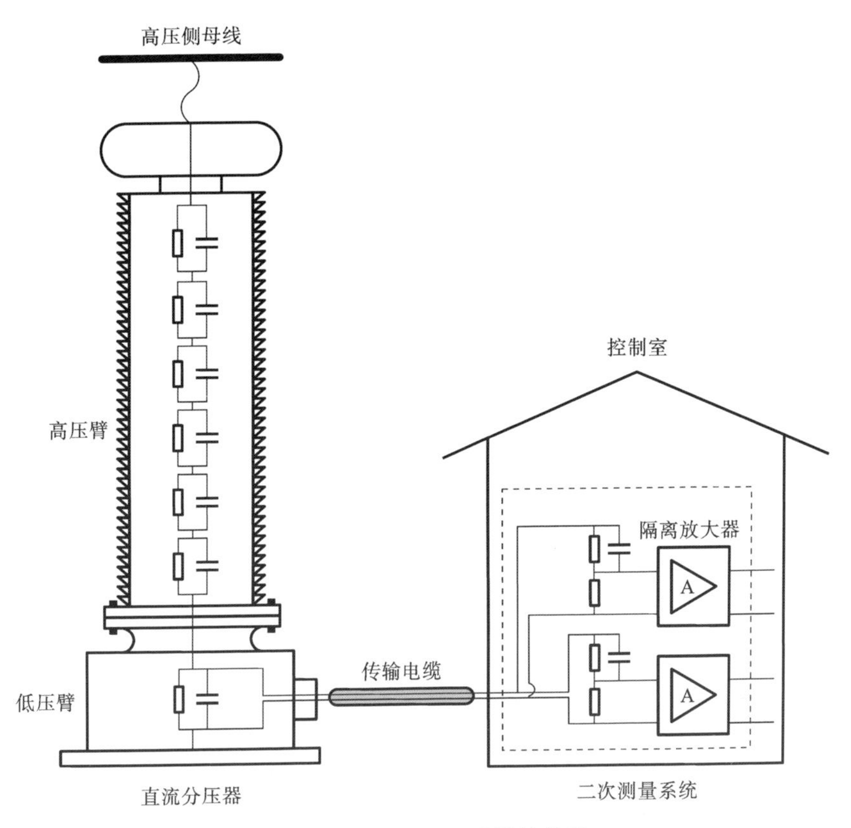

图5-31 直流电压互感器结构图

直流电压互感器一般由直流分压器、传输电缆和二次回路（或二次测量系统）组成，其中直流分压器由一系列电阻、电容串/并联构成的高压臂和低压臂组成。当直流输电系统中的一次直流高压施加在直流分压器的高压端子上时，通过高、低压臂将高压侧母线的直流高电压分压为几十伏的直流电压后输出到传输电缆。二次测量系统由多路独立的二次分压电路与隔离放大器组成，将传输电缆的几十伏直流电压转换为几伏的直流电压输出，用于提供直流电压互感器的输出信号给系统控制保护装置。直流互感器的二次测量系统通常为多套备用冗余设计，每台直流互感器通常由一套高压侧直流分压器和多套二次测量系统（一般为 3 套、6 套或 9 套）组成。根据国家高电压计量站现场校准情况统计，直流电压互感器的直流分压器的性能相对稳定，其误差超差大多是由二次测量系统超差导致的。因此，直流换流站现场通常需要对二次测量系统误差进行校准及调节。

对直流分压器进行试验，校验原理如图 5-32 所示。使用两块数字多用表对标准通道和被测通道的模拟电压进行同步测量，上位机用于数据处理及误差计算。校验时，直流互感器校验仪通过软件总线同步触发指令进行同步。

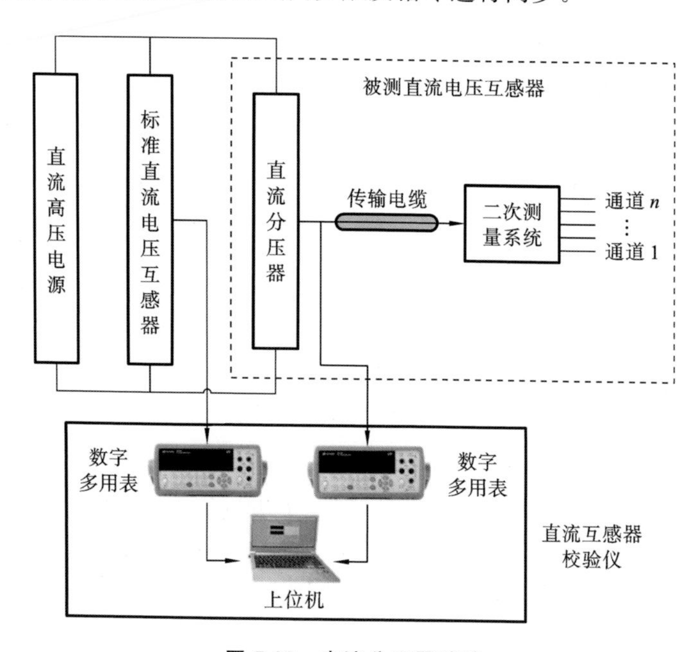

图 5-32　直流分压器试验

使用直流互感器校验仪测量标准直流电压互感器和直流电压互感器分压器低压臂输出电压，直流分压器的分压比 K 为

$$K=\frac{k_0U_{01}}{U_1} \tag{5-9}$$

式中：k_0 为标准直流电压互感器变比；U_{01} 为标准直流电压互感器输出电压测量值；U_1 为被测直流电压互感器分压器低压臂输出电压测量值。

在进行直流分压器试验时，需要考虑直流互感器校验仪测量通道阻抗对测量结果的影响。假设校验仪的测量通道阻抗为 R_1，通过数字多用表的电阻挡测量直流分压器连接传输电缆和二次测量系统的低压臂的实际输出阻抗为 R_0，则校验时的直流分压器低压臂输出阻抗 R_0' 为

$$R'_0=\frac{R_0R_1}{R_0+R_1} \tag{5-10}$$

由于直流互感器校验仪测量通道阻抗的影响，被测直流电压互感器分压器低压臂输出电压的测量误差 ε_1 为

$$\varepsilon_1=\frac{R'_0-R_0}{R_0}\times 100\% \tag{5-11}$$

去除校验仪测量通道阻抗影响后，直流分压器的实际分压比 K' 为

$$K'=K(1+\varepsilon_1) \tag{5-12}$$

假设被测直流电压互感器的额定电压为 U_N，根据直流电压互感器额定电压和其直流分压器的实际分压比，计算出直流分压器低压臂的额定输出电压 U_2 为

$$U_2=\frac{U_N}{K'} \tag{5-13}$$

根据现场试验数据，传输电缆的电压损耗较小，引起的最大误差约为 0.03%，对于准确度等级为 0.2%的直流电压互感器而言，可以忽略传输电缆电压损耗引入的误差。

以直流分压器低压臂的额定输出电压 U_2 作为直流电压互感器二次测量系统的额定输入电压，开展二次测量系统的误差校验试验。其校验原理如图 5-33 所示。

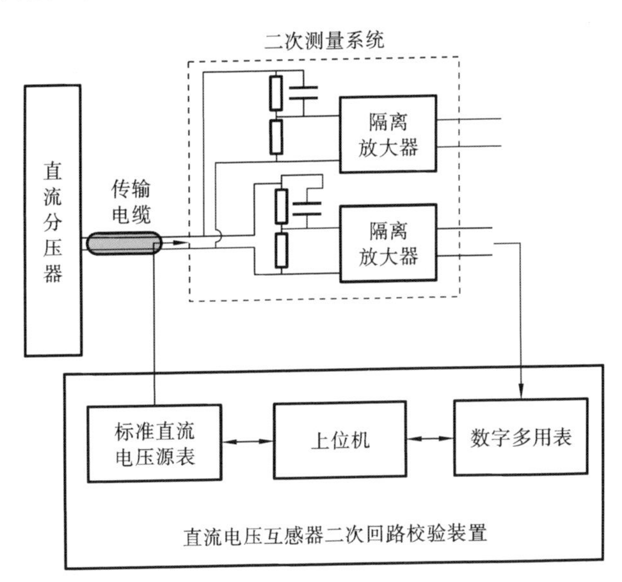

图 5-33　直流电压互感器二次测量系统误差校验原理

在直流分压器、传输电缆和二次测量系统连接的情况下，采用标准直流电压源表施加标准直流电压到二次测量系统的输入端。同时利用回读功能对其进行采样，使用数字多用表对二次测量系统的输出电压进行同步采样，通过上位机计算二次测量

系统的电压转换误差 ε_2，即

$$\varepsilon_2=\frac{k_2U'_{20}-U'_2}{U'_2}\times 100\% \tag{5-14}$$

式中：$k_2=U_2/U_{20}$，k_2 为被测直流电压互感器二次测量系统的额定电压转换系数，U_{20}为被测直流电压互感器二次测量系统额定输出电压；U'_{20}为被测直流电压互感器二次测量系统的输出电压测量值；U'_2 为被测直流电压互感器二次测量系统的输入电压。依次对直流电压互感器全部通道的二次测量系统进行误差校验，在直流电压互感器二次测量系统额定输入电压的 10%～100%下测量其误差，即可作为直流电压互感器的整体误差。

图 5-34 为国家高电压计量站研制的直流电压互感器二次测量系统校验装置，该装置主要由标准直流源表、数字多用表、笔记本上位机及 GPIB-USB 采样卡组成，上位机通过 GPIB-USB 采样卡同时控制标准直流源表和数字多用表进行试验电压输出及电压信号测量。

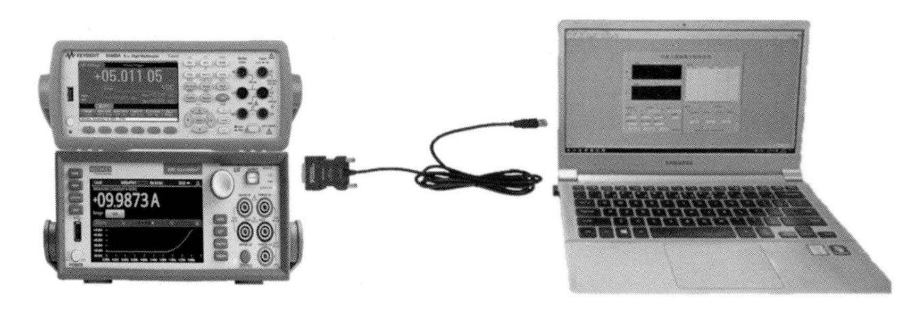

图 5-34　直流电压互感器二次测量系统校验装置

5.4　基于误差比较的电压/电流测量误差评估方法

1. 电压/电流测量误差概述

电压/电流测量误差包括比值误差和相位误差。对于在运行的互感器，目前只能通过停电校验或带电检测评估测量误差。在没有比对标准的条件下，评估电压/电流测量误差是十分困难的。以图 5-35 主接线中的互感器测量误差评估为例，提供一种基于站内互感器数据直接比较的误差评估参考方法。

2. 基于站内互感器数据比较的测量误差评估方法

基于站内互感器数据比较的测量误差评估方法有三种：一是比较同组互感器计量绕组和保护绕组的测量结果，仅适用于电流互感器；二是比较同组互感器不同相的测量结果；三是比较不同组互感器之间的测量结果。

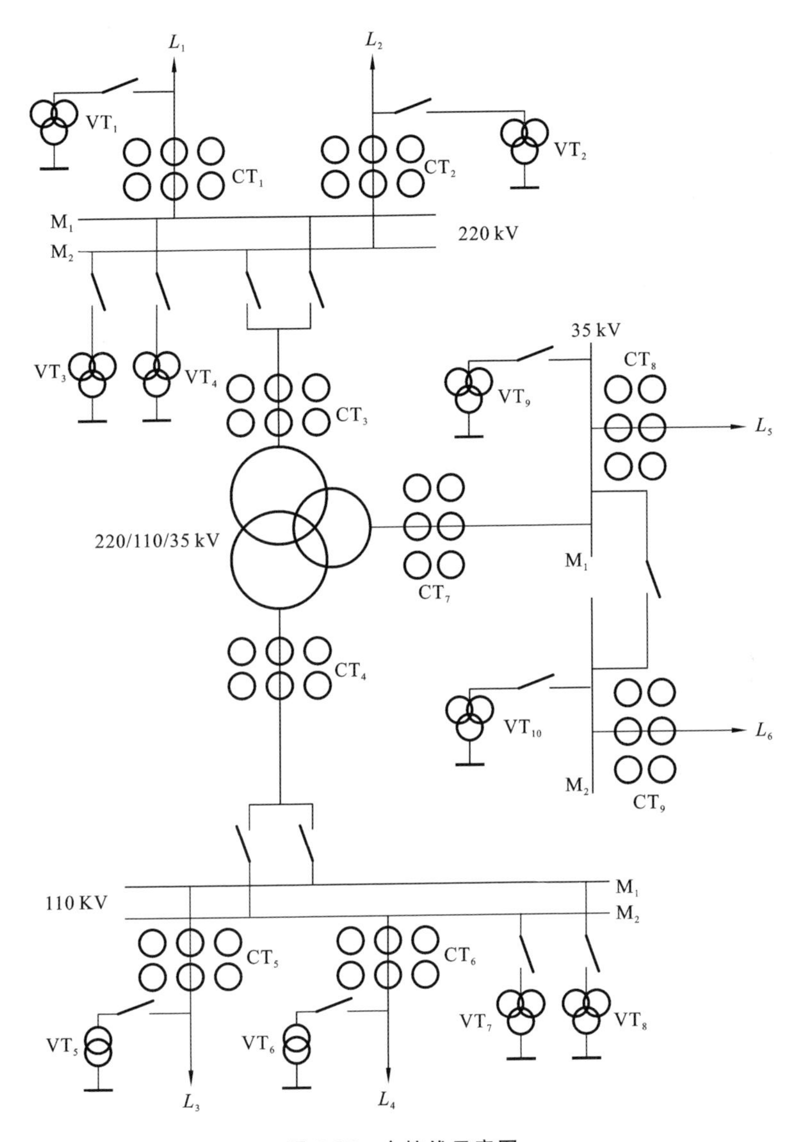

图 5-35　主接线示意图

1）比较同组互感器计量绕组和保护绕组的测量结果

在变电站正常运行时，同组电流互感器的计量通道与保护通道的测量准确度差异较小，可以比较计量通道和保护通道的数据评估电流互感器的测量误差。例如，对图 5-35 中 CT_1，测量误差评估判据为

$$
\begin{cases}
\Delta I = |I_M - I_P| \\
\Delta\varphi = |\varphi_M - \varphi_P|
\end{cases}
\tag{5-15}
$$

式中：I_M 和 φ_M 为计量通道电流幅值和相位；I_P 和 φ_P 为保护通道电流幅值和相位；ΔI 和 $\Delta\varphi$ 为两通道之间的幅值和相位差。

2）比较同组互感器不同相的测量结果

在变电站正常运行时，变电站电压和电流具有较好的三相平衡度，同组电流互感器不同相之间的测量值也应有较好的对称性，所以可以通过比较同组互感器不同相的测量数据评估电流互感器的测量误差。例如，对于图 5-35 中的 VT_1 和 VT_4，测量误差评估判据为

$$\begin{cases}\Delta I_{ab}=|I_a-I_b|\\ \Delta I_{bc}=|I_b-I_c|\\ \Delta I_{ca}=|I_c-I_a|\\ \Delta\varphi_{ab}=|\varphi_a-\varphi_b|\\ \Delta\varphi_{bc}=|\varphi_b-\varphi_c|\\ \Delta\varphi_{ca}=|\varphi_c-\varphi_a|\end{cases} \tag{5-16}$$

式中：I_a、I_b、I_c 和 φ_a、φ_b、φ_c 分别为电流互感器的 A、B、C 三相电流测量幅值和相位；ΔI_{ab}、ΔI_{bc}、ΔI_{ca} 和 $\Delta\varphi_{ab}$、$\Delta\varphi_{bc}$、$\Delta\varphi_{ca}$ 分别为三相电流幅值和相位相互比较的差值。

3）比较不同组互感器之间的测量结果

在变电站正常运行时，变电站的母线和线路电压一般相差不多，可以认为是同一个值，所以可以通过比较测量同一个电压值的不同组互感器之间的测量数据来评估电压互感器的测量误差。例如，对于图 5-35 中的 VT_1 和 VT_4，测量误差评估判据为

$$\begin{cases}\Delta U=|U_1-U_4|\\ \Delta\varphi=|\varphi_1-\varphi_4|\end{cases} \tag{5-17}$$

式中：U_1 和 φ_1 为 VT_1 测量的电压幅值和相位，U_4 和 φ_4 为 VT_4 测量的电压幅值和相位，ΔU 和 $\Delta\varphi$ 为两个电压互感器测量电压之间的幅值和相位差。

对于电流互感器，利用电流平衡关系将不同组电流互感器联系起来。例如，对于图 5-35 中的 CT_1 和 CT_3，当 220 kV 的 M_1 投运时，CT_1 和 CT_3 测量的电流值应相等，因此可以将 CT_1 和 CT_3 联系起来，相应的测量误差评估判据为

$$\begin{cases}\Delta I=|I_1-I_3|\\ \Delta\varphi=|\varphi_1-\varphi_3|\end{cases} \tag{5-18}$$

式中：I_1 和 φ_1 为 CT_1 测量的电流幅值和相位；I_3 和 φ_3 为 CT_3 测量的电流幅值和相位，ΔI 和 $\Delta\varphi$ 为两个电流互感器测量电流的幅值和相位差。

3. 互感器测量误差评估方法试验举例

互感器测量误差评估采用站内互感器相互比对方法，因此试验具有针对性。试验步骤如下。

(1) 采用软件仿真工具搭建图 5-35 所示主接线，设置线路负荷，产生各个测量

点的电压/电流仿真数据。

(2) 用乘系数或移相的方式改变电压/电流数据，以达到设置电压/电流测量误差的目的，再使用报文模拟装置将仿真数据以 IEC 61850-9-2 协议发送至监测装置。

(3) 监测装置应能根据主接线，参照式(5-15)～式(5-18)，建立全站互感器比对模型，评估互感器的测量误差，应能正确识别误差偏大的互感器组。

5.5　基于数据驱动的电子式互感器误差状态相关性分析方法

1. 概述

电子式互感器作为智能变电站中一次系统和二次系统之间的联络器，从根本上解决了电磁式电流互感器二次信号传输附加误差的问题。然而，从现场运行问题来看，电子式互感器的准确度超差问题在现场互感器中占据较大的比例。空芯线圈电流互感器是电子式互感器的一种，其自身输出信号较弱，而互感器中又包含大量的电子元器件，极易受到周围环境参量的影响，产生信号波动，引起误差状态发生改变。实验室内、现场离线运行以及在线运行空芯线圈电流互感器的误差并不一致，互感器误差状态的稳定性较差。国内外针对环境参量作用下空芯线圈电流互感器误差变化的机理进行了大量研究，取得了一定的研究成果。近年来，研究的热点从实验室研究转为在变电站现场建立空芯线圈电流互感器在线监测系统，更加深入研究现场运行过程中空芯线圈电流互感器的误差特性在周围环境参量下的变化特性，以指导空芯线圈电流互感器的设计、工艺及生产。虽然在线监测系统已经积累了大量运行过程中互感器的误差数据和环境参量数据，但是还未充分利用这些数据挖掘在线运行空芯线圈电流互感器误差与环境参量之间的内在联系。为此，还需要建立互感器误差状态相关性分析方法，评估互感器误差和环境参量的相关程度。

相关性分析方法可以分为基于模型分析方法和基于数据驱动分析方法。基于模型分析方法的思路为建立各个影响量对电子式互感器作用的机理模型，基于此模型分析误差与影响量之间的相关性。然而，基于模型分析方法结果高度依赖模型的准确性和可靠性，同时各种假设和前提条件会影响评估结果的准确性。在线运行电子式互感器的误差状态受到如温度、湿度、振动、电场、磁场多种影响量的交叉作用，这些影响量之间以直接或间接的方式影响着电子式互感器的运行状态，彼此之间又存在耦合关系，基于模型的分析方法存在局限性。

基于数据驱动分析方法不依赖机理模型的准确度，其思路是通过对现场运行数据进行挖掘、处理和分析，探索电子式互感器误差状态和影响量之间的相关性。基于数据驱动分析方法包括统计学方法、关联规则分析方法和灰色关联分析方法。统计学方法通过求解相关系数评估误差与影响量之间的密切程度。相关系数包括皮尔逊(Pearson)简单相关系数、斯皮尔曼(Spearman)等级相关系数和肯德尔(Kendall)秩相关系数等,当样本容量较少时,相关系数容易出现波动的现象;当样本容量较多时,相关系数的绝对值容易偏小。关联规则分析是基于最小支持度和最小置信度指标,通过迭代识别支持度大于最小支持度的项目集合,提取出置信度不小于最小置信度的项目集合,描述事件之间同时出现的规律和模式。灰色关联分析是根据误差序列曲线以及影响量序列曲线形状的相似度,评价相关程度,曲线同步变化程度越高,相关性越大;反之亦然。上述相关性分析方法在处理大样本数据时常常表现不佳,且无法应用于实时分析,难以满足电子式互感器误差状态与影响量相关性分析的要求。

随机矩阵理论起源于量子物理学,1951 年物理学家 Eugene Wigner 证明了 Wigner 矩阵的谱分布满足半圆律,用随机矩阵理论描述带有随机哈密顿量的量子统计系统。随后 Dyson、Marchenko 和 Pustur 都对此进行了深入研究。随着随机矩阵理论的成熟,它在无线电、金融、生物等领域到了广泛应用。近年来,随机矩阵理论作为一种大数据分析手段,在电力行业也得到了充分重视,成功应用于输变电设备关键性能评估、电网状态识别和异常数据检测。

本次研究基于高维随机矩阵理论,提出了一种电子式互感器误差状态与影响量相关性分析方法,建立了相关性评价指标,利用滑动时间窗实时获取误差状态与影响量的关联关系。

2. 随机矩阵理论

随机矩阵是指矩阵中至少有一个元素为随机变量。假设随机矩阵 $\boldsymbol{W}=(x_{ij})_{n\times n}$ 可以分解为 $\boldsymbol{W}=\boldsymbol{CYV}$,其中 $\boldsymbol{C}$ 和 $\boldsymbol{V}$ 为 n 阶 Haar 酉矩阵,$\boldsymbol{Y}$ 是对角阵,对角线元素是 $\boldsymbol{W}$ 的奇异值。当满足一定的条件时,$\boldsymbol{W}$ 的极限谱分布由其奇异值的概率测度唯一确定,且特征值在复平面上收敛到圆环,圆环的内外半径为

$$\begin{cases} r_{\text{in}} = \left(\int x^{-2} v \mathrm{d}x\right)^{-1/2} \\ r_{\text{out}} = \left(\int x^{2} v \mathrm{d}x\right)^{1/2} \end{cases} \tag{5-19}$$

式中:v 为矩阵 $\boldsymbol{W}$ 的奇异值的概率测度,这即为单环定理(single ring law)。

矩阵 $\boldsymbol{W}=(x_{ij})\in \boldsymbol{C}^{m\times n}$ 为非 Hermitian 矩阵,其元素为独立同分布的随机变量,且矩阵 $\boldsymbol{W}$ 的行向量满足均值为 0、方差为 1 的条件。对于多个矩阵 $\boldsymbol{W}_i$,定义矩阵乘积 $\boldsymbol{Z}$ 为

$$\boldsymbol{Z} = \prod_{i=1}^{L} W_{u,i} \tag{5-20}$$

式中:$W_{u,i}\in \boldsymbol{C}^{m\times m}$ 为 W_i 的奇异值等价矩阵。将矩阵 $\boldsymbol{Z}$ 标准化为 $\boldsymbol{Z}_{\text{std}}$,使其满足 $\sigma^2(z_i)=1/n$,则 $\boldsymbol{Z}_{\text{std}}$ 的极限谱分布以概率 1 收敛,其概率密度函数为

$$f_c(\lambda_z)=\begin{cases}\dfrac{1}{\pi cL}|\lambda_z|^{2/L-2}, & (1-c)^{L/2}\leqslant|\lambda_z|\leqslant 1\\ 0, & 其他\end{cases} \tag{5-21}$$

式中：$c=m/n\in(0,1]$，$m,n\to\infty$。$\boldsymbol{Z}_{\mathrm{std}}$的特征值分布于复平面的一个圆环内，其内环的半径为$(1-c)^{L/2}$，外环的半径为1。由于单环定理可以表征大量甚至海量数据环境下的概率分布，本次利用单环定理对互感器误差状态与影响量的相关性进行研究。

3. 相关性分析方法

1）分析方法

为了研究电子式互感器误差状态与影响量之间的内在联系，首先需要获取互感器误差状态数据以及影响量监测数据，将它们作为高维随机矩阵的输入；然后基于随机矩阵理论，分析所构建的随机矩阵是否满足单环定理来评估互感器的误差状态的相关性。虽然高维随机矩阵的建立需要满足维数趋于无穷条件的理论条件，但是当矩阵规模为几十到几百时也能得到较为准确的收敛结果。

假设电子式互感器在运行过程中，误差影响量数据有M类，分别记为$\{P_1,P_2,\cdots,P_M\}$，误差数据有N类，分别记为$\{Q_1,Q_2,\cdots,Q_N\}$。在评估时间窗内，进行T次测量，所有误差影响因素的监测数据可以构成一个误差影响量矩阵$\boldsymbol{D}_1$，即

$$\boldsymbol{D}_1=\begin{pmatrix}P_{11} & P_{12} & \cdots & P_{1T}\\ P_{21} & P_{22} & \cdots & P_{2T}\\ \vdots & \vdots & & \vdots\\ P_{M1} & P_{M2} & \cdots & P_{MT}\end{pmatrix}_{M\times T} \tag{5-22}$$

式中：元素P_{ij}表示第i个可测状态参量在j时刻的测量值。当M和T充分大，并且M和T是同一数量级时，矩阵$\boldsymbol{D}_1$可以视为一个高维随机矩阵。

同样地，在评估时间窗内，误差状态数据也可以构成一个误差状态矩阵$\boldsymbol{D}_2$，即

$$\boldsymbol{D}_2=\begin{pmatrix}Q_{11} & Q_{12} & \cdots & Q_{1T}\\ Q_{21} & Q_{22} & \cdots & Q_{2T}\\ \vdots & \vdots & & \vdots\\ Q_{N1} & Q_{N2} & \cdots & Q_{NT}\end{pmatrix}_{N\times T} \tag{5-23}$$

该矩阵也可视为一个高维随机矩阵。由于高维随机矩阵允许元素具有不同的单位和数量级，故可直接将矩阵$\boldsymbol{D}_1$和矩阵$\boldsymbol{D}_2$合并，构建影响量相关性评估矩阵$\boldsymbol{D}$，即

$$\boldsymbol{D}=\begin{pmatrix}\boldsymbol{D}_1\\ \boldsymbol{D}_2\end{pmatrix}_{(M+N)\times T} \tag{5-24}$$

对评估矩阵$\boldsymbol{D}=(x_{ij})_{(M+N)\times T}$进行标准化：

$$y_{ij}=[x_{ij}-\mu(x_i)]\frac{1}{\sigma(x_i)} \tag{5-25}$$

式中：$x_i=(x_{i1},x_{i2},\cdots,x_{iT})$。标准化后矩阵$\boldsymbol{D}_3=(y_{ij})_{(M+N)\times T}$中元素的平均值和方

差满足

$$\begin{cases}\mu(y_i)=0\\\sigma^2(y_i)=1\end{cases}\tag{5-26}$$

式中：$y_i=(y_{i1},y_{i2},\cdots,y_{iT})^{\mathrm{T}}$，$1\leqslant i\leqslant(M+N)$，矩阵 $\boldsymbol{D}_3$ 为标准非 Hermitian 矩阵。矩阵 $\boldsymbol{D}_3$ 的奇异值等价矩阵为

$$\boldsymbol{D}_{\mathrm{u}}=\sqrt{\boldsymbol{D}_3\boldsymbol{D}_3^{\mathrm{T}}}\boldsymbol{U}\tag{5-27}$$

式中：$\boldsymbol{U}$ 为哈尔酉矩阵。对于 L 个任意的标准非 Hermitian 矩阵 $\boldsymbol{D}_3$，可以求出 L 个奇异值等价矩阵，为了简化分析，一般情况下可以取 $L=1$，矩阵积可以表示为

$$\boldsymbol{D}_{\mathrm{u2}}=\prod_{i=1}^{L}\boldsymbol{D}_{\mathrm{u}i}\tag{5-28}$$

按照式(5-28)对矩阵 $\boldsymbol{D}_{\mathrm{u2}}$ 进行数据处理，令 $k=M+N$，得到标准矩阵积 $\boldsymbol{D}_{\mathrm{std}}$，则

$$\boldsymbol{w}_i=\frac{\boldsymbol{z}_i}{\sqrt{M+N}\sigma(\boldsymbol{z}_i)}=\frac{\boldsymbol{z}_i}{\sqrt{k}\sigma(\boldsymbol{z}_i)}\tag{5-29}$$

式中：$\boldsymbol{z}_i=(z_{i1},z_{i2},\cdots,z_{ik})$ 是矩阵 $\boldsymbol{D}_{\mathrm{u2}}$ 中的行向量。为了实现电子式互感器误差状态相关性的实时分析，采用滑动时间窗的方法获取当前时刻以及历史时刻的误差影响量和误差状态数据，原始矩阵可以表示为

$$\hat{\boldsymbol{X}}(t_i)=[\hat{x}(t_{i-T_w+1}),\hat{x}(t_{i-T_w+2}),\cdots,\hat{x}(t_i)]\tag{5-30}$$

式中：T_{w} 表示时间窗；$\hat{\boldsymbol{X}}(t_i)$ 为时刻 t_i 的原始数据。通过计算标准化矩阵积 $\boldsymbol{D}_{\mathrm{std}}$ 的特征值分布，可以分析电子式互感器误差状态与影响量的相关性。上述数据处理方法的流程图如图 5-36 所示。

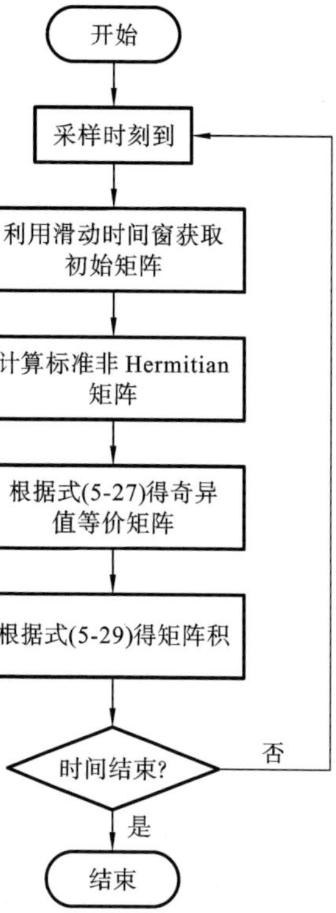

图 5-36　相关性分析数据处理方法的流程图

电子式互感器的误差状态数据包括比差和角差，误差影响量包括非电气影响量和电气影响量，其中电气影响量包括电场、磁场、负荷等，非电气影响量包括温度、湿度、振动等。尽管评估矩阵 $\boldsymbol{D}$ 中的元素含有不同的单位和数量级，但是经过数据标准化运算后，可以将元素的数量级进行归一化。

2）矩阵扩展方法

由于电子式互感器的误差数据和误差影响量数据的类型较少，即使将两者组合，所构建的随机矩阵的维数依然较少。为了解决这一问题，需要在稀疏条件下对评估矩阵进行扩展。常用的矩阵扩展方法有基于数据复制和基于时间分段的矩阵扩展方法，

基于数据复制的矩阵扩展方法可能导致矩阵间相关程度过高，影响分析结果，基于时间分段的矩阵扩展方法需要更长时间来构建相同规模的随机矩阵。

为了解决这一问题，本次研究提出了一种基于虚拟传感器的矩阵扩展方法，根据已有真实的测量数据，虚拟出更多的传感器，将虚拟传感器的输出也作为矩阵的元素，从而增加矩阵的维数，满足高维随机矩阵的构建条件。本次研究采用的虚拟传感器为卡尔曼滤波器，首先根据真实传感器的测量数据，采用卡尔曼滤波器估计测量系统的测量值，以此估计值作为虚拟传感器的输出。假设系统用线性随机方程表示为

$$\begin{cases} x_k = x_{k-1} + \xi_k \\ y_k = x_k + \eta_k \end{cases} \tag{5-31}$$

式中：x_k 是 k 时刻的系统状态；x_{k-1} 是 $k-1$ 时刻的系统状态；y_k 是系统测量值；ξ_k 和 η_k 是预测过程和测量的噪声，一般可视为高斯白噪声。首先由系统前一时刻值预测当前时刻值，即

$$x_{k|k-1} = \boldsymbol{A} x_{k-1|k-1} \tag{5-32}$$

式中：$x_{k-1|k-1}$ 为 $k-1$ 时刻状态估计量；$x_{k|k-1}$ 为 k 时刻估计值；$\boldsymbol{A}$ 为系统参数。然后由系统前一时刻的最小均方误差矩阵估计当前时刻的最小均方误差矩阵，即

$$P_{k|k-1} = \boldsymbol{A} P_{k-1|k-1} \boldsymbol{A}^{\mathrm{T}} + \xi_k \tag{5-33}$$

式中：$P_{k|k-1}$ 为 $x_{k|k-1}$ 对应的协方差；$P_{k-1|k-1}$ 为 $x_{k-1|k-1}$ 对应的协方差。随后由当前估计的最小均方误差矩阵更新修正后的结果，即

$$x_{k|k} = x_{k|k-1} + \boldsymbol{G}_k (y_k - \boldsymbol{H} x_{k|k-1}) \tag{5-34}$$

式中：$\boldsymbol{H}$ 为系统参数，卡尔曼增益 G_k 可表示为

$$\boldsymbol{G}_k = P_{k|k-1} \boldsymbol{H}^{\mathrm{T}} (\boldsymbol{H}_k P_{k|k-1} \boldsymbol{H}^{\mathrm{T}} + \eta_k) \tag{5-35}$$

最后更新最小均方误差矩阵，表示为

$$P_{k|k} = (\boldsymbol{I} - \boldsymbol{G}_k \boldsymbol{H}_k) \boldsymbol{P}_{k|k-1} \tag{5-36}$$

卡尔曼滤波器不需要精确建模，按照式(5-31)～式(5-36)不断做迭代运算，即得到最终的仿真结果。假设某传感器的输出可以表示为

$$y(t) = \sin(100\pi t) + 0.1 n(t) \tag{5-37}$$

式中：$n(t)$ 为高斯白噪声。假设噪声幅值是信号幅值的 0.1 倍，卡尔曼滤波器的输出如图 5-37 所示。

为了评估该卡尔曼滤波器输出的有效性，按计算滤波器输出和原始波形相比的绝对百分误差(MAPE)方法，得到 MAPE 为 3.36，虚拟滤波器虽然存在一定的误差，但也能较真实地反映原始信号，可用于矩阵扩展。MAPE 表示为

$$\mathrm{MAPE} = \frac{1}{n} \sum_{k=1}^{n} \left| \frac{f_k - y_k}{y_k} \right| \times 100\% \tag{5-38}$$

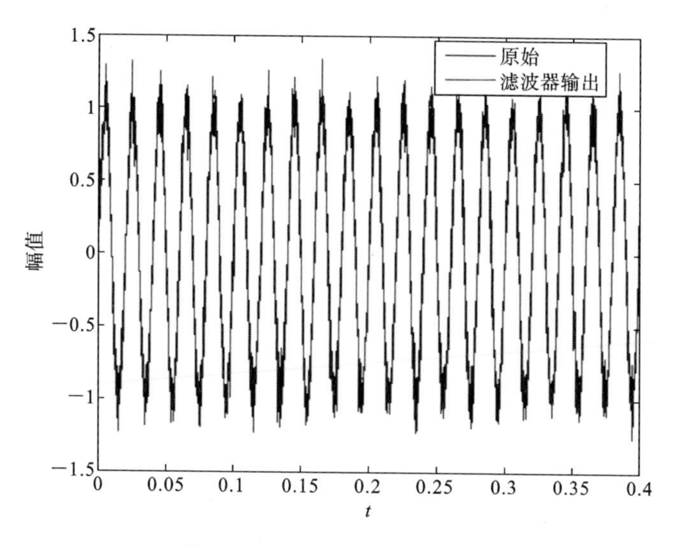

图 5-37　卡尔曼滤波器的输出

式中：f_k 为预测值。

3）评价指标

线性特征值统计量(LES)能够反映一个随机矩阵的特征值分布情况。对于一个随机矩阵 $\boldsymbol{W}$，λ_i 为矩阵 $\boldsymbol{W}$ 的特征值，平均谱半径(MSR)是 LES 的一种类型，其定义为 λ_i 在复平面上分布的平均值，表示为

$$\varepsilon_1 = \frac{1}{n_2}\sum_{i=1}^{n_2}(\lambda_i - E(\lambda_i)) \tag{5-39}$$

式中：E 表示平均值函数，n_2 表示特征值的总个数。对于标准矩阵积 $\boldsymbol{D}_{\mathrm{std}}$ 而言，其 MSR 可以表示为

$$\varepsilon_2 = \frac{1}{n_2}\sum_{i=1}^{n_2}(\lambda_{\mathrm{w}i} - E(\lambda_{\mathrm{w}i})) = \frac{1}{n_2}\sum_{i=1}^{n_2}|\lambda_{\mathrm{w}i}| \tag{5-40}$$

式中：$\lambda_{\mathrm{w}i}$是 $\boldsymbol{D}_{\mathrm{std}}$的特征值。对于一个随机矩阵而言，单个特征值无法反映时间窗内矩阵元素的统计规律，而矩阵的迹能够反映矩阵元素的统计特征。MSR 是一个随机变量，反映了随机矩阵的迹，可将其作为电子式互感器误差状态与影响量的相关性评估指标。

利用误差状态矩阵和高斯白噪声矩阵构造一个参考矩阵 $\boldsymbol{D}_{\mathrm{ref}}$，通过比较评估矩阵和参考矩阵的 MSR，可以分析误差状态与影响量之间的相关性。定义评估矩阵和参照矩阵的 MSR 之差为 d_{MSR}，d_{MSR}对时间的积分为 I_{MSR}，这两个指标可以表示为

$$\begin{cases} d_{\mathrm{MSR}} = \varepsilon_{\mathrm{ev}} - \varepsilon_{\mathrm{ref}} \\ I_{\mathrm{MSR}} = \int_{t_1}^{t_2} d_{\mathrm{MSR}} \mathrm{d}t \end{cases} \tag{5-41}$$

式中：$\varepsilon_{\mathrm{ev}}$表示基于评估矩阵得到的MSR；$\varepsilon_{\mathrm{ref}}$表示基于参考矩阵得到的MSR；$t_1$和$t_2$表示评估的起始时刻和结束时刻。这两个评价指标可以定量地表征互感器误差与影响量的相关性。

基于随机矩阵理论的电子式互感器误差状态相关性分析方法的实施步骤如图5-38所示。

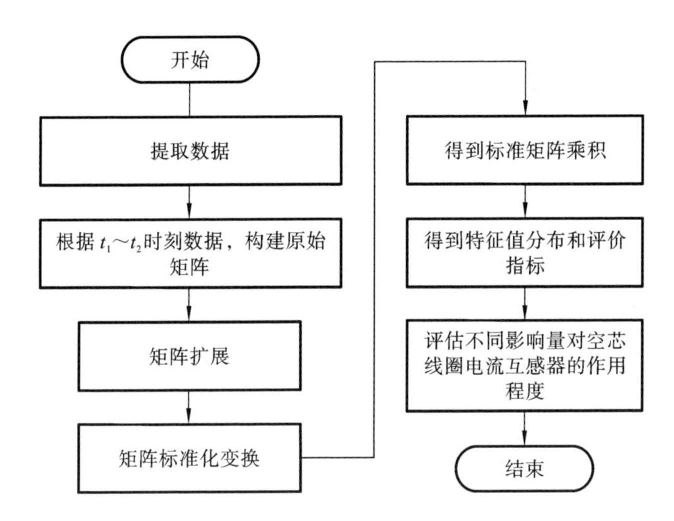

图5-38　电子式互感器误差状态相关性分析方法的实施步骤

具体步骤如下。

(1) 提取数据：采样电子式互感器的误差数据以及误差影响量数据。

(2) 构建评估矩阵：根据采样到的数据构建影响量相关性评估矩阵，同时进行矩阵扩展。

(3) 计算评价指标：将生成的高维随机矩阵经过标准化变换后，得到标准矩阵积，进而求出矩阵的特征值分布和评价指标。

(4) 相关性分析：通过评价指标的比较分析，评估电气影响量和非电气影响量对互感器的影响程度，若d_{MSR}发生突变，则表明误差影响量对互感器的误差状态造成了影响，反之则表明互感器误差状态与该误差影响量相关性小；I_{MSR}越大，表明影响程度越大。

4) 算例分析

(1) 数据来源。

算例中的数据源自图5-39所示的220 kV互感器误差状态监测平台一天内的

数据。线路间隔安装电磁式电流互感器和空芯线圈电流互感器，两个互感器的准确度为0.2级，额定电流为600 A。电磁式电流互感器的额定输出为5 A，额定二次容量为25 V·A，额定电流时比差为0.08%，角差为6′；空芯线圈电流互感器额定电流时比差为0.12%，角差为6′，输出遵循IEC 61850-9-2协议。信号采样单元将电磁式电流互感器的模拟信号转换成数字信号。数据处理单元接收信号采样单元输出信号和采样值报文数据，满足0.05级准确度要求，以电磁式电流互感器输出为标准，在数据处理单元中得到误差比对结果。

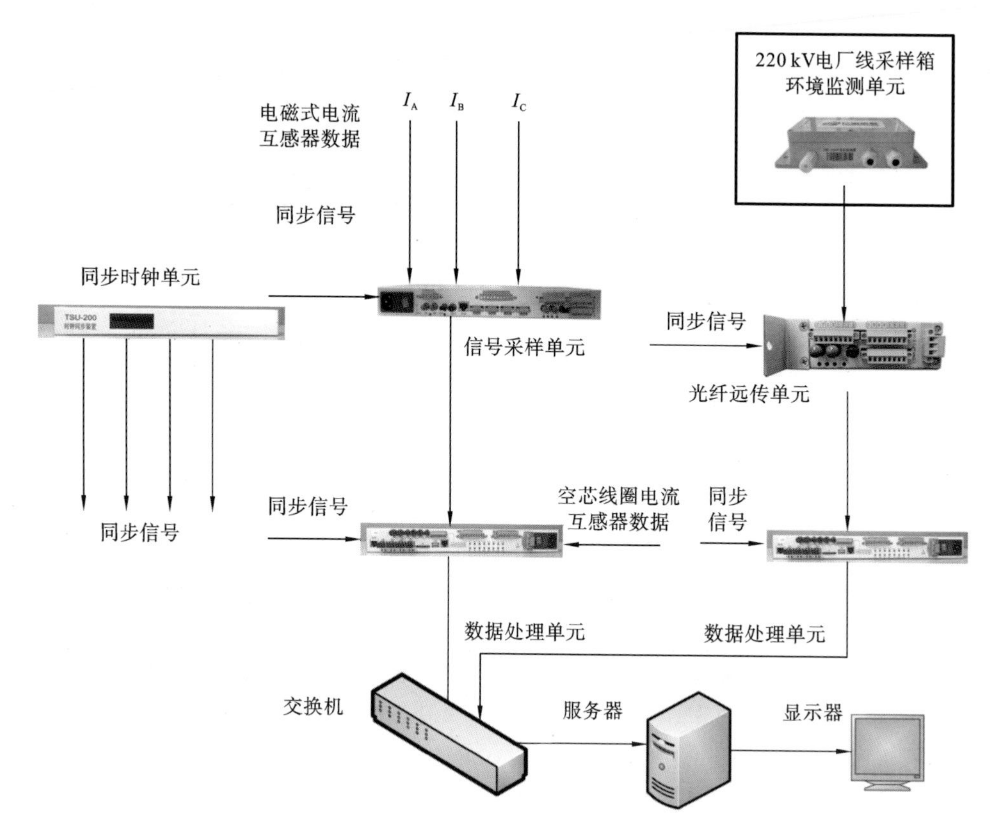

图5-39 互感器误差状态监测平台基本架构

环境监测单元负责采样环境参量，包括温度、湿度、振动、磁场。光纤远传单元负责将环境监测单元的数据标准化，发送给另一台数据处理单元。数据处理单元将数据通过交换机网络传输给服务器，服务器对数据进行存储和分析。同步时钟单元建立同步时钟网络，同步方式采用IRIG-B码对时方式。

该空芯线圈电流互感器比差和角差数据如图5-40所示。互感器的比差从0.03%变化到0.098%，角差从−9.94′变化到−20.43′。误差状态监测平台中误差影响量与时间的关系如图 5-41 所示。温度影响量变化范围为 19.6～28.5 ℃；湿度变化范围为 65.5% RH～94.6% RH；振动的变化范围为 0.04～0.09 g；磁场保持范围为 0.05～0.08 Gs；负荷变化范围为 1.9%～4.5%。

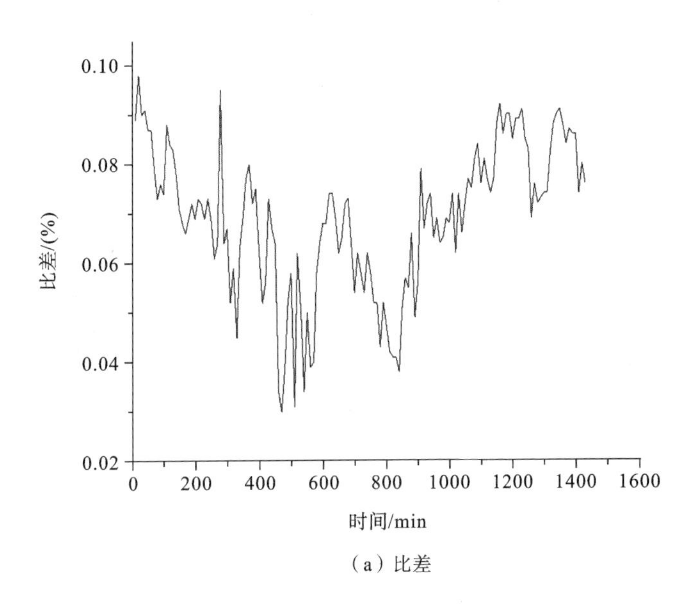

（a）比差

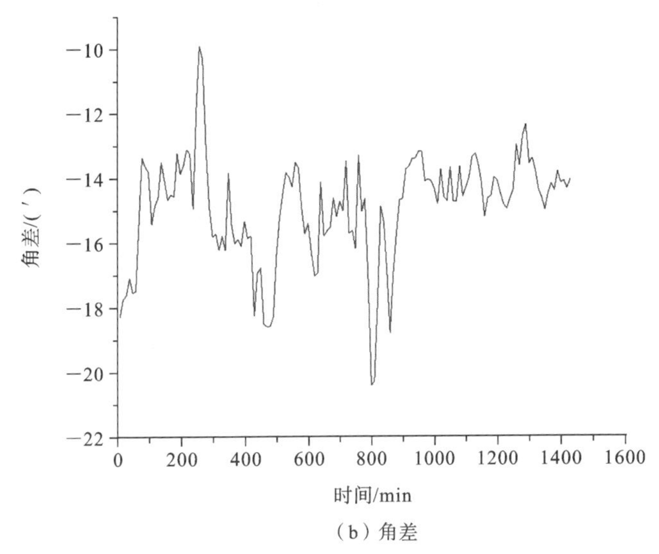

（b）角差

图 5-40　空芯线圈电流互感器比差和角差数据

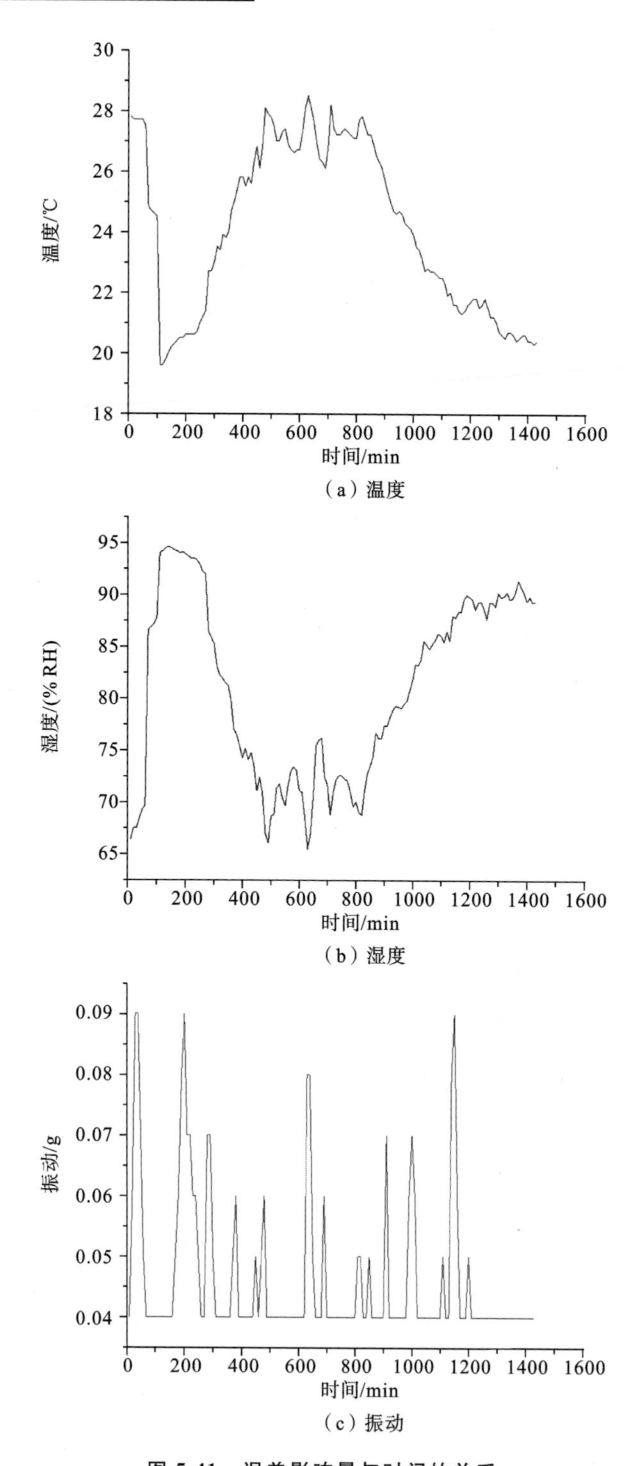

图 5-41 误差影响量与时间的关系

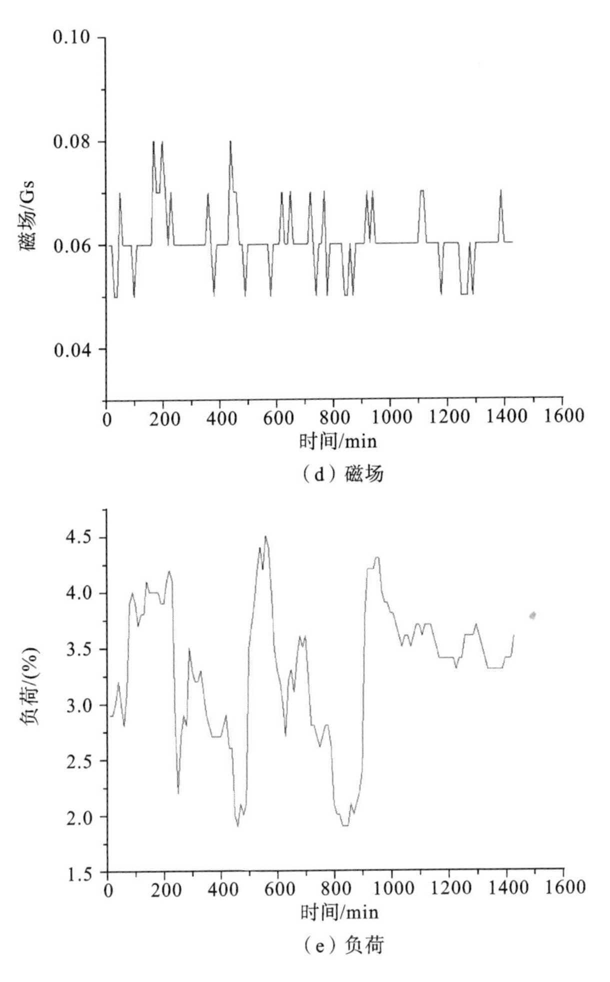

(d) 磁场

(e) 负荷

续图 5-41

将非电气影响量、电气影响量、组合影响量(包括非电气影响量与电气影响量)与互感器的误差状态数据分别构成原始矩阵，基于卡尔曼滤波器对原始矩阵进行扩展，数据规模如表 5-2 所示。

表 5-2　相关性分析矩阵规模

参数	采样周期/min	采样时间/h	原始规模	扩展规模
比差	10	24	1×144	20×144
角差	10	24	1×144	20×144
温度	10	24	1×144	20×144

续表

参数	采样周期/min	采样时间/h	原始规模	扩展规模
湿度	10	24	1×144	20×144
振动	10	24	1×144	20×144
磁场	10	24	1×144	20×144
负荷	10	24	1×144	20×144

(2) 误差状态与非电气影响量相关性分析。

首先分析空芯线圈电流互感器误差状态和非电气影响量之间的相关性。将空芯线圈电流互感器的比差数据构成误差状态矩阵，将温度数据构成误差影响量矩阵，误差状态矩阵和误差影响量矩阵合并为评估矩阵 $\boldsymbol{D}_{\mathrm{ev1}}$，矩阵规模为 40×144；仿照评估矩阵 $\boldsymbol{D}_{\mathrm{ev1}}$ 的构造方法，将互感器的比差数据和湿度数据合并成评估矩阵 $\boldsymbol{D}_{\mathrm{ev2}}$，矩阵规模为 40×144。通过矩阵 $\boldsymbol{D}_{\mathrm{ev1}}$ 和 $\boldsymbol{D}_{\mathrm{ev2}}$ 评估互感器的比差与温度、湿度之间的相关性。

基于高维随机矩阵理论，可以计算评估矩阵 $\boldsymbol{D}_{\mathrm{ev1}}$ 和评估矩阵 $\boldsymbol{D}_{\mathrm{ev2}}$ 的奇异值等价矩阵的特征值，特征值分布如图 5-42 所示。从结果可知，$\boldsymbol{D}_{\mathrm{ev1}}$ 的奇异值等价矩阵的特征值分布较为分散，且部分特征值超过了圆环的限制；与之相反，$\boldsymbol{D}_{\mathrm{ev2}}$ 的奇异值等价矩阵的特征值分布较为集中，基本分布在圆环内。

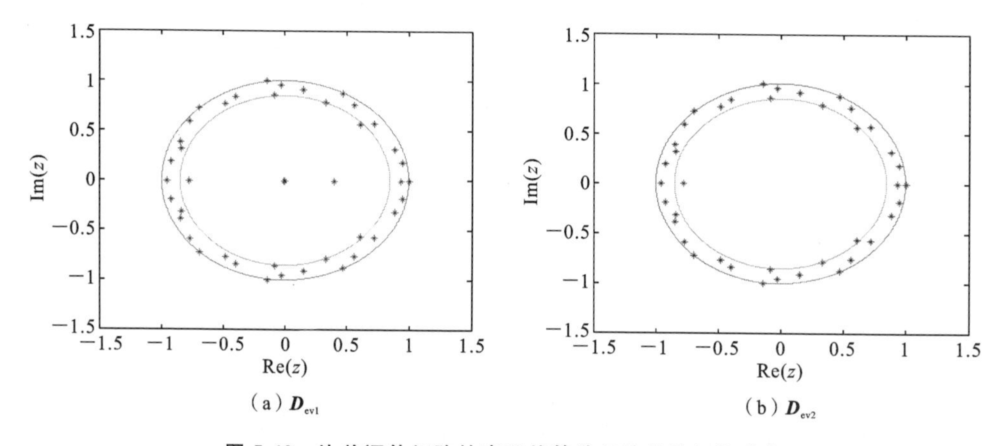

(a) $\boldsymbol{D}_{\mathrm{ev1}}$　　(b) $\boldsymbol{D}_{\mathrm{ev2}}$

图 5-42　比差评估矩阵的奇异值等价矩阵的特征值分布

滑动时间窗选取为 30 min，计算相关性评价指标，计算结果如图5-43所示。可以看出对于评估矩阵 $\boldsymbol{D}_{\mathrm{ev1}}$ 而言，评价指标 d_{MSR} 的最大值上升到了 0.35 附近，I_{MSR} 达到了 181.65；对于评估矩阵 $\boldsymbol{D}_{\mathrm{ev2}}$ 而言，其评价指标 d_{MSR} 始终保持在 0 附近，且 I_{MSR} 为 43.8，要远小于矩阵 $\boldsymbol{D}_{\mathrm{ev1}}$ 的 I_{MSR}，这表明温度和空芯线圈电流互感器的比差之间存在较强的相关性，而湿度和空芯线圈电流互感器的比差的相关性较弱。

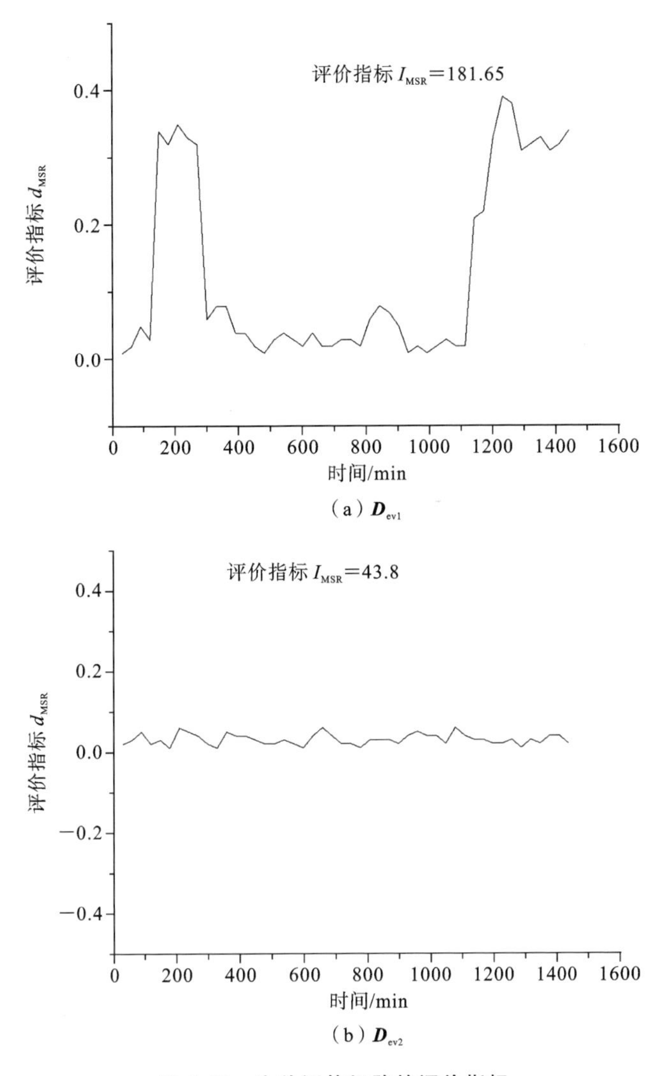

(a) $\boldsymbol{D}_{ev1}$

(b) $\boldsymbol{D}_{ev2}$

图 5-43 比差评估矩阵的评价指标

接下来，利用互感器的比差数据构成误差状态矩阵，温度、湿度、振动构成误差影响量矩阵，构建评估矩阵 $\boldsymbol{D}_{ev3}$，矩阵的规模达到 80×144。基于高维随机矩阵理论，得到如图 5-44(a)所示的评估矩阵 $\boldsymbol{D}_{ev3}$ 的奇异值等价矩阵的特征值分布，可以看出 $\boldsymbol{D}_{ev3}$ 的奇异值等价矩阵的部分特征值分布超过了圆环的限制。依然取滑动时间窗为 30 min，计算相关性评价指标，计算结果如图 5-44(b)所示。可以看出评价指标 d_{MSR} 发生了变化，而 I_{MSR} 达到了 376.05。

同理还分析了空芯线圈电流互感器的比差和振动的关联关系，I_{MSR} 计算结果为 34.15，表明互感器比差和振动的相关性较弱。根据上述分析结果，可以推断比差与

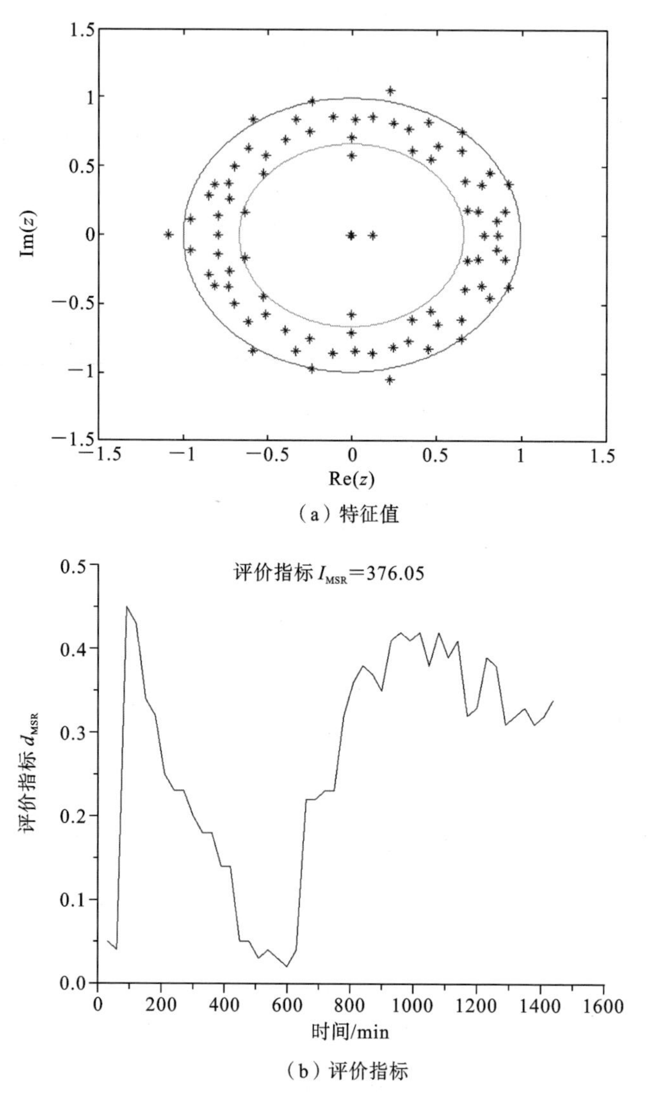

(a) 特征值

(b) 评价指标

图 5-44　比差评估矩阵 D_{ev3} 的特征值分布和评价指标

温度相关,与湿度、振动的相关性较弱。

此外,在多种影响量叠加作用的前提下,基于高维随机矩阵的相关性分析方法同样可以分析互感器误差状态与影响量的相关性。需要注意的是根据 D_{ev3} 得到的结果反映的是这些影响量的总体影响,而无法细分单一影响量和误差状态的相关性。如果需要分析单个影响量对误差状态的影响,则将误差状态数据和单个影响量数据构成评估矩阵即可。

利用角差数据构成误差状态矩阵,将温度数据、湿度数据、振动数据构成误差影响量矩阵，合并后形成评估矩阵 $\boldsymbol{D}_{ev4}$，矩阵的规模为 80×144。根据 $\boldsymbol{D}_{ev4}$ 得到奇异值等价矩阵的特征值分布，如图 5-45(a)所示，可以看出特征值基本分布在圆环内。由 $\boldsymbol{D}_{ev4}$ 计算的相关性评价指标如图 5-45(b)所示。可以看出评价指标 d_{MSR} 均保持在 0 附近，I_{MSR} 为 65.55，这表明空芯线圈电流互感器角差和非电气影响量的相关性较弱。

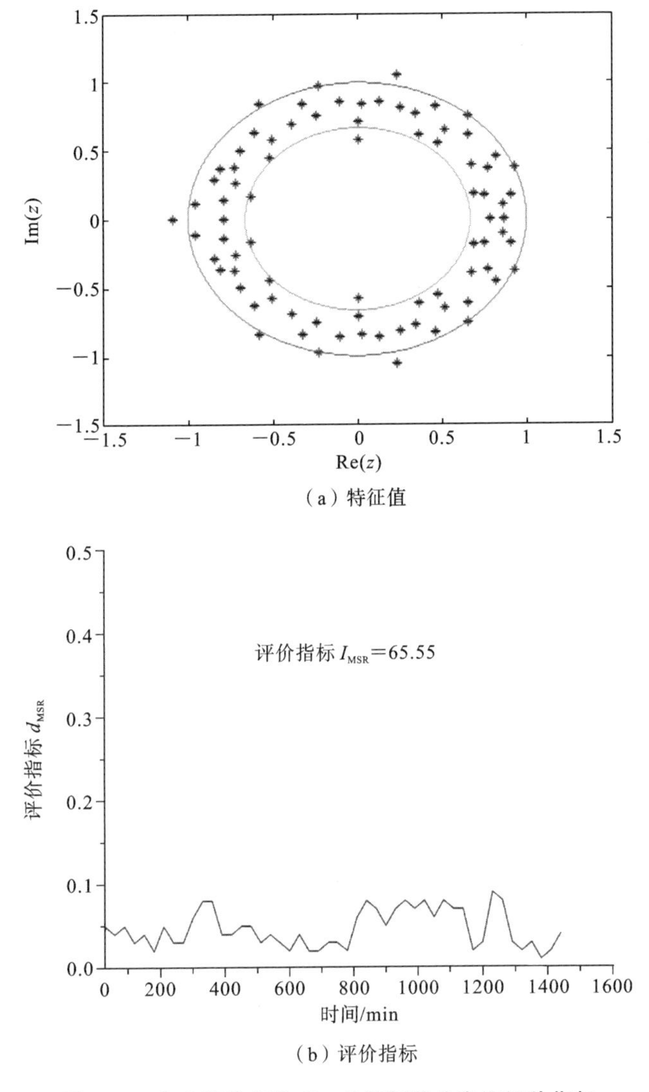

图 5-45　角差评估矩阵 $\boldsymbol{D}_{ev4}$ 的特征值分布和评价指标

(3) 误差状态与电气影响量相关性分析。

接着分析空芯线圈电流互感器误差状态与电气影响量的相关性。利用互感器的比差数据构成误差状态矩阵,利用磁场、负荷数据构成误差影响量矩阵,将误差状态矩阵和误差影响量矩阵合并为评估矩阵 $\boldsymbol{D}_{ev5}$,矩阵的规模为 60×144。将空芯线圈电流互感器的角差数据构成误差状态矩阵,将磁场、负荷数据构成误差影响量矩阵,状态数据矩阵和误差影响量矩阵合并为评估矩阵 $\boldsymbol{D}_{ev6}$,矩阵的规模同样为 60×144。得到评估矩阵 $\boldsymbol{D}_{ev5}$ 和评估矩阵 $\boldsymbol{D}_{ev6}$ 的奇异值等价矩阵的特征值分布如图 5-46 所示,可以看出特征值的分布较为分散,向圆心靠近,且均超出了圆环的限制。

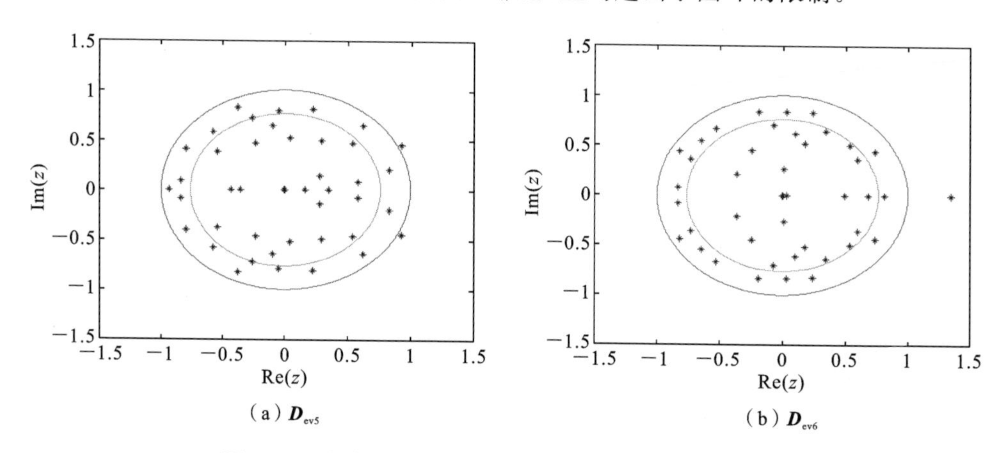

(a) $\boldsymbol{D}_{ev5}$　　(b) $\boldsymbol{D}_{ev6}$

图 5-46 比差评估矩阵的奇异值等价矩阵的特征值分布

比差评估矩阵 $\boldsymbol{D}_{ev5}$ 的相关性评价指标如图 5-47 所示,可以看出,对于评估矩阵 $\boldsymbol{D}_{ev5}$ 而言,评价指标 d_{MSR} 发生了变化,I_{MSR} 达到了 352.65。这表明电气影响量和空芯线圈电流互感器的比差之间相关性较强。角差评估矩阵 $\boldsymbol{D}_{ev6}$ 的相关性评价指标如图

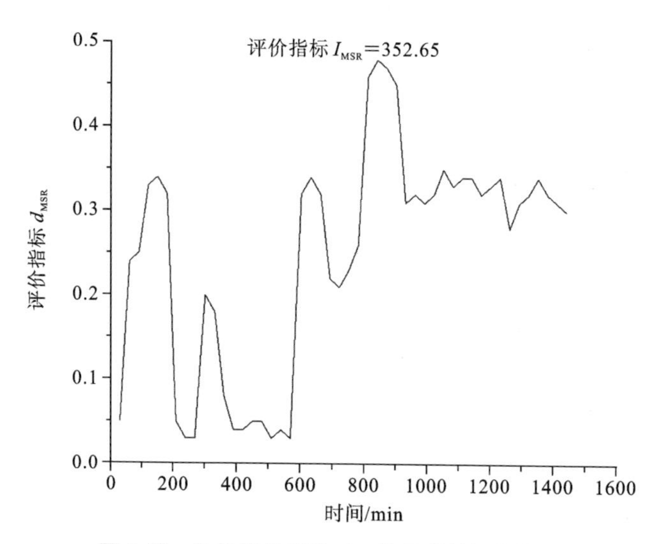

图 5-47 比差评估矩阵 $\boldsymbol{D}_{ev5}$ 的相关性评价指标

5-48所示，可以看出，评价指标 d_{MSR} 发生了变化，且 I_{MSR} 为424.65。这说明电气影响量与空芯线圈电流互感器的角差之间相关性也较强。

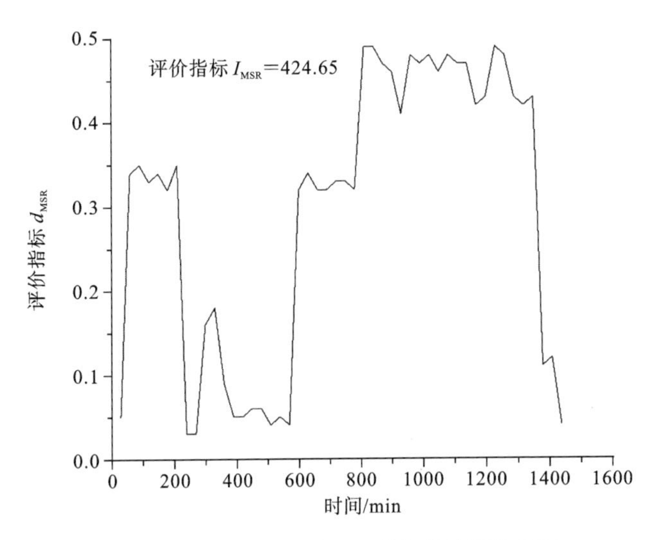

图5-48　角差评估矩阵 $\boldsymbol{D}_{ev6}$ 的相关性评价指标

(4) 误差状态与组合电气影响量相关性分析。

最后分析空芯线圈电流互感器误差状态与组合影响量之间的相关性。利用互感器的比差数据构造误差状态矩阵，包括温度、湿度、振动、磁场、负荷数据的组合影响量构成误差影响量矩阵，将两个矩阵合并为评估矩阵 $\boldsymbol{D}_{ev7}$，规模达到120×144。

将角差数据构成误差状态矩阵，将温度、湿度、振动、磁场、负荷数据构成误差影响量矩阵，两个矩阵合并为评估矩阵 $\boldsymbol{D}_{ev8}$，矩阵的规模同样为120×144。得到评估矩阵 $\boldsymbol{D}_{ev7}$ 和评估矩阵 $\boldsymbol{D}_{ev8}$ 奇异值等价矩阵的特征值分布如图5-49所示，可以看出矩

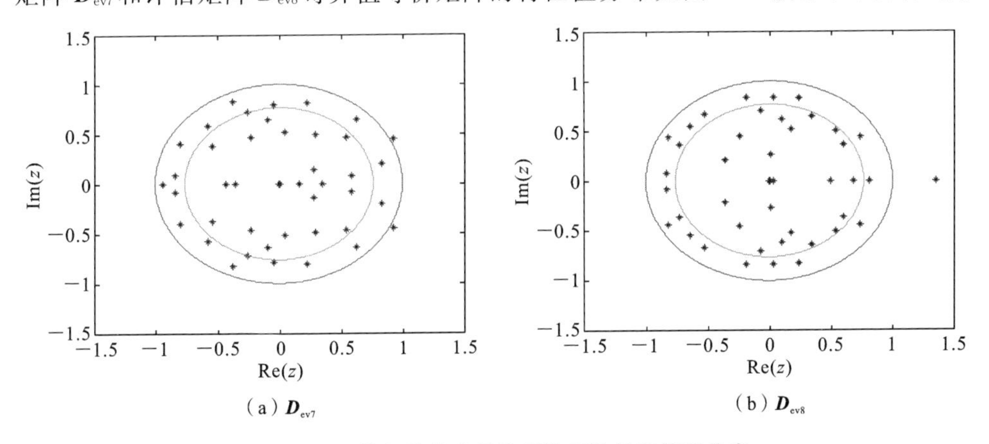

图5-49　评估矩阵的奇异值等价矩阵的特征值分布

阵 $\boldsymbol{D}_{ev7}$ 和评估矩阵 $\boldsymbol{D}_{ev8}$ 的特征值分布不再局限于圆环内。

比差评估矩阵 $\boldsymbol{D}_{ev7}$ 的相关性评价指标如图 5-50 所示。评价指标 d_{MSR} 发生了突变，I_{MSR} 为 334.5。这表明组合影响量与互感器的比差之间相关性较强。角差评估矩阵 $\boldsymbol{D}_{ev8}$ 的相关性评价指标如图 5-51 所示。评价指标 d_{MSR} 发生了突变，I_{MSR} 为356.85。这说明影响量与互感器的角差之间相关性也较强。

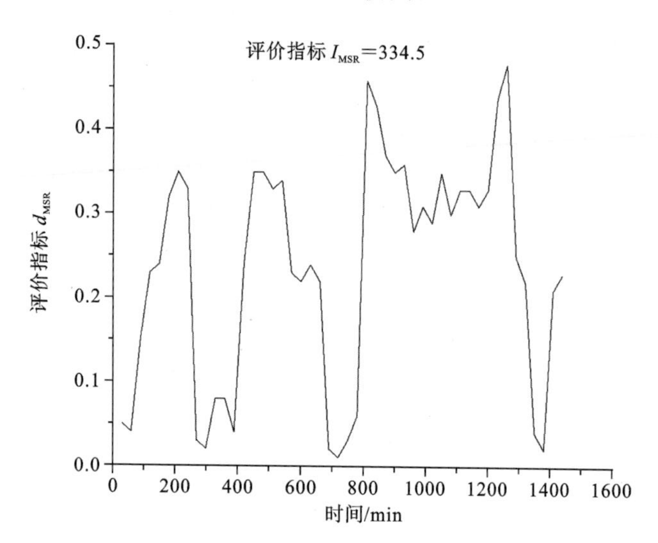

图 5-50　比差评估矩阵 $\boldsymbol{D}_{ev7}$ 的相关性评价指标

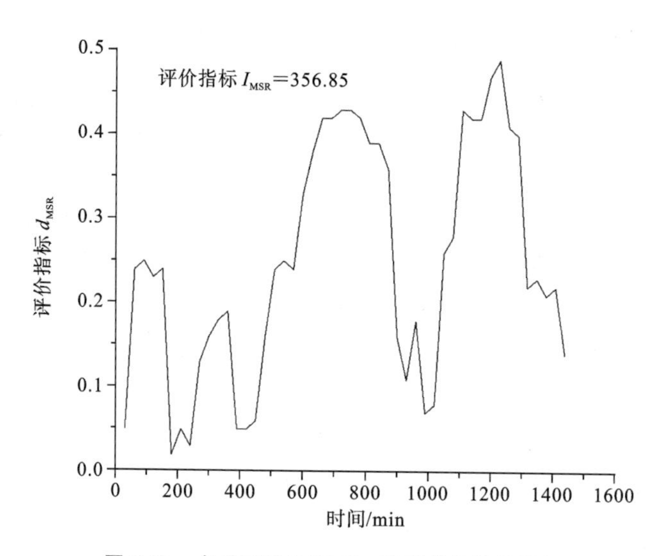

图 5-51　角差评估矩阵 $\boldsymbol{D}_{ev8}$ 的相关性评价指标

4. 基于高维随机矩阵的数字化测量系统状态评估方法

1）高维随机矩阵理论

随机矩阵起源于数理统计研究领域，从 20 世纪 50 年代开始，在物理领域得到成功应用，物理学家 Wigner 证明了 Wigner 矩阵的谱分布满足半圆律。更卓有成效的工作是马尔琴科和帕斯图在 1976 年证明了高维随机矩阵的协方差矩阵的谱分布极限收敛到特定分布函数，也称为马尔琴科-帕斯图定理。此后，高维随机矩阵理论逐步应用于无线电通信、计量、金融、经济学、生物学和智能电网等。在智能电网应用领域，高维随机矩阵作为一种有效的大数据分析手段崭露头角，被用于实时处理智能电网在运行中产生的海量数据，已经在电网关联分析、广域测量数据异常检验以及变压器状态评估等方面有一些探索研究。

设 λ 是数域 F 上的 n 维线性空间 V 的线性变换，如果在 V 中存在一个非零向量 $\boldsymbol{\alpha}$ 使得

$$\mathscr{L}(\boldsymbol{\alpha})=\lambda\boldsymbol{\alpha}, \quad \lambda\in F \tag{5-42}$$

则称 λ 是 $\mathscr{L}$ 的一个特征值。若变换 $\mathscr{L}$ 在线性空间 V 的一组基下的矩阵表示为 $\mathbf{A}$，那么所有满足方程

$$|\lambda\boldsymbol{E}-\mathbf{A}|=0 \tag{5-43}$$

的 λ 称为矩阵 $\mathbf{A}$ 的特征值。式(5-43)称为 $\mathbf{A}$ 的特征方程，其中 $\boldsymbol{E}$ 为 n 阶单位矩阵。

矩阵 $\mathbf{A}$ 的所有特征值称为 $\mathbf{A}$ 的谱，其分布称为经验谱分布，定义为

$$F_n(x)=\frac{1}{n}\sum_{k=1}^{n}I(\lambda_k\leqslant x) \tag{5-44}$$

式中：$I(\cdot)$ 称为示性函数。如果式(5-44)所定义的函数 $F_n(x)$ 在 $n\to\infty$ 时依概率收敛到确定的概率分布函数 $f_n(x)$，则 $f_n(x)$ 称为矩阵 $\mathbf{A}$ 的极限谱分布(limit spectrum distribution，LSD)。

顾名思义，高维随机矩阵是一个矩阵元素为随机变量、维数趋于无穷的矩阵。从 20 世纪 50 年代开始，对高维随机矩阵的研究一直持续，得出了一些关于高维随机矩阵极限谱分布的基本结论，如圆律、半圆律、马尔琴科-帕斯图律和单环定理等。其中，马尔琴科-帕斯图律和单环定理是高维随机矩阵理论应用于设备状态评估的重要基础。

2）Winger 矩阵与半圆律

假设 $n\times n$ 的 Hermitian 矩阵 $\boldsymbol{W}=\frac{1}{\sqrt{n}}(w_{ij})$，对角线及以上元素 $w_{ij}(1\leqslant i\leqslant j\leqslant n)$ 是均值为 0、方差为 σ^2 的独立同分布(independent identically distributed)的高斯随机变量，则矩阵 $\boldsymbol{W}$ 为 Winger 矩阵。当 $n\to\infty$ 时，矩阵 $\boldsymbol{W}$ 的经验谱分布依概率收敛到概率密度函数为

$$f_n(x)=\begin{cases}\dfrac{1}{2\pi\sigma^2}\sqrt{4\sigma^2-x^2}, & |x|\leqslant 2\sigma \\ 0, & 其他\end{cases} \tag{5-45}$$

的谱分布函数，称为半圆律。图 5-52 为 $n=1000$ 且 $\sigma^2=1$ 的 Winger 矩阵的特征值分布。从图 5-52 可以看出，Winger 矩阵的特征值分布是一个半圆。

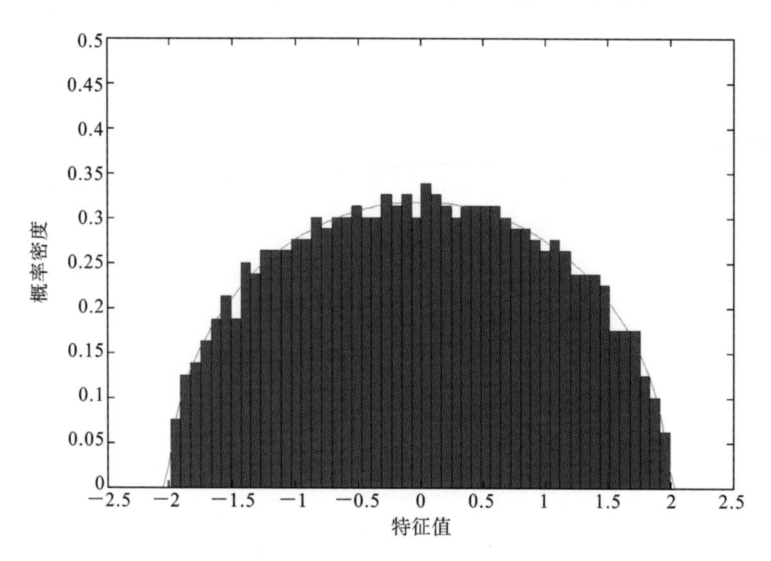

图 5-52　Wigner 矩阵的特征值分布(半圆律)

3) Ginibre 矩阵与圆律

假设 $n\times n$ 的矩阵 $\boldsymbol{G}$ 的元素是独立同分布的随机变量，且服从均值为 0、方差为 1 的标准高斯分布，则 $\boldsymbol{G}$ 为 Ginibre 矩阵。若元素的分布没有特定要求，则称为广义 Ginibre 矩阵，也称为非 Hermitian 矩阵。令矩阵 $\boldsymbol{Q}=\dfrac{1}{\sqrt{n}}\boldsymbol{G}_{n\times n}$，当 $n\rightarrow\infty$ 时，矩阵 $\boldsymbol{Q}$ 的经验谱分布依概率收敛到概率密度函数为

$$\rho_c(z)=\frac{1}{\pi}I\{z\in\mathbf{C}:|z|\leqslant 1\} \tag{5-46}$$

的谱分布函数，称为圆律。图 5-53 为 $n=1000$ 的 Ginibre 矩阵的特征值分布。从图 5-53 可以看出，Ginibre 矩阵的特征值是复数，在复平面上的分布是一个整圆。

4) 样本协方差矩阵与 M-P 律

令随机矩阵 $\boldsymbol{X}=(x_{ij})_{n\times m}$，矩阵 $\boldsymbol{X}$ 任意列中的元素 $x_{kj}\,(k=i,j=1,2,\cdots)$ 是均值为 0，方差为 σ^2 的独立同分布随机变量，矩阵 $\boldsymbol{X}$ 的样本协方差矩阵定义为

$$\boldsymbol{S}=\frac{1}{n-1}\sum_{k=1}^{n}(x_k-\bar{x})(x_k-\bar{x})^{\mathrm{H}} \tag{5-47}$$

式中：x_k 为矩阵 $\boldsymbol{X}$ 的第 k 列。通常在一般情况下，矩阵 $\boldsymbol{X}$ 的样本协方差也可以简单

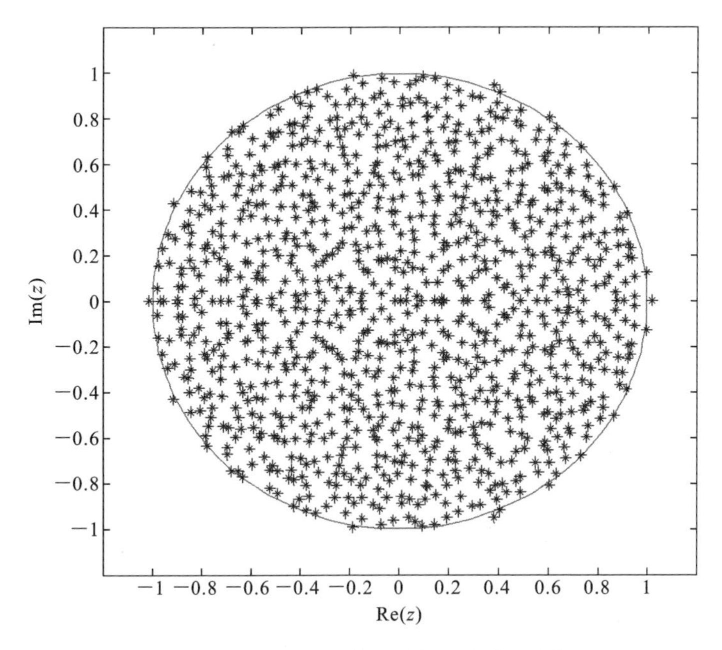

图 5-53　Ginibre **矩阵的特征值分布(圆律)**

定义为

$$\boldsymbol{S}_n=\frac{1}{n}\boldsymbol{X}\boldsymbol{X}^{\mathrm{H}} \tag{5-48}$$

式中：$\boldsymbol{S}_n$ 是一个 Wishart 矩阵。当$\frac{m}{n}\rightarrow c\in(0,\infty)$时，$\boldsymbol{S}_n$ 的极限谱分布依概率收敛到概率密度函数为

$$f_{\mathrm{c}}(x)=\begin{cases}\frac{1}{2\pi c\sigma^2 x}\sqrt{(b-x)(x-a)}, & a\leqslant x\leqslant b\\ 0, & \text{其他}\end{cases} \tag{5-49}$$

的谱分布函数，称为马尔琴科-帕斯图定理，也称为 M-P 律，当 $\sigma^2=1$ 时，称为标准 M-P 律。式(5-49)中，$a=\sigma^2(1-\sqrt{c})^2$，$b=\sigma^2(1+\sqrt{c})^2$。在实际应用中，一般考虑 $0<c\leqslant 1$。图 5-54 为 $p=2000$、$n=5000$、$\sigma^2=1$ 的随机矩阵的样本协方差矩阵的特征值分布。

5）单环定理

假设随机矩阵 $\boldsymbol{A}=(x_{ij})_{n\times n}$可以分解为 $\boldsymbol{A}=\boldsymbol{PTQ}$，其中 $\boldsymbol{P}$ 和 $\boldsymbol{Q}$ 为 n 阶 Haar 酉矩阵，$\boldsymbol{T}$ 是对角阵，对角线元素是 $\boldsymbol{A}$ 的奇异值。当满足一定的条件时，矩阵 $\boldsymbol{A}$ 的极限谱分布由其奇异值的概率测度唯一确定，且特征值在复平面上收敛到圆环，圆环的内外半径为

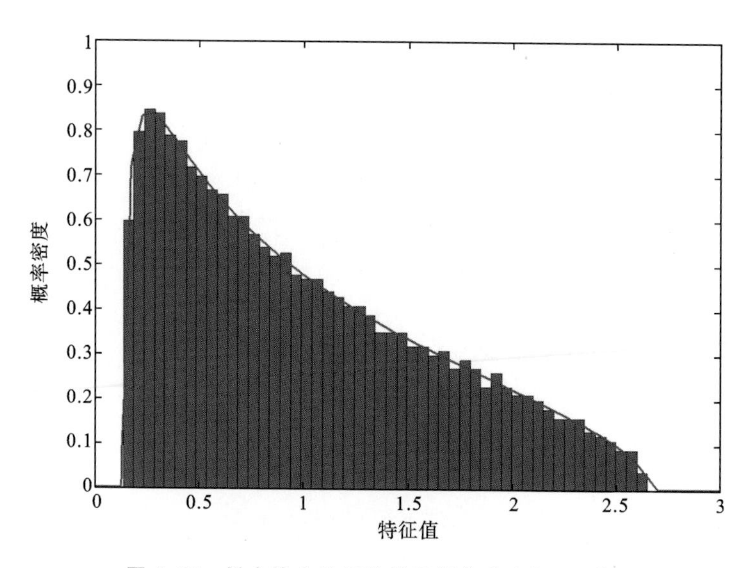

图 5-54 样本协方差矩阵的特征值分布(M-P 律)

$$\begin{cases} r_{\text{in}} = \left(\int x^{-2} v \mathrm{d}x\right)^{-1/2} \\ r_{\text{out}} = \left(\int x^{2} v \mathrm{d}x\right)^{1/2} \end{cases} \tag{5-50}$$

式中:v 为矩阵 $\boldsymbol{A}$ 的奇异值的概率测度,称为单环定理。

在实际应用中,考虑矩阵 $\boldsymbol{A}=(x_{ij})\in \boldsymbol{C}^{p\times N}$ 为非 Hermitian 矩阵,其元素为独立同分布的随机变量,且矩阵 $\boldsymbol{A}$ 的行向量满足均值为 0、方差为 1。对于多个矩阵 $\boldsymbol{A}_i$,定义矩阵乘积 $\boldsymbol{Z}$ 为

$$\boldsymbol{Z} = \prod_{i=1}^{L} \boldsymbol{A}_{u,i} \tag{5-51}$$

式中:$\boldsymbol{A}_{u,i}\in \boldsymbol{C}^{p\times p}$ 为 $\boldsymbol{A}_i$ 的奇异值等价矩阵。将矩阵 $\boldsymbol{Z}$ 标准化为 $\boldsymbol{Z}_{\text{std}}$,使其满足 $\sigma^2(z_i)=1/N$,则 $\boldsymbol{Z}_{\text{std}}$ 的极限谱分布依概率收敛到概率密度函数为

$$f_{\text{c}}(\lambda_{\text{z}})=\begin{cases} \dfrac{1}{\pi cL}|\lambda_{\text{z}}|^{L/2-2}, & (1-c)^{L/2}\leqslant|\lambda_{\text{z}}|\leqslant 1 \\ 0, & \text{其他} \end{cases} \tag{5-52}$$

的谱分布函数。式中:$c=\dfrac{p}{N}\in(0,1]$,$p,N\to\infty$。$\boldsymbol{Z}_{\text{std}}$ 的特征值在复平面的分布是一个圆环,内环半径为$(1-c)^{L/2}$,外环半径为 1。图 5-55 为 $p=300$、$n=500$、$L=1$ 时矩阵 $\boldsymbol{Z}_{\text{std}}$ 的特征值在复平面上的分布。从图 5-55 可以看出,矩阵 $\boldsymbol{Z}_{\text{std}}$ 的特征值是复数,在复平面上的分布是一个很规则的圆环。

设备在运行时,可以表征设备性能的可测状态参量有 N 个,分别为$\{P_1,P_2,\cdots,$

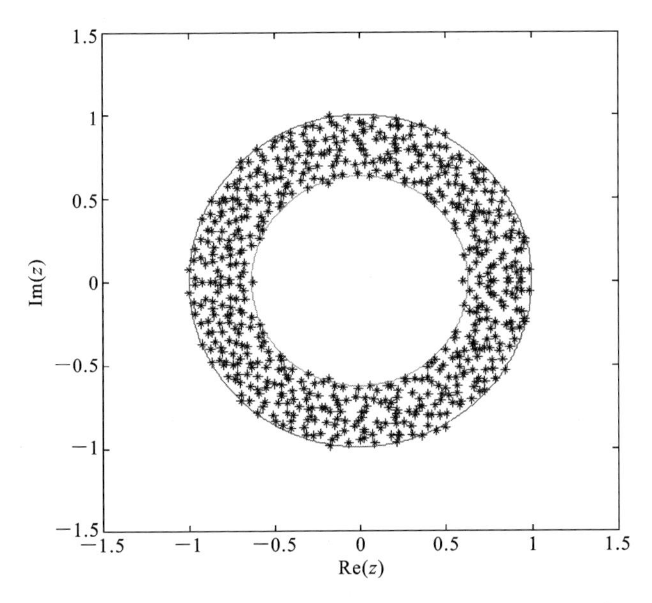

图 5-55　非 Hermitian 矩阵的标准化奇异值等价矩阵的特征值分布(圆环律)

$P_N\}$,这里的状态参量可测是指可以直接或间接测量。现对可测状态参量 $P_i(i=1,2,\cdots)$与设备性能的关系做如下一般性假设。

(1) 在理想状态下,N 个可测状态参量保持基本恒定,仅在均值水平附近做平稳的随机波动,则第 i 个状态参量在任意时刻的测量值 p_{im} 为

$$p_{\mathrm{im}}=\mu(p_i)+\varepsilon_i \tag{5-53}$$

式中:$\mu(p_i)$为第 i 个可测状态参量的均值水平;ε_i 为第 i 个可测状态参量的随机波动量,波动量应基本满足 $\mu(\varepsilon_i)=0$,$\sigma^2(\varepsilon_i)$为常量。

(2) 若第 i 个可测状态参量的测量值出现异常波动,不再是平稳随机波动,即 $\mu(\varepsilon_i)\neq 0$ 或 $\sigma^2(\varepsilon_i)$不为常量,则怀疑该设备可能出现异常或性能发生恶化。

(3) 若有多个可测状态参量出现(2)所描述的情况,则有更加充分的理由怀疑设备出现异常或者性能发生恶化。

假设在截取的状态评估时间窗内,对设备的 N 个可测状态参量测量了 T 次,将可测状态参量个数 N 作为空间维数,测量次数 T 作为时间维数,则在截取的时间窗内,所有测量数据可以构成矩阵,即

$$\boldsymbol{D}=\begin{pmatrix} x_{11} & x_{12} & \cdots & x_{1T} \\ x_{21} & x_{22} & \cdots & x_{2T} \\ \vdots & \vdots & & \vdots \\ x_{N1} & x_{N2} & \cdots & x_{NT} \end{pmatrix}_{N\times T} \tag{5-54}$$

式中:矩阵 $\boldsymbol{D}$ 的元素 x_{ij} 表示第 i 个可测状态参量在 j 时刻的测量值。当 N 和 T 充

分大，并且 N 和 T 是同一数量级时，矩阵 $\boldsymbol{D}$ 是一个高维随机矩阵。

对矩阵 $\boldsymbol{D}$ 进行标准化，使标准化后的矩阵 $\boldsymbol{D}_{\text{std}}=(y_{ij})_{N\times T}$ 满足

$$\begin{cases}\mu(y_i)=0\\ \sigma^2(y_i)=1\end{cases} \tag{5-55}$$

式中：$y_i=(y_{i1},y_{i2},\cdots,y_{iT})$，$1\leqslant i\leqslant N$，则矩阵 $\boldsymbol{D}_{\text{std}}$ 为非 Hermitian 矩阵。当 $N,T\to\infty$ 且 $\dfrac{N}{T}\to c$ 时，在设备状态正常的情况下，矩阵 $\boldsymbol{D}_{\text{std}}$ 满足如下性质。

（1）特征值分布应满足圆律。

（2）样本协方差矩阵的极限谱分布满足 M-P 律。

（3）奇异值等价矩阵通过 Haar 酉矩阵变换得到的标准化乘积矩阵应满足单环定理。

可以通过检验 $\boldsymbol{D}_{\text{std}}$ 是否满足上述性质来评估设备的可测状态参量是否发生异常波动，从而评估设备状态，一般选择性质(2)和(3)作为检验对象。为了检验 $\boldsymbol{D}_{\text{std}}$ 是否偏离上述性质(2)和(3)，需要选择合适的统计量作为评估判据。

为了验证所述电子式互感器误差状态评估方法的可行性，选择贵州某 220 kV 变电站为试点，建立了电子式互感器误差状态评估系统。该变电站由传统变电站改造而成，站内同时运行电子式互感器和传统互感器，传统互感器的模拟输出信号由模拟输入式合并单元对其进行数字化。若电子式互感器测量误差状态有异常变化，除了通过本文所提供的方法判断，还可以通过与传统互感器的比较来判断，所以该站是一个比较适合研究电子式互感器和数字电能计量相关问题的试验站。变电站目前有两回 220 kV 进线，两台主变压器，8 回 110 kV 出线，12 回 10 kV 出线。110 kV 和 220 kV 系统的进线和出线全部配置三相电压互感器和三相电流互感器，10 kV 系统根据不同需求配置三相电流互感器或两相电流互感器，母线单独配置母线电压互感器。

选取 110 kV 两条出线配置的电压互感器为监测对象，合并单元位于不同间隔，电子式互感器误差状态评估系统的结构框图如图 5-56 所示。

根据图 5-56，互感器误差状态评估的步骤如下。

（1）采样数据，数据处理平台从交换机中分别获取 1 号出线和 2 号出线电压互感器的采样值数据，一共 6 路电压数据。

（2）依据每个电压互感器的输出采样值，以 1 s 为时间间隔计算节点相位和电网频率，得到 6 组相位数据和 6 组频率数据，将频率换算成相位，再与 6 组原始相位数据按照排列组合的方法交叉相减，可以得到 36 组相位数据的时间序列。

（3）将 36 组相位变化数据的时间序列构建高维随机矩阵，计算样本协方差矩阵、标准化奇异值等价矩阵，再分别计算特征值的分布概率和在复平面上的分布。

（4）按计算评估判据，判断互感器是否会发生异常。

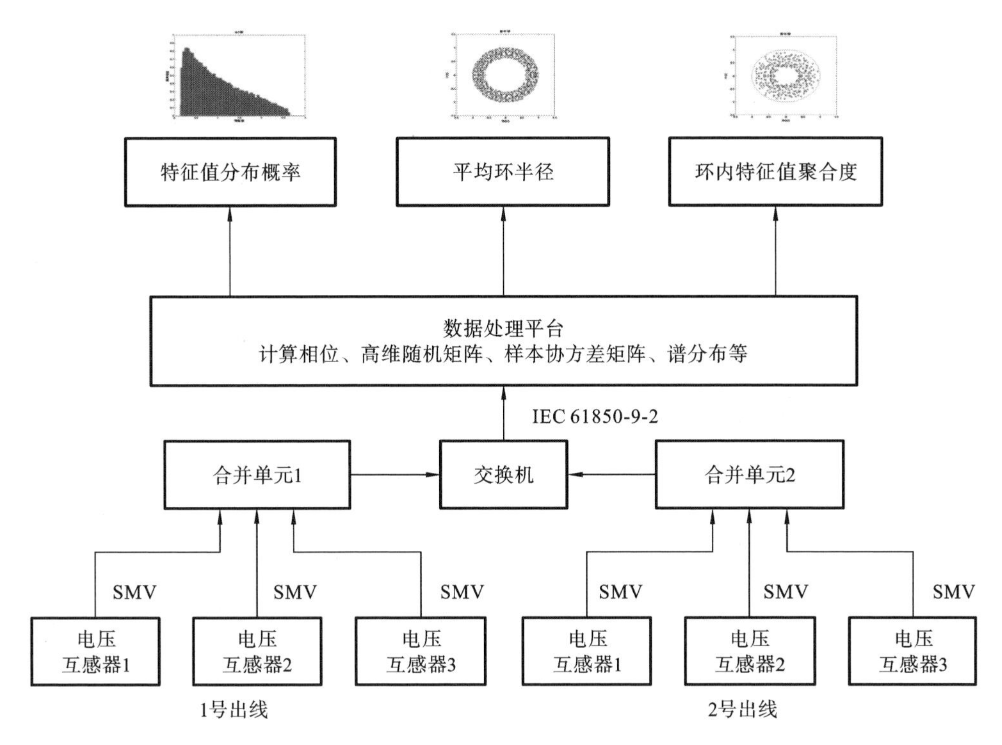

图 5-56　电子式互感器误差状态评估系统的结构框图

(5) 若根据评估判据发现可能有状态异常，则将 36 组相位变化数据的时间序列分成两组，再执行步骤(3)(4)，初步判断状态异常是否由电网一次扰动引起。

(6) 分析结果，给出最终评估结论。

选取 2015 年 4 月的数据，分析评估系统运行情况。根据 6 台电子式电压互感器的输出值，计算节点相位，再消去频率影响，得到节点相位变化时间序列。随机矩阵的规模取 600×1000，数据滑动步进为 600，即评估时间窗为 16.7 min，步进为 10 min。三个定量评估判据的曲线图如图 5-57 所示。

从图 5-57 可以看出，在第 2000 个判据(即第 14 天左右)，出现了异常状态。进一步将相位变化时间序列按出线分成两组，分别计算两组数据的评估判据。结果表明，两回出线上的电压互感器的测量数据在第 14 天均出现异常状态。因为多台电压互感器同时出现异常是小概率事件，所以可以认为该异常状态是由电网一次扰动引起的。为了确认本次异常是电网一次扰动引起的，进一步分析这次异常的原因。图 5-58 所示为 4 月的负荷电流有效值曲线。

可以看出，在 4 月的第 14 天左右，负荷电流突然变大，持续时间约为一天。推测原因可能是相邻电配网区域的变电站检修或故障，区域间联络开关闭合，本区域变电

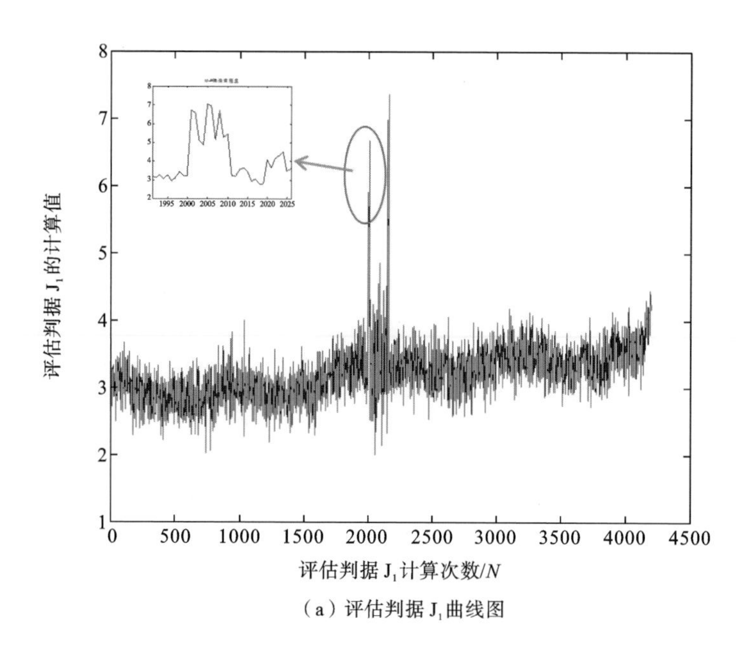

（a）评估判据 J_1 曲线图

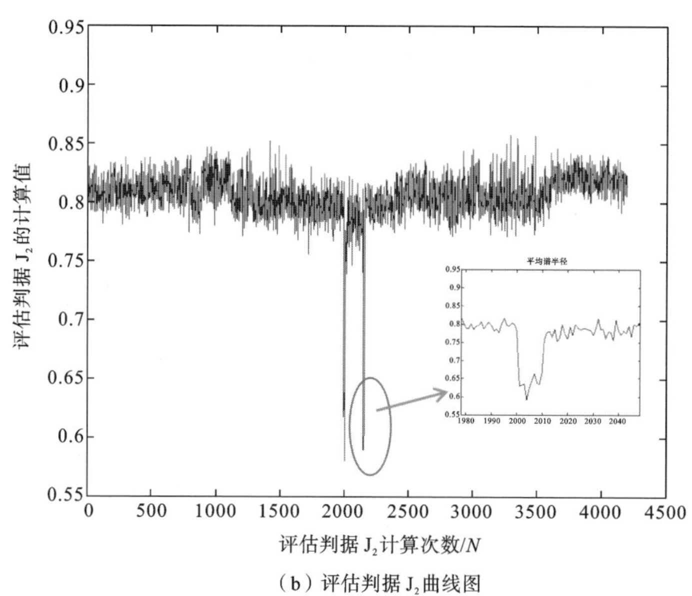

（b）评估判据 J_2 曲线图

图 5-57　三个定量评估判据的曲线图

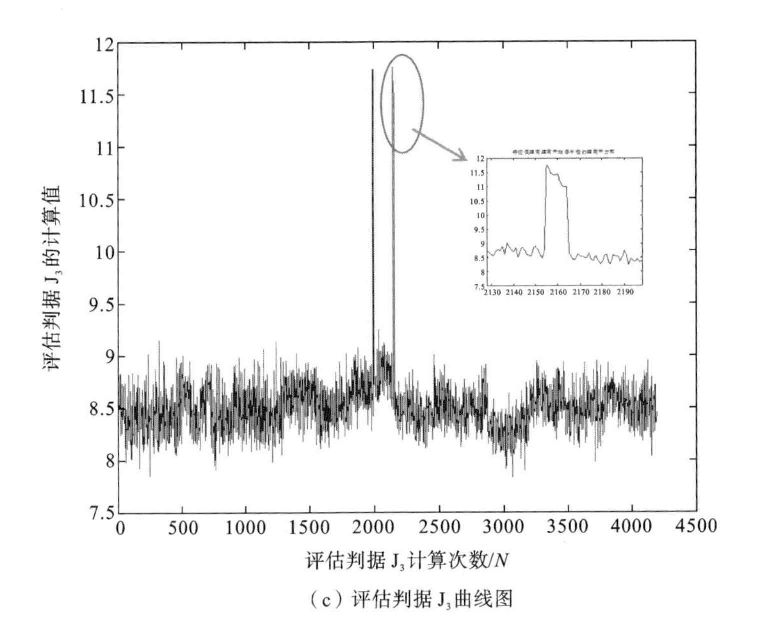

（c）评估判据 J_3 曲线图

续图 5-57

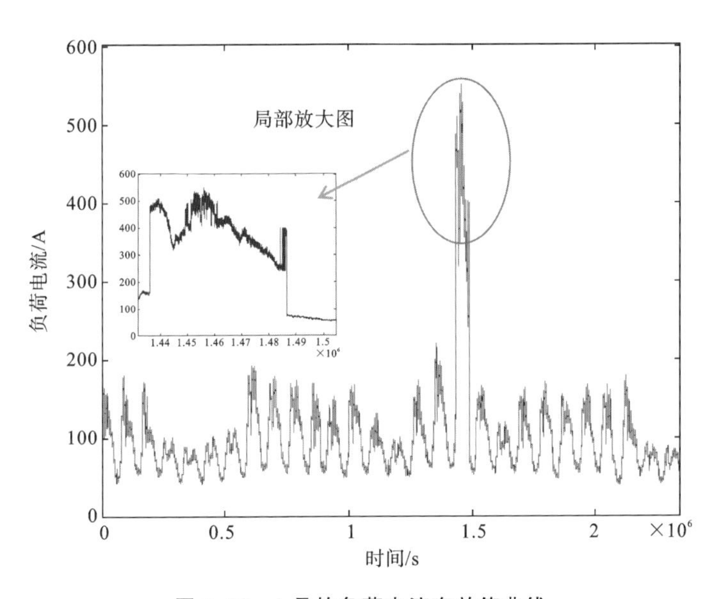

图 5-58　4 月的负荷电流有效值曲线

站向相邻区域供电，供电区域变大，或者进行了电力系统实验，使得变电站负荷电流突然大幅度增大，从而导致节点相位在负荷电流突增和突减时发生较大波动。

5.6 小　结

本章主要介绍了数字化计量设备的量值传递现状及应用技术，目前交直流数字化计量设备的现场量值传递仍然以离线校准为主，核心的校验设备为电子式互感器校验仪。此外，由于数字化计量设备具有数字量输出的独特优势，其量值传递方法也独具特点，方法多样。常见的有基于误差比较的在线校准方法和基于数据驱动的在线校准方法，采用标准电子式互感器作为标准器，可方便、快捷地在线接入高压一次侧，而且基于数据驱动的在线校准方法充分利用数字化计量设备的数字化优势，实现海量数字化计量数据采样，利用人工智能算法及大数据分析技术，实现数字化计量设备的状态预测及评估。在直流互感器现场校准方面，现场开展了基于无线数据通信方案以及分体式校验方案的离线校准方法，支撑了数字化计量设备的现场量值传递技术。

第6章　高电压大电流数字化计量设备溯源体系

本章主要介绍数字化计量设备溯源体系，针对数字化计量设备量值溯源的核心问题进行讨论，引出数字化计量设备的关键量值溯源线路，详细阐述数字化计量系统中交直流电子式互感器稳态量值溯源、直流互感器暂态量值溯源、合并单元测试仪溯源、数字化计量系统时钟误差远程溯源以及冲击软件的量值溯源。

6.1　数字化测量设备误差模型研究

6.1.1　溯源问题的引出

根据第1章分析情况，为了保证电子式电流互感器量值的准确、可靠，需要校准方法对电子式电流互感器进行校准，但为了保证不同地区电子式电流互感器数据具有可比性，需要溯源方法保证测量用的标准设备和算法量值统一。

对于离线校准和误差比较的在线校准，其核心的标准设备为标准电流互感器和电子式互感器校验仪，它们都是影响校准结果的关键设备，故需要研究这两种标准设备的溯源方法。

对于数据驱动的在线校准，需要准确的数据库对算法进行训练，这个数据库中所包含的核心数据就是各种环境影响参量和误差变化情况，如何保证这些数据的准确、可靠，实际上需要通过溯源解决。对于第3章建立的典型环境大数据考核平台，其数据来源于传统电磁式电流互感器与电子式电流互感器比对测试数据，这个溯源的核心设备同样是电流互感器和电子式互感器校验仪。

标准电流互感器和校验仪都会给校准过程带来误差，由于电子式电流互感器校准系统采用的直接测量原理与传统电流互感器测差原理有所区别，标准电流互感器和校验仪在校准过程中的误差模型不同，需要分别进行分析。

6.1.2　传统电流互感器校准系统误差模型

假设试验回路中施加的一次电流为 I_1，因为传统电流互感器校准一般采用的是测差方法，要求标准电流互感器和被测电流互感器的变比一致，设为 K_n。设标准电流互感器二次输出电流为 I_{2n}，被测电流互感器的二次输出电流为 I_{2x}。

1. 标准电流互感器误差影响分析

对于标准电流互感器带来的误差影响,做如下分析。

设标准电流互感器的误差为 ε_k,被测互感器的误差为 ε_{kx},标准电流互感器二次输出电流 I_{2n} 计算公式为

$$I_{2n}=\frac{I_1(1+\varepsilon_k)}{K_n} \tag{6-1}$$

被测电流互感器二次输出电流 I_{2x} 计算公式为

$$I_{2x}=\frac{I_1(1+\varepsilon_{kx})}{K_n} \tag{6-2}$$

标准电流互感器与被测电流互感器二次输出电流差值公式为

$$\Delta I=I_{2x}-I_{2n} \tag{6-3}$$

对于电流互感器校准,基本原理就是将被测电流互感器与标准电流互感器进行比较,也就是测量两者二次输出电流的差值,所以被测电流互感器误差的实际真值为

$$\varepsilon_n=\frac{\Delta I}{I_{2n}} \tag{6-4}$$

综上所述,则式(6-4)可转换为

$$\varepsilon_n=\frac{\varepsilon_{kx}-\varepsilon_k}{1+\varepsilon_k} \tag{6-5}$$

实际上在校准过程中需要测量的是被测电流互感器的误差 ε_{kx},即 ε_{kx} 是理论真值。根据式(6-5)可知,实际真值和理论真值之间的误差主要是标准电流互感器引入的。

标准电流互感器误差 ε_k 越小,对测量结果影响越小,当其趋近于零时,ε_n 就近似等于被测电流互感器的误差 ε_{kx}。

2. 传统互感器校验仪误差影响分析

传统互感器校验仪在校准过程中的作用就是把标准电流互感器和被测电流互感器之间的误差测量出来。对于传统互感器校验仪带来的误差影响,做如下分析。

假设传统互感器校验仪测量差流信号的误差为 ε_{cx},测量标准电流互感器的误差为 ε_{cn},则传统互感器校验仪实际测得的差流为

$$\Delta I'=\Delta I(1+\varepsilon_{cx}) \tag{6-6}$$

传统互感器校验仪实际测得的标准电流互感器的二次电流为

$$I'_{2n}=I_{2n}(1+\varepsilon_{cn}) \tag{6-7}$$

则传统互感器校验仪的示值为

$$\varepsilon_0=\frac{\Delta I'}{I'_{2n}}=\frac{\Delta I(1+\varepsilon_{cx})}{I_{2n}(1+\varepsilon_{cn})} \tag{6-8}$$

对于传统互感器校验仪来说,被测电流互感器误差的实际真值为 ε_n,则传统互感

器校验仪测量结果的绝对误差为

$$\varepsilon_x=\varepsilon_0-\varepsilon_n \tag{6-9}$$

综上所述,式(6-9)可转换为

$$\varepsilon_x=\frac{\Delta I(1+\varepsilon_{cx})}{I_{2n}(1+\varepsilon_{cn})}-\frac{\Delta I}{I_{2n}}=\frac{\Delta I}{I_{2n}}\frac{\varepsilon_{cx}-\varepsilon_{cn}}{1+\varepsilon_{cn}}=\varepsilon_n\varepsilon_{ce} \tag{6-10}$$

式中:ε_{ce}为传统互感器校验仪引入的误差,即

$$\varepsilon_{ce}=\frac{\varepsilon_{cx}-\varepsilon_{cn}}{1+\varepsilon_{cn}} \tag{6-11}$$

从式(6-10)可知,由传统互感器校验仪引入的误差是两部分乘积组成的,一部分为待测量的真值 ε_n,另一部分为传统互感器校验仪自身的测量误差 ε_{ce}。假设 ε_{ce} 为10%,那么最终测量的误差为 $0.1\varepsilon_n$,为被测真值的 1/10,是可以忽略的。

因此对于任意准确度等级的电流互感器,一般选择一台准确度等级为 2 级的传统互感器校验仪就可以满足校准要求,这就是测差原理带来的好处,在电流互感器校准过程中,对互感器校验仪的要求大大降低。基于以上原因,在传统电流互感器的溯源标准中,互感器校验仪是辅助设备,传统电流互感器溯源关键难点都是在标准电流互感器方面,包括各级别的标准电流互感器以及国家基准。

6.1.3　电子式电流互感器校准系统误差模型

传统互感器校准一般采用与被测互感器同变比的高级别标准互感器进行差值比较,但是对于电子式电流互感器校准,由于其输出为 IEC 61850 数字信号,无法与标准电流互感器的模拟量作差,一般采用直接测量式比较法。将升流器、电子式电流互感器、标准电流互感器串联形成回路。标准电流互感器输出信号连接到电子式互感器校验仪标准输入端,试品数字输出连接到电子式互感器校验仪数字输入端,通过校验仪时钟实现电子式电流互感器与电子式互感器校验仪同步采样,通过计算得出被测电子式电流互感器的误差。

类似于传统互感器,同样假设试验回路中施加一次电流为 I_1,标准电流互感器二次电流为 I_{2n},变比为 K_n。被测电子式电流互感器的输出信号为 I_{2d},变比为 K_d,因为电子式电流互感器输出的 IEC 61850 数字值为一次电流测量值,所以变比 K_d 为 1。

1. 标准电流互感器误差影响分析

对于标准电流互感器带来的误差影响,做如下分析。

同样假设标准电流互感器的误差为 ε_k,则有

$$I_{2n}K_n=I_1(1+\varepsilon_k) \tag{6-12}$$

被测电子式电流互感器的误差为 ε_{kd},被测电子式电流互感器二次电流输出值为

$$I_{2d}=I_1(1+\varepsilon_{kd}) \tag{6-13}$$

因为被测电子式电流互感器输出为一次电流测量值，所以将标准电流互感器二次输出值也折算到一次值，则两者差值为

$$\Delta I = I_{2d} - I_{2n}K_n \tag{6-14}$$

被测电子式电流互感器误差的实际真值为

$$\varepsilon_{nd} = \frac{\Delta I}{I_{2n}K_n} \tag{6-15}$$

综上所述，则式(6-15)可转换为

$$\varepsilon_{nd} = \frac{\varepsilon_{kd} - \varepsilon_k}{1 + \varepsilon_k} \tag{6-16}$$

将式(6-5)和式(6-16)对比，可以看出，不管是传统电流互感器校准，还是电子式电流互感器校准，标准电流互感器引入的误差机理都是一样的。校准中使用的标准电流互感器的准确度越高，引入的测量误差越小。当标准电流互感器测量误差趋近于零时，测量误差实际真值与理论真值 ε_{kd} 相等。

2. 电子式互感器校验仪误差影响分析

电子式互感器校验仪在校准过程中的作用就是把标准电流互感器和被测电流互感器输出值直接测量出来，然后通过算法来计算两者的误差，其工作原理与传统互感器校验仪不同。对于电子式互感器校验仪带来的误差影响，做如下分析。

假设电子式互感器校验仪中标准电流互感器测量通道的测量误差为 ε_{en}，被测电子式互感器通道的测量误差为 ε_{ex}。

标准电流互感器输出的信号输入到电子式互感器校验仪中，需要经过模数转换、滤波等测量电路，会引入电子式互感器校验仪标准电流互感器测量通道的误差，则测量出来的标准电流互感器二次输出电流为

$$I'_{2n} = I_{2n}(1 + \varepsilon_{en}) \tag{6-17}$$

同样，被测电子式互感器输出的信号输入到电子式互感器校验仪中，考虑到电子式互感器校验仪算法等引入的误差，测量出来的被测电子式互感器输出电流值为

$$I'_{2d} = I_{2d}(1 + \varepsilon_{ex}) \tag{6-18}$$

因为被测电子式电流互感器输出为一次电流测量值，所以将标准电流互感器二次输出值也折算到一次值，则电子式互感器校验仪测得的差值为

$$\Delta I' = I'_{2d} - I'_{2n}K_n \tag{6-19}$$

被测电子式互感器误差示值为

$$\varepsilon_{0d} = \frac{\Delta I'}{I'_{2n}K_n} \tag{6-20}$$

则式(6-20)可转换为

$$\varepsilon_{0d} = \frac{I_{2d}(1 + \varepsilon_{ex}) - I_{2n}(1 + \varepsilon_{en})K_n}{I_{2n}(1 + \varepsilon_{en})K_n} \tag{6-21}$$

所以电子式互感器校验仪测量被测电子式电流互感器的绝对误差为

$$\varepsilon_{xd}=\varepsilon_{0d}-\varepsilon_{nd}=\frac{I_{2d}(1+\varepsilon_{ex})-I_{2n}K_n(1+\varepsilon_{en})}{I_{2n}K_n(1+\varepsilon_{en})}-\frac{\Delta I}{I_{2n}K_n} \tag{6-22}$$

将式(6-14)代入式(6-22),并化简为

$$\begin{aligned}\varepsilon_{xd}&=\frac{\Delta I}{I_{2n}K_n}\frac{\varepsilon_{ex}-\varepsilon_{en}}{1+\varepsilon_{en}}+\frac{\varepsilon_{ex}-\varepsilon_{en}}{1+\varepsilon_{en}}\\&=\varepsilon_{nd}\varepsilon_{ee}+\varepsilon_{ee}\end{aligned} \tag{6-23}$$

式中:ε_{ee}为电子式互感器校验仪本身测量准确度带来的误差,包含被测通道和标准通道的误差,即

$$\varepsilon_{ee}=\frac{\varepsilon_{ex}-\varepsilon_{en}}{1+\varepsilon_{en}} \tag{6-24}$$

对比式(6-23)和式(6-10)可以看出,电子式互感器校验仪引入的误差与传统互感器校验仪误差相比,除了有测量装置自身误差 ε_{ee} 与标准电流互感器测量通道的测量误差 ε_n 的乘积之外,还多了一项测量装置自身误差 ε_{ee}。假设 ε_{ee} 为 0.05%,那么最终测量的误差为 $0.05\%\varepsilon_{nd}+0.05\%$,由于 ε_{nd} 为被测电子式电流互感器误差的实际值,一般都小于 10%,所以整个误差可以看作 0.05%,即电子式互感器校验仪自身的误差。

也就是说电子式互感器校验仪的误差将直接引入到测量结果中,这是直接测量比较法的特点。与传统互感器校验仪相比,电子式互感器校验仪引入的误差不能忽略,这也导致电子式互感器校验仪不再像传统互感器校验仪那样是一个辅助标准,在建立电子式电流互感器的溯源体系时,需要考虑电子式互感器校验仪的溯源问题。

6.1.4 溯源问题对比

对比传统电流互感器校准系统误差模型和电子式电流互感器误差模型,可以得出如下结论。

(1) 两种不同电流互感器校准中,主要设备就是标准电流互感器和互感器校验仪,其中标准电流互感器的误差直接对校准结果产生影响,是溯源的主设备。

(2) 在传统电流互感器校准中,由于采用测差原理测量标准电流互感器与被测电流互感器的误差,传统互感器校验仪带来的影响可以忽略,所以一般传统互感器校验仪是作为辅助设备的。

(3) 在电子式电流互感器校准中,电子式互感器输出方式为数字输出,无法使用测差法测量标准电流互感器与被测电流互感器的误差,故采用直接测量法。电子式互感器校验仪的误差也直接对校准结果产生影响,是溯源的主设备。传统电流互感

器与电子式电流互感器溯源体系对比如表 6-1 所示。

表 6-1 传统电流互感器与电子式电流互感器溯源体系对比

被校准对象	主要校准设备	误差影响模型	影 响 分 析	溯源重要性
传统电流互感器(ε_{kx})	标准电流互感器(ε_k)	$\varepsilon_n=\frac{\varepsilon_{kx}-\varepsilon_k}{1+\varepsilon_k}$	直接影响校准结果	主设备
	传统互感器校验仪(ε_{ce})	$\varepsilon_x=\varepsilon_n\varepsilon_{ce}$	间接影响,可以忽略	辅助设备
电子式电流互感器(ε_{kd})	标准电流互感器(ε_k)	$\varepsilon_{nd}=\frac{\varepsilon_{kd}-\varepsilon_k}{1+\varepsilon_k}$	直接影响校准结果	主设备
	电子式互感器校验仪(ε_{ee})	$\varepsilon_{xd}=\varepsilon_{nd}\varepsilon_{ee}+\varepsilon_{ee}$	直接影响校准结果	主设备

通过上述分析,为了保证电子式电流互感器校准结果具有可比性,需要保证标准电流互感器和电子式互感器都能溯源到国家最高标准上,建立不间断的溯源链。通过几十年的发展,我国已经建立了完善的标准电流互感器的溯源体系,但是电子式互感器校验仪相关溯源方法还不完善,溯源体系还未建立,故亟需开展相关研究。

6.2 电子式互感器校验仪溯源技术

6.2.1 电子式互感器校验仪溯源方案基本思路

电子式互感器校验仪可以同时校准电子式电流互感器和电子式电压互感器,两种功能类似,而且一般电子式互感器都同时具有这两种功能。其主要工作原理是对标准互感器输出的信号和电子式互感器输出的数字信号进行直接测量,并计算两者之间的差值。

实现电子式互感器校验仪的溯源,实际上就是要找到一个可以校准其误差的方法。前面已经介绍了电子式互感器校验仪的主要功能是测量标准电流互感器与被测电子式电流互感器的误差,也就是测量连续模拟量和离散数字量的误差。首先需要找到合适的方法产生连续模拟量和离散数字量,同时需要让模拟量和数字量之间有误差的关联。

具体而言,在对电子式互感器校验仪进行校准时,校准装置需要提供如下几种信号。

(1) 标准模拟信号,用于模拟标准互感器输出信号。

(2) 标准数字信号,用于模拟具有误差的被测电子式电流互感器输出信号,通常为 IEC 61850-9-2 数字协议帧，其比值差和相位差可调且具有准确度要求。

(3) 同步时钟信号，用于模拟电子式电流互感器校准过程中的同步触发信号。该信号为秒脉冲触发信号，该信号还用于同步标准数字信号与标准模拟信号的输出。

其中标准模拟信号与标准数字信号之间具有幅值和相位的耦合关系，其耦合关系的核心是在同步时钟信号下，标准数字信号应该为按照一定采样速率对标准模拟信号采样的离散值，其关系如图 6-1 所示。

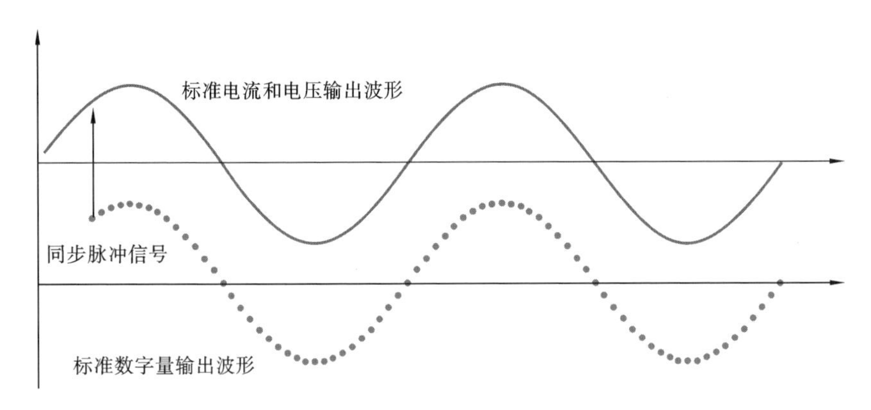

图 6-1　标准模拟信号与标准数字信号幅值和相位的耦合关系

模拟量和数字量之间有误差的关联对现有的溯源体系来说是一个挑战，现有溯源体系（如电流互感器溯源体系）都是模拟量和模拟量之间进行比较。国内外有一些学者开展了相关研究，希望能找到合适的方法来建立模拟量和数字量之间的溯源关系。

6.2.2　基于 A/D 直接采样的电子式互感器校验仪溯源技术

图 6-2 所示为基于 A/D 直接采样的电子式互感器校验仪溯源技术方案，其主要是通过高准确度数字多用表的 A/D 采样，将标准模拟信号通过采样变换为离散的数字量。采用工频比率电源输出标准模拟信号和带模拟微差的标准模拟信号，并通过 A/D 对带模拟微差的标准模拟信号直接采样，经过组帧后获得标准数字量报文。其中通过工频比例电源在模拟量上施加微差，然后通过 A/D 将模拟量变换为数字量，从而使模拟量与数字量之间具有标准的误差。

假设 U_1 和 U_2 分别为工频比率电源输出的两路标准信号幅值，f_0 和 δ_0 分别为工频比率电源设置的标准比值差和相位差，且标准模拟量的初始相位为 φ_1，f_e 和 δ_e 分别为工频比率电源引入的比值差和相位差，f_{div} 和 δ_{div} 分别为标准转换器引入的比值差和相位差，k_{div} 为标准转换器的变比，f_{AD} 和 δ_{AD} 分别为 A/D 采样引入的比值差和采样延迟引入的相位差，δ_{sys} 为同步时钟引入的相位差，则最终以 IEC 61850-9-2 标

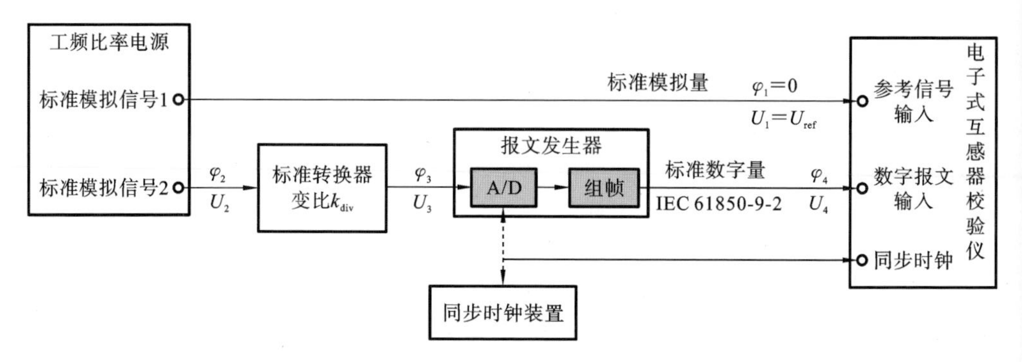

图 6-2 基于 A/D 直接采样的电子式互感器校验仪溯源技术方案

准数字量输入到电子式互感器校验仪的幅值和相位为

$$U_d=\frac{U_1(1+f_0+f_e)}{k_{div}}(1+f_{div})(1+f_{AD}) \tag{6-25}$$

$$\varphi_d=\varphi_1+\delta_0+\delta_e+\delta_{div}+\delta_{AD}+\delta_{sys} \tag{6-26}$$

对应标准模拟量和标准数字量之间的比值差和相位差为

$$f_n=\frac{k_{div}U_d-U_1}{U_1} \tag{6-27}$$

$$\delta_n=\varphi_d-\varphi_1 \tag{6-28}$$

假设 f_i 和 δ_i 为被测电子式互感器校验仪测量的比值差和相位差示值，则电子式互感器校验仪的比值差和相位差为

$$f_x=f_i-f_n=f_i-f_0-[(1+f_0+f_e)(1+f_{AD})(1+f_{div})-1-f_0] \tag{6-29}$$

$$\delta_x=\delta_i-\delta_n=\delta_i-\delta_0-(\delta_e+\delta_{div}+\delta_{AD}+\delta_{sys}) \tag{6-30}$$

实际校准过程中，通常将 f_i-f_0 和 $\delta_i-\delta_0$ 作为被测校验仪的比值差和相位差，由式(6-29)和式(6-30)分析可知，两式的第三项可分别看作校准装置的比值差 f_{cd} 和相位差 δ_{cd}，由于 f_e、f_{AD} 与 f_{div} 通常优于 10^{-4}，因此，校准装置的比值差和相位差计算公式为

$$f_{cd}=(1+f_0+f_e)(1+f_{AD})(1+f_{div})-1-f_0\approx f_e+f_{AD}+f_{div} \tag{6-31}$$

$$\delta_{cd}=\delta_e+\delta_{div}+\delta_{AD}+\delta_{sys} \tag{6-32}$$

校准装置的比值差主要取决于工频比率电源标准比值差的误差、A/D 采样和标准转换器的比值差。校准装置的相位差主要取决于工频比率电源标准相位差的误差，以及 A/D 采样延时、标准转换器和同步时钟引入的相位差。

f_0 为设置的标准比值差，可以看作常数，根据式(6-31)、式(6-32)所示的误差模型和测量不确定度评定方法计算校准时，比值差和相位差的合成标准不确定度为

$$u_{c-f_x}=\sqrt{\left(\frac{\partial f_x}{\partial f_i}\right)^2u_{i-f_x}^2+\left(\frac{\partial f_x}{\partial f_e}\right)^2u_{e-f_x}^2+\left(\frac{\partial f_x}{\partial f_{AD}}\right)^2u_{AD-f_x}^2+\left(\frac{\partial f_x}{\partial f_{div}}\right)^2u_{div-f_x}^2}$$

$$\approx\sqrt{u_{\mathrm{i}-f_{\mathrm{x}}}^2+u_{\mathrm{e}-f_{\mathrm{x}}}^2+u_{\mathrm{AD}-f_{\mathrm{x}}}^2+u_{\mathrm{div}-f_{\mathrm{x}}}^2} \tag{6-33}$$

$$u_{\mathrm{c}-\delta_{\mathrm{x}}}=\sqrt{\left(\frac{\partial\delta_{\mathrm{x}}}{\partial\delta_{\mathrm{i}}}\right)^2u_{\mathrm{i}-\delta_{\mathrm{x}}}^2+\left(\frac{\partial\delta_{\mathrm{x}}}{\partial\delta_{\mathrm{e}}}\right)^2u_{\mathrm{e}-\delta_{\mathrm{x}}}^2+\left(\frac{\partial\delta_{\mathrm{x}}}{\partial\delta_{\mathrm{div}}}\right)^2u_{\mathrm{div}-\delta_{\mathrm{x}}}^2+\left(\frac{\partial\delta_{\mathrm{x}}}{\partial\delta_{\mathrm{AD}}}\right)^2u_{\mathrm{AD}-\delta_{\mathrm{x}}}^2+\left(\frac{\partial\delta_{\mathrm{x}}}{\partial\delta_{\mathrm{sys}}}\right)^2u_{\mathrm{sys}-\delta_{\mathrm{x}}}^2}$$

$$=\sqrt{u_{\mathrm{i}-\delta_{\mathrm{x}}}^2+u_{\mathrm{e}-\delta_{\mathrm{x}}}^2+u_{\mathrm{div}-\delta_{\mathrm{x}}}^2+u_{\mathrm{AD}-\delta_{\mathrm{x}}}^2+u_{\mathrm{sys}-\delta_{\mathrm{x}}}^2} \tag{6-34}$$

式中：$u_{\mathrm{i}-f_{\mathrm{x}}}$、$u_{\mathrm{e}-f_{\mathrm{x}}}$、$u_{\mathrm{div}-f_{\mathrm{x}}}$、$u_{\mathrm{AD}-f_{\mathrm{x}}}$分别为被测校验仪比值差测量示值的标准不确定度分量、工频比率电源的标准不确定度分量、标准转换器的标准不确定度分量和A/D采样引入的比值差的标准不确定度分量；$u_{\mathrm{i}-\delta_{\mathrm{x}}}$、$u_{\mathrm{e}-\delta_{\mathrm{x}}}$、$u_{\mathrm{div}-\delta_{\mathrm{x}}}$、$u_{\mathrm{AD}-\delta_{\mathrm{x}}}$和$u_{\mathrm{sys}-\delta_{\mathrm{x}}}$分别为被测校验仪相位差测量示值的标准不确定度分量、工频比率电源的标准不确定度分量、标准转换器的标准不确定度分量、A/D采样延迟和同步时钟延迟引入的相位差的标准不确定度分量。

从式(6-33)和式(6-34)可以看出，基于A/D直接采样的电子式互感器校验仪溯源方案中，其校准过程中的合成标准不确定度主要由工频比率电源、标准转换器、同步时钟装置、A/D采样等标准设备引入的标准不确定度分量组成，表6-2中列出了某厂家电子式互感器校验仪校准装置的各标准设备的技术指标。

表6-2　整检装置各标准设备的技术指标

模块名称	实际技术指标	
	比值差/(%)	相位差/(′)
工频比率电源	0.0002	0.007
感应分压器	0.005	0.22
同步时钟装置	0	0.10
A/D采样	0.0068	0.24

可以看出，其中A/D采样和标准转换器是校准过程中的主要不确定度来源。对于标准转换器，通常采用感应分压器和标准分流器，目前感应分压器的测量不确定度水平较高，通常可达到10^{-8}量级，而标准分流器的测量不确定度水平通常为10^{-5}量级，A/D采样的测量不确定度水平最高为10^{-6}量级。因此，基于A/D直接采样的电子式互感器校验仪溯源方案中，测量不确定度的提升主要受限于A/D采样和标准转换器的测量不确定度水平。

6.2.3　基于同步脉冲源的电子式互感器校验仪溯源技术

基于上述方案，提出一种基于非A/D采样的电子式互感器校验仪溯源方案，其溯源思路是将标准模拟量和标准数字量都溯源到数学公式，原理图如图6-3所示。在频率相同的情况下，通过控制幅值和初始相位可以得到标准模拟信号和标准数字信号的任意耦合关系。因此，电子式互感器校验仪所测量的比值误差可以通过I_{n}和

I_x 进行调节，相位差可以通过 φ_n 和 φ_x 进行调节。模拟信号与数字信号的相位可以通过同步脉冲的平移实现，具有较高的调节分辨率和准确度。

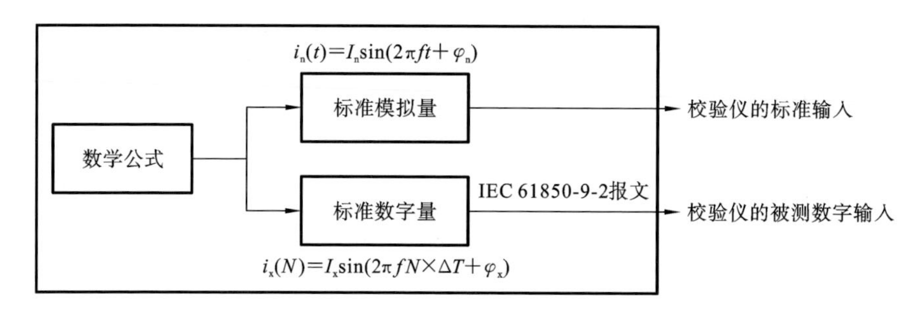

图 6-3　标准模拟信号和标准数字信号溯源原理图

该溯源方案可以实现微差的模拟调节和数字调节，非常灵活，也可以任意模拟频率偏移和采样。

基于上述溯源思路，提出一种基于同步脉冲源的电子式互感器校验仪的溯源技术方案，如图 6-4 所示。

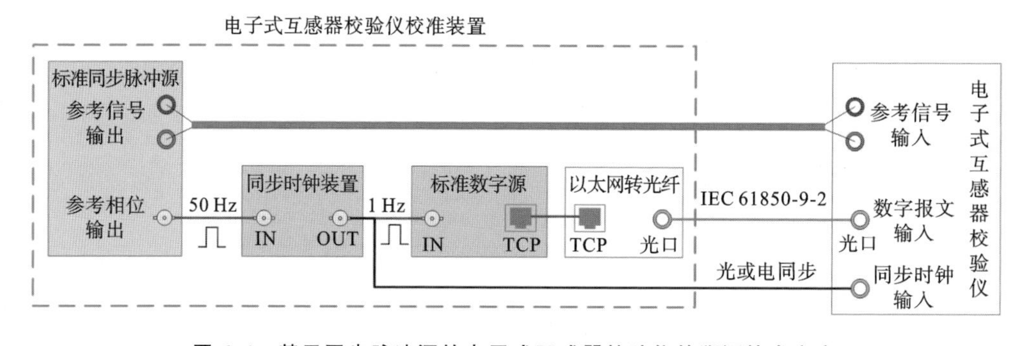

图 6-4　基于同步脉冲源的电子式互感器校验仪的溯源技术方案

标准同步脉冲源采用带参考信号输出的交流标准信号源，其中，参考信号输出端输出交流参考电压或电流信号到被测电子式互感器校验仪的参考信号输入端，参考相位输出端输出同频率、同相位的同步脉冲信号，直接触发或经过同步时钟装置分频后触发标准数字源输出 IEC 61850-9-2 数字帧。参考相位输出的准确度直接影响电子式互感器校验仪校准装置输出的数字信号与参考模拟信号的相位差。为了提供一个良好的零参考相位，通常参考相位输出信号为参考信号的过零触发脉冲信号。同步时钟装置用于对参考相位输出脉冲信号进行分频处理，其输出脉冲频率为 1 Hz，与目前智能变电站中电子式电流互感器合并单元的秒脉冲触发采样原则保持一致。

标准数字源用于接收同步脉冲并根据内部设定的数学公式及设定的标准比值差、标准相位差、采样频率等参数生成离散的正弦值，然后将离散正弦值组帧为 IEC

61850-9-2数字帧输出给电子式互感器校验仪。在参考相位信号的触发下，电子式互感器校验仪校准装置输出的IEC 61850-9-2数字帧与参考模拟信号为同一时刻的正弦值，其相对比值差和相位差由标准数字源进行调节。

假设 f_{t0} 和 f_{te} 为标准数字源中设置的标准比值差及误差，则IEC 61850-9-2中数字信号的幅值 U_{td} 为

$$U_{td}=U_{tref}(1+f_{t0}+f_{te}) \tag{6-35}$$

假设 U_{tref} 为标准同步脉冲源设置的输出参考信号幅值，f_{tref} 为标准同步脉冲源输出的参考信号幅值误差，δ_{td} 为标准同步脉冲源输出参考相位信号的相位差，δ_{tt} 为同步时钟装置的相位差，δ_{t0} 为标准数字源设置的标准相位差，δ_{te} 为标准数字源引入的相位差，则校准装置实际输出的标准比值差 f_{tn} 和相位差 δ_{tn} 为

$$f_{tn}=\frac{U_{td}-U_{tref}(1+f_{tref})}{U_{tref}(1+f_{tref})}=\frac{f_{t0}+f_{te}-f_{tref}}{1+f_{tref}} \tag{6-36}$$

$$\delta_{tn}=\delta_{td}+\delta_{tt}+\delta_{t0}+\delta_{te} \tag{6-37}$$

因此，被测校验仪的实际比值差和相位差为

$$f_{tx}=f_{ti}-f_{tn}=f_{ti}-f_{t0}-\left(\frac{f_{te}-f_{tref}-f_{t0}f_{tref}}{1+f_{tref}}\right) \tag{6-38}$$

$$\delta_{tx}=\delta_{ti}-\delta_{tn}=\delta_{ti}-\delta_{t0}-(\delta_{td}+\delta_{tt}+\delta_{te}) \tag{6-39}$$

式中：f_{ti}、δ_{ti} 为被测电子式互感器校验仪的比值差和相位差测量示值。实际校准时，通常将 $f_{ti}-f_{t0}$ 和 $\delta_{ti}-\delta_{t0}$ 作为被测校验仪的比值差和相位差。由式(6-38)和式(6-39)分析可知，两式的第三项可看作校准装置的比值差 f_{tcd} 和相位差 δ_{tcd}，由于 f_{tref} 与 f_{te} 通常小于 10^{-4}，校准装置的比值差和相位差计算公式为

$$f_{tcd}=\frac{f_{te}-f_{tref}-f_{t0}f_{tref}}{1+f_{tref}}\approx f_{te}-f_{tref} \tag{6-40}$$

$$\delta_{tcd}=\delta_{td}+\delta_{tt}+\delta_{te} \tag{6-41}$$

根据式(6-40)和式(6-41)可知，校准装置的比值差主要取决于标准数字源标准比值差的误差和标准同步脉冲源的幅值误差，校准装置的相位差主要取决于标准同步脉冲源参考相位输出的相位差、同步时钟装置的相位差和标准数字源的相位差。

根据式(6-38)、式(6-39)所示的误差模型和测量不确定度评定方法计算校准时比值差和相位差的合成标准，不确定度为

$$\begin{aligned}u_{c-f_{tx}}&=\sqrt{\left(\frac{\partial f_{tx}}{\partial f_{ti}}\right)^2u_{ti-f_{tx}}^2+\left(\frac{\partial f_{tx}}{\partial f_{te}}\right)^2u_{te-f_{tx}}^2+\left(\frac{\partial f_{tx}}{\partial f_{tref}}\right)^2u_{tref-f_{tx}}^2}\\&\approx\sqrt{u_{ti-f_{tx}}^2+u_{te-f_{tx}}^2+u_{tref-f_{tx}}^2}\end{aligned} \tag{6-42}$$

$$\begin{aligned}u_{c-\delta_{tx}}&=\sqrt{\left(\frac{\partial\delta_{tx}}{\partial\delta_{ti}}\right)^2u_{ti-\delta_{tx}}^2+\left(\frac{\partial\delta_{tx}}{\partial\delta_{td}}\right)^2u_{td-\delta_{tx}}^2+\left(\frac{\partial\delta_{tx}}{\partial\delta_{tt}}\right)^2u_{tt-\delta_{tx}}^2+\left(\frac{\partial\delta_{tx}}{\partial\delta_{te}}\right)^2u_{te-\delta_{tx}}^2}\\&\approx\sqrt{u_{ti-\delta_{tx}}^2+u_{td-\delta_{tx}}^2+u_{tt-\delta_{tx}}^2+u_{te-\delta_{tx}}^2}\end{aligned} \tag{6-43}$$

式中：$u_{\text{ti}-f_{\text{tx}}}$、$u_{\text{te}-f_{\text{tx}}}$、$u_{\text{tref}-f_{\text{tx}}}$分别为被测校验仪测量示值、标准数字源和标准同步脉冲源引入的比值差标准不确定度分量；$u_{\text{ti}-\delta_{\text{tx}}}$、$u_{\text{td}-\delta_{\text{tx}}}$、$u_{\text{tt}-\delta_{\text{tx}}}$、$u_{\text{te}-\delta_{\text{tx}}}$分别为被测校验仪测量示值、标准同步脉冲源参考相位、同步时钟装置和标准数字源引入的相位差标准不确定度分量。

从式(6-42)和式(6-43)可以看出，基于同步脉冲源的电子式互感器校验仪溯源方案中，其校准过程中的合成标准不确定度主要由标准同步脉冲源、标准数字源和同步时钟装置等标准设备引入的标准不确定度分量组成。

6.2.4 两种电子式互感器校验仪溯源技术比较

表 6-3 对基于 A/D 直接采样和基于同步脉冲源方案的电子式互感器校验仪溯源方法进行分析和比较。

表 6-3 两种电子式互感器校验仪溯源方法比较

技术指标/特性	溯源方案	
	基于 A/D 直接采样方案	基于同步脉冲源方案
标准信号源	工频比率电源	标准信号源(带参考相位)
A/D 采样	$8\frac{1}{2}$高精度数字多用表	无
数字量报文来源	A/D 直接采样	数学公式
微差类型	模拟	数字
标准转换器	感应分压器或标准分流器	无
同步时钟装置	秒脉冲或 B 码	具备分频功能，秒脉冲或 B 码
校准装置误差来源	微差、A/D 和标准转换器	微差、标准信号源
测量不确定度来源	微差、A/D 和标准转换器引入的标准不确定度分量	微差、标准信号源引入的标准不确定度分量
主要技术瓶颈	A/D 和标准转换器	标准信号源

基于 A/D 直接采样原理的电子式互感器校验仪溯源方法，校准装置的误差主要来源于微差、标准转换器(感应分压器或标准分流器)、A/D 采样和同步时钟装置引入的误差，其中校准装置的误差与工频比率电源的幅值和相位误差无关，而与其输出标准微差的误差相关，同步时钟装置只对校准装置的相位差有影响；校准过程中的测量不确定度主要来源于微差、标准转换器、A/D 采样和同步时钟装置引入的标准不确定度分量。

基于标准同步脉冲源的电子式互感器校验仪溯源方法，校准装置的比值差主要来源于标准同步脉冲源的幅值误差和微差的误差，校准装置的相位误差主要来源于标准同步脉冲源参考相位的相位差、同步时钟误差及微差引入的相位差。校准过程中的测量不确定度主要来源于标准同步脉冲源、同步时钟装置和标准数字源的微差引入的标准不确定度分量。

根据分析结果可知，基于A/D直接采样的溯源方案中，A/D采样和标准转换器的误差引入的标准不确定度分量是导致测量不确定度较大的主要原因。在基于同步脉冲源的溯源方案中，由于没有A/D采样环节和标准转换器，整体测量不确定度有所降低，但标准信号源的误差会对测量不确定度产生直接影响，其误差及标准不确定度分量是整体测量不确定度的主要分量。基于同步脉冲源的溯源方案中，由于标准设备的减少，使误差及不确定度来源减少，同时基于数字公式生成数字报文及数字微差，该方案的校准装置误差与测量不确定度比基于A/D直接采样的溯源方案有很大的提升，但引入的标准数字报文及数字微差尚无有效的量值溯源手段，因此，目前应用较少。基于A/D直接采样的溯源方案是目前应用较为成熟的电子式互感器校验仪溯源方案，获得国家计量技术法规的认可。

6.3　合并单元校验仪溯源技术

6.3.1　合并单元校验仪溯源现状

智能电网要求变电站全站信息数字化、通信平台网络化、信息共享标准化。电子式互感器及合并单元是智能变电站的核心部件，其性能及精度等各项指标对继保、测控、数字电能计量等有决定性的影响。合并单元最早出现于IEC 60044-8电子式电流互感器标准，是对二次转换器的数据进行时间相关采样处理并为二次设备提供相关数据样本的物理单元，合并单元可以是现场互感器的一个组件或独立单元。各地供电部门对电子式互感器及合并单元的选型、验收、定期检测等环节所采取的措施或手段尚未达到完善、全面、准确的程度。

国内外对电子式互感器测试技术研究比较早，但仅限于最基础的误差测量要求，测试仪器的检定仅靠HP3458A等几种八位半万用表的检测，因为3458A万用表设计于30年前，尽管直流指标非常出色，但对采样延时等无准确定义，所以该方法有很大局限性。

国外对合并单元及电子式互感器误差的测量技术的发展落后于国内，尚处于分体式的组合系统中，试验中各类报文及同步信号均比较简单。国内对电子式互感器及合并单元的测试技术起源于2005年前后，各类IEC 61850标准的报文及相应的扩展报文在国网和南网大量采用，相应的测量自适应技术也得到很好的发展。

现阶段采用的溯源方法存在一定的局限性，电子式互感器检定方面，计量不确定度主要来源于标准互感器及电子式互感器校验仪，标准互感器有非常完整的溯源体系，而电子式互感器校验仪的溯源存在不少问题，目前主流方法是采用传统互感器校验仪检定装置和 3458A 数字万用表结合的系统，简称模拟微差源法(见图 6-5)。因为传统的互感器整体检定装置采用的是基于直角坐标系的测差法原理，而电子式互感器(合并单元)校验仪是无法进行差值测量的，所以在出现角差的时候就会产生一定的理论误差，该误差与角差的余弦值成正比，为此建立一套基于极坐标系的高水准的电子式互感器校验仪与合并单元测试仪溯源基准是非常必要和有意义的。

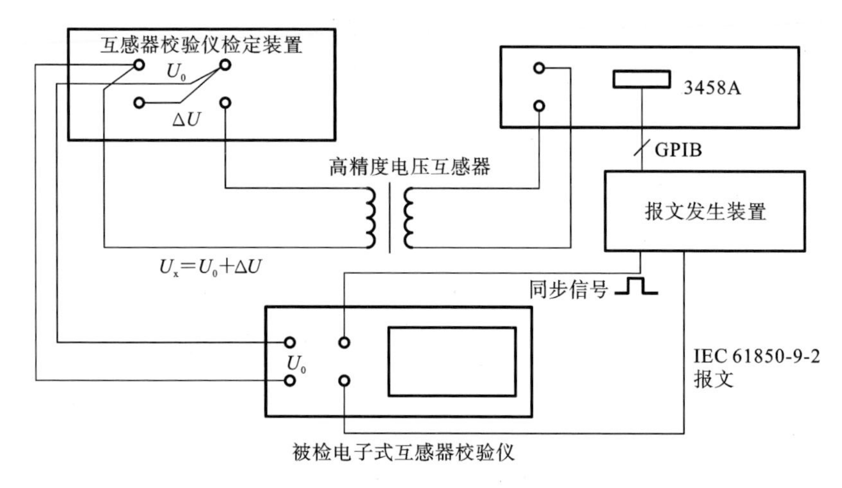

图 6-5 利用传统互感器校验仪检定装置检定电子式互感器(合并单元)校验仪原理图

电子式互感器校验仪及合并单元测试仪溯源装置可对所有 0.05 级及以下电子式互感器及合并单元测试仪进行量值溯源，从而可以建立起 0.01 级到 0.2 级的完整数字化计量检定体系。

6.3.2 装置方案设计原理

采样系统的固有延时误差是电子式互感器校验仪相位误差的主要因素，相位偏移和延迟时间都会引起相位误差，可以通过相位补偿环节加以矫正。所述装置通过准确的同步信号控制技术实现对相位准确测量及控制。合并单元测试仪溯源装置的设计主要存在以下技术难点。

(1) 对 0.01 级电压与电流基波有效值的精密测量。

(2) 过零信号精密可控。

(3) 多种同步信号情况的高精度数据一致性。

所述装置采用嵌入式系统设计，分为底层与后台两大模块，底层由 FPGA 和 STM32 组成核心，后台由 ARM9 系统组成硬件基础，软件采用 LINUX 系统，通过 24 位多通道、高精度 A/D 转换器，每周期多于 200 点的模拟采样及窗函数补偿算法、过零脉冲延时误差在 100 ns 以内的 DDS 极低失真数字源设计、同步信号控制技术等，使装置满足高水平的使用需求。

1. 整体设计

系统主要包括三相的升流装置、升压装置、电流互感器、电压互感器、6通道A/D模块、同步模块、网口模块、FPGA模块等，在FPGA模块中配置了傅里叶加窗补偿算法和非同步下误差测量算法。装置总体结构框图如图6-6所示。

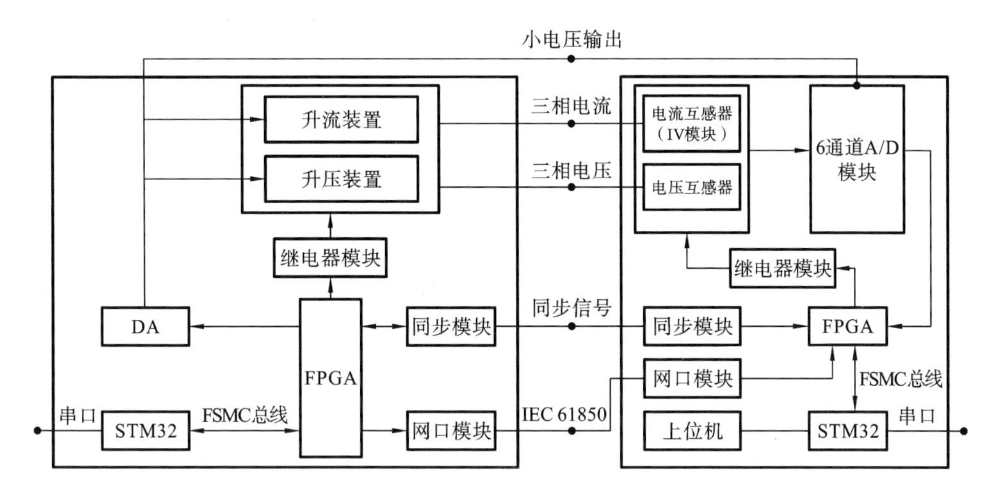

图6-6　装置总体结构框图

内置的三相源符合表源一体可分离结构，工作时可以选择使用内置源或外部源；多通道模拟测量模块和傅里叶加窗补偿函数的设计可以实现0.01级电压与电流基波有效值的精密测量；准确的同步信号控制技术是相位测量及控制的核心。

2. 装置标准误差发生原理

下面以检定合并单元测试仪为例，结合电流对数字量的比差、角差测量原理，对合并单元测试仪溯源装置误差测量实现进行说明，电压功能与电流测量类似。合并单元测试仪原理框图如图6-7所示。

在检定合并单元测试仪时，被检合并单元测试仪输出的模拟量作为标准信号，接入本装置模拟量输入接口；本装置输出的数字量作为被测信号，接入被检合并单元测试仪的数字接口。同时在本装置上预先设定好比差、角差。装置通过对标准模拟量进行同步采样后，输出叠加比差、角差的数字报文作为被测信号接入被检合并单元测试仪，从而对合并单元测试仪进行误差检定。图6-8所示为国家高电压计量站的合并单元测试仪溯源装置实物图。

设被检合并单元测试仪输出的电流为标准模拟量，本装置输出的数字报文作为被检数字量，比差 f、角差 δ 的定义为

$$f=\frac{I_x-I_0}{I_0}\times 100\% \tag{6-44}$$

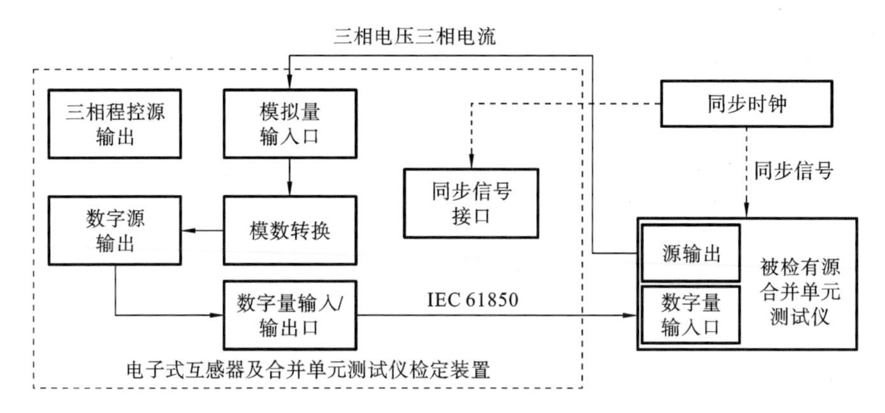

图 6-7　合并单元测试仪原理框图

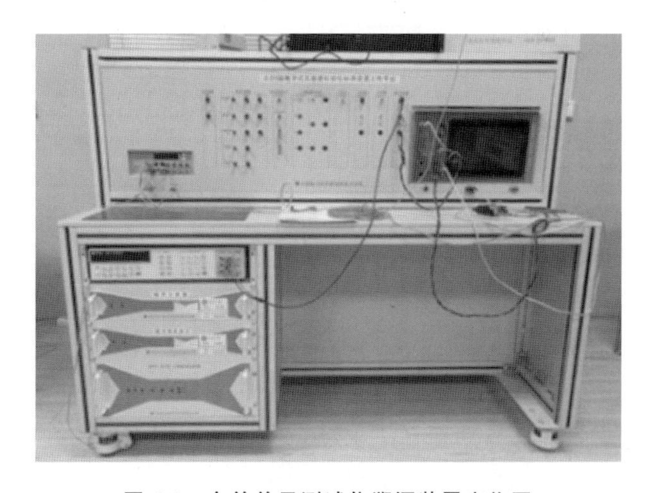

图 6-8　合并单元测试仪溯源装置实物图

$$\delta=\varphi_x-\varphi_0 \tag{6-45}$$

式中：I_0、I_x 分别为标准模拟量、被检数字量；φ_0、φ_x 分别为标准量相位角、被测量相位角。

在同步信号控制下，装置通过高速、高精度 A/D 转换器等先进电子器件对被检合并单元测试仪输出的电流模拟量进行同步采样，即在同步信号到达时刻，对标准信号采样 10 个周期，每周期采样 250 点，采样信号送回由 FPGA 和 STM32 组成的底层处理系统，傅里叶公式为

$$X(k)=\sum_{n=0}^{N-1}x(n)\left[\cos\left(2\pi k\frac{n}{N}\right)-\mathrm{j}\sin\left(2\pi k\frac{n}{N}\right)\right]\ (k=0,1,2,\cdots,N-1) \tag{6-46}$$

式中：$x(n)$为有效长序列；N 为采样数；n 为周期数；k 取值范围为$[0,N-1]$。

还原出过零时刻的电流有效值和初相角；对还原的标准信号的有效值和初相角叠加预先设定的比值差和相位差，从而产生被测数字量的有效值和相角，根据 IEC 61850 规约，在同步信号控制下，装置输出叠加了比差 f、角差 δ 的数字报文。

标准电流模拟量 I_0 按照傅里叶算法的结果可表示为

$$I_0 = A\sin(\omega t + \theta) \tag{6-47}$$

式中：I_0 为标准电流模拟量；A 为幅值；ω 为角频率；θ 为初相角；t 为时间。

因此叠加了误差的被测信号 I_x 可表示为

$$I_x = A(1+f)\sin(\omega t + \theta + \delta) \tag{6-48}$$

式中：I_x 为叠加误差后的被测信号；f 为比差；δ 为角差。

按照产生的新的正弦函数序列，计算出合并单元所需的数字报文，实时观察被检合并单元测试仪软件上的比值差和相位差，将它们与本装置软件设置的比值差和相位差进行对比，进而可对合并单元测试仪进行误差检定。

3. 同步控制技术

对于整体要求达到 0.3 分相位精度的装置来说，准确测量相位并对此进行补偿是保障本装置相位误差不确定度达标的必要手段。相位测量的核心就是准确的同步控制技术。利用程控信号源 DDS 的发生机制，由 FPGA 产生与相位误差相关的秒脉冲同步信号。根据同步信号，采样模块对标准模拟信号进行同步采样，采样值送回由 FPGA 与 STM32 组成的中央处理系统并分析出过零时刻标准模拟信号的有效值与相位，从而实现相位的准确测量。

同步信号控制技术同样应用于三相源的相位测量补偿。由于 DDS 源只有几伏的电压范围，转换成 0～6 A 电流和 0～120 V 电压后势必会引起相位的偏移，通过同步控制技术，可以分析出三相源实际输出的角度与同步信号的差异，重新调整配置参数，进而对升压或升流以后的相位偏移进行准确测定和补偿。

同步控制技术原理框图如图 6-9 所示。

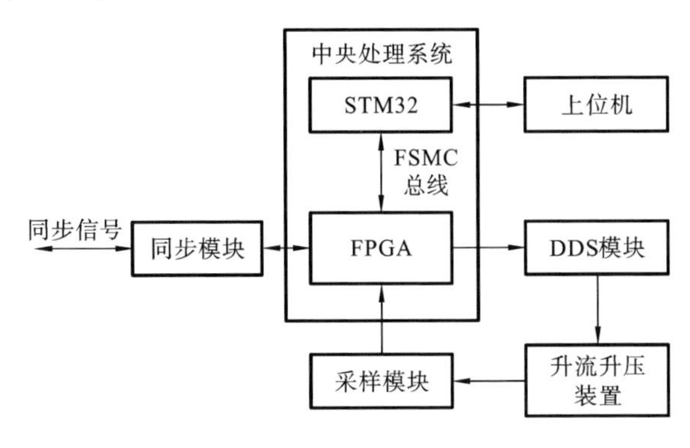

图 6-9　同步控制技术原理框图

6.4 直流互感器暂态校验仪溯源技术

6.4.1 直流互感器暂态校验仪工作原理

国家标准 GB/T 26216.1—2019、GB/T 26216.2—2019 和 GB/T 26217—2019 分别对直流电流互感器和直流电压互感器的暂态阶跃响应提出了明确要求，通常采用直流互感器暂态校验仪对直流互感器的暂态阶跃参数进行校验，电力行业标准 DL/T 2458—2021 对直流互感器暂态校验仪技术指标、试验方法等进行了规范。在校验时，直流互感器暂态校验仪需要实现对标准和被测直流互感器的二次信号进行同步采样，并计算标准直流互感器和被测直流互感器阶跃响应参数。标准直流互感器可以采用标准分流器和标准阻容分压器，其二次输出信号均为模拟量，可以采用高精度采样卡进行模拟量采样，而被测直流互感器根据其输出类型可以分为模拟量输出和数字量输出，对于模拟量输出的直流互感器，采用高采样率 A/D 对其二次信号进行同步采样，对于数字量输出的直流互感器，其二次输出信号一般采用 IEC 60044-8 数字报文协议（通常称为 FT3 协议）方式进行传输，因此需要报文解析装置对 FT3 报文进行解析，得到直流互感器二次信号。

因此，针对被测直流互感器的输出类型，直流互感器暂态校验仪工作模式分为模拟量校验模式和数字量校验模式两种。

1. 直流互感器暂态校验仪模拟量校验模式

如果被测直流互感器的二次输出信号为模拟量信号，例如零磁通直流电流互感器或直流分压器，则直流互感器暂态校验仪采用模拟量校验方案，即采用两块高速采样卡对标准直流互感器和被测直流互感器的二次输出信号进行同步采样，然后计算暂态阶跃参数。直流互感器暂态特性模拟量校验工作原理如图 6-10 所示。

直流互感器暂态校验仪主要由高速采样卡、同步时钟装置和数字校验系统组成。标准直流互感器和被测直流互感器的一次侧施加暂态阶跃电压或电流，其二次测量信号经过标准电阻采样或分压后接入直流互感器暂态校验仪的标准参考输入端口和被测模拟量输入端口的高速采样卡，高速采样卡对模拟信号进行 A/D 采样，同步时钟装置用于给两个高速采样卡提供同步采样触发信号，在直流互感器暂态特性校验中，涉及阶跃信号采样，因此要求同步触发信号精度较高，并且高速采样卡在接收同步触发信号时的触发延迟时间可控，保证两路高速采样卡在同一时间点触发采样。数字校验系统用于接收高速采样卡的采样数据并计算暂态阶跃参数，由于需要处理大量离散采样数据并计算上升/下降时间、延迟时间、过冲、趋稳时间等暂态阶跃参数，而且高速采样卡的采样频率较高，因此数字校验系统需要具备较强的数据处理计算能力。

2. 直流互感器暂态校验仪数字量校验模式

如果被测直流互感器的二次输出信号为数字量信号，则直流互感器暂态校验仪

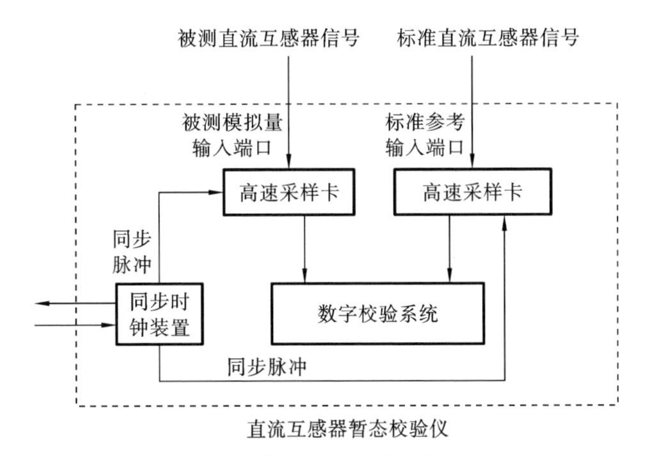

图 6-10　直流互感器暂态特性模拟量校验工作原理

采用数字量校验方案，目前柔性直流输电系统中使用数字量输出的直流互感器较多，比较常见的是全光纤直流电流互感器和数字量输出的直流分压器。现在数字量输出的直流互感器采用的数字报文协议都采用 FT3 协议，FT3 协议相对 IEC 61850 协议传输数据量更大、传输速度更快，适用于直流互感器的高速测量。因此直流互感器暂态校验仪数字量校验方案需要对 FT3 协议进行解析，得到被测直流互感器的一次采样值。直流互感器暂态特性数字量校验工作原理如图 6-11 所示。

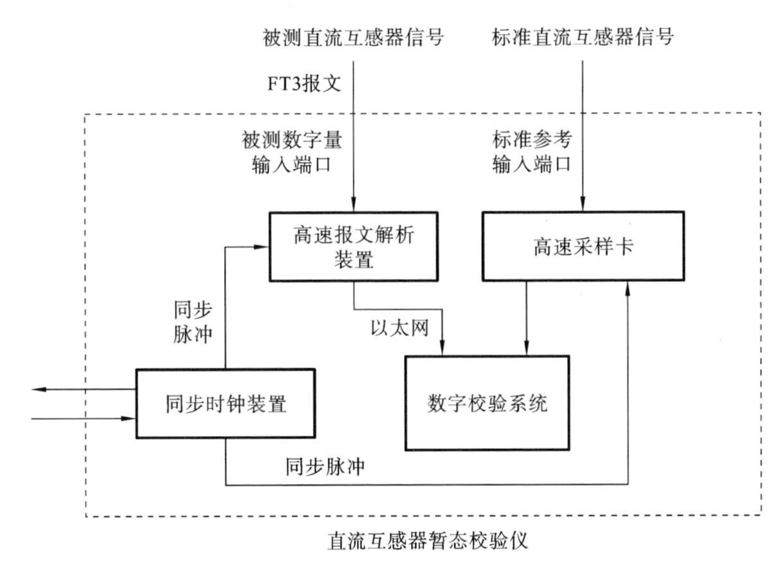

图 6-11　直流互感器暂态特性数字量校验工作原理

标准直流互感器和被测直流互感器的一次侧施加暂态阶跃电压或电流，采用高速采样卡对标准直流互感器的二次暂态模拟信号进行 A/D 采样，采用高速报文解析装置接收被测直流互感器合并单元输出的 FT3 协议并进行数字报文协议解析，得到被测直流互感器的一次采样值，将解析出来的采样值通过以太网传输到数字校验系统进行暂态参数计算，高速采样卡和高速报文解析装置接收同步时钟装置输出的秒脉冲信号进行同步触发采样，保证标准侧和试品侧直流互感器二次信号的严格同步采样。

6.4.2 直流互感器暂态校验仪溯源方案

1. 直流互感器暂态校验仪溯源装置

根据分析，直流互感器暂态校验采用直接测量法，采用直流互感器暂态校验仪对标准直流互感器和被测直流互感器的输出同步采样，计算出两者的暂态阶跃参数。通常标准直流互感器输出信号为模拟量电压信号，而被测直流互感器输出信号为模拟量电压信号或 FT3 数字报文协议，因此直流互感器暂态校验仪溯源装置通常包括参考模拟阶跃信号、被测模拟阶跃信号和数字阶跃信号三种信号输出，可用于开展直流互感器暂态校验仪模拟量和数字量通道的暂态性能试验。直流互感器暂态校验仪溯源装置的主要部件包括函数信号发生器、高速数字报文编码模块、高速 A/D 采样模块，其结构原理如图 6-12 所示。

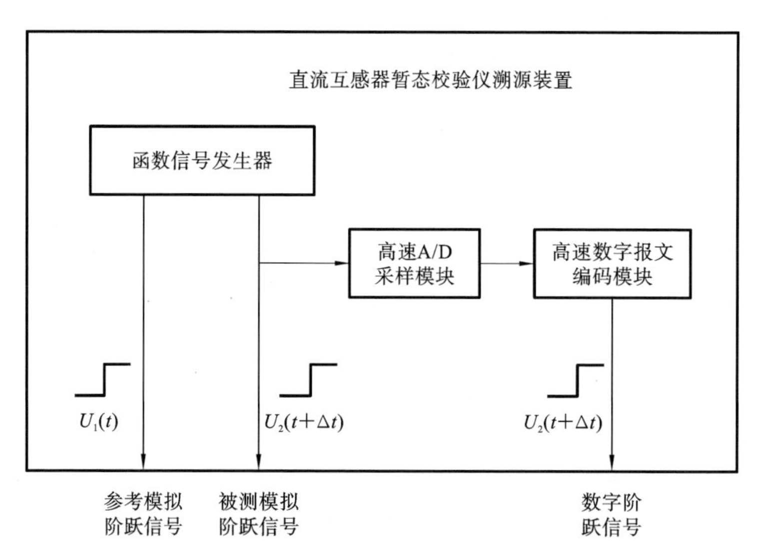

图 6-12 直流互感器暂态校验仪溯源装置结构原理

直流互感器暂态校验仪溯源装置通过上位机软件生成两路上升时间、趋稳时间、过冲等参数可调的阶跃响应波形，并通过函数信号发生器输出相应阶跃波形。高速 A/D 采样模块和高速数字报文编码模块用于将其中一种模拟阶跃信号转化成 FT3 协议的实时数字阶跃信号，FT3 协议输出频率及帧长度均可通过上位机进行配置。

对直流互感器暂态校验仪数字量通道进行校验时，对直流互感器暂态校验仪溯源装置 A/D 采样率和带宽要求较高，采样率至少达到 MHz，以满足不同上升时间阶跃波形的实时数字化转换。为了保证直流互感器暂态校验仪的溯源准确性，通常要求函数信号发生器的幅值误差优于±0.1%，时钟误差优于±1 μs，高速 A/D 采样模块和高速数字报文编码模块的幅值误差优于±0.05%，时钟误差优于±2 μs。

直流互感器暂态校验仪溯源装置在生成阶跃响应波形时，通常采用单位阶跃的二阶阶跃响应函数，即

$$H(s)=\frac{\omega_n^2}{s^2+2\zeta\omega_n s+\omega_n^2} \tag{6-49}$$

则阶跃响应输出电压波形函数为

$$h(t)=1-\frac{1}{\sqrt{1-\zeta^2}}e^{-\zeta\omega_n t}\sin(\omega_d t+\arccos\zeta) \tag{6-50}$$

式中：ζ 为阻尼比；ω_n 为振荡系数；$\omega_d=\omega_n\sqrt{1-\zeta^2}$。当 $\zeta=1$ 时，系统为临界阻尼状态，阶跃响应波形无过冲；当 $0<\zeta<1$ 时，系统为欠阻尼状态；当 $\zeta>1$ 时，系统为过阻尼状态，阶跃响应波形具有过冲。ω_d 为过阻尼状态下的阶跃响应波形振荡频率，ω_d 越大，阶跃响应波形上升时间越快，ω_d 越小，阶跃响应波形上升时间越慢，通过调节 ζ 和 ω_n，可获得不同上升时间、不同过冲的阶跃响应波形。

首先根据预设的阶跃响应波形的过冲值 $\sigma\%$ 确定阻尼比 ζ，阶跃响应波形的过冲仅与阻尼比有关，即

$$\sigma\%=e^{\frac{-\zeta\pi}{\sqrt{1-\zeta^2}}}\times 100\% \tag{6-51}$$

其次，确定振荡系数 ω_n，定义上升时间 t_r 为阶跃响应波形从 10%到 90%的时间间隔，根据预设的阶跃响应波形的上升时间值 t_r，求解下式即可得到振荡系数 ω_n：

$$\begin{cases} h(t_1)=1-\dfrac{1}{\sqrt{1-\zeta^2}}e^{-\zeta\omega_n t_1}\sin(\omega_d t_1+\beta)=0.1 \\ h(t_2)=1-\dfrac{1}{\sqrt{1-\zeta^2}}e^{-\zeta\omega_n t_1}\sin(\omega_d t_1+\beta)=0.9 \\ t_2-t_1=t_r \end{cases} \tag{6-52}$$

式中：t_1、t_2 分别为阶跃响应波形 10%和 90%的时间；t_r 为上升时间。利用计算的 ζ 和 ω_n 值，通过上位机程序生成离散的阶跃响应波形，并通过信号发生器进行输出。

根据上述描述，利用二阶阶跃响应函数可实现任意上升时间和过冲的阶跃响应波形输出，但无法实现建立时间或趋稳时间的设置。为了实现更多阶跃响应参数的设置，也可采用三阶阶跃响应函数来描述阶跃响应波形，三阶阶跃响应函数为

$$H(s)=\frac{\omega_n^2 b\zeta\omega_n}{(s^2+2\zeta\omega_n s+\omega_n^2)(s+b\zeta\omega_n)} \tag{6-53}$$

通过调节 b、ζ 和 ω_n，实现阶跃响应波形的上升时间、趋稳时间及过冲调节。

图 6-13 为国家高电压计量站研制的直流互感器暂态校验仪溯源装置及上位机软件界面，采用 NI cRIO 系列电压输入模块和数字模块作为高速 A/D 采样和高速数字编码模块，通过 FPGA 控制器及上位机软件，可实现高达 100 kHz 采样率的 FT3 协议数字阶跃信号输出，阶跃信号的上升时间、趋稳时间、过冲等参数可通过上位机软件灵活设置，基本可满足市场上全部厂家的直流互感器暂态校验仪的校验需求。

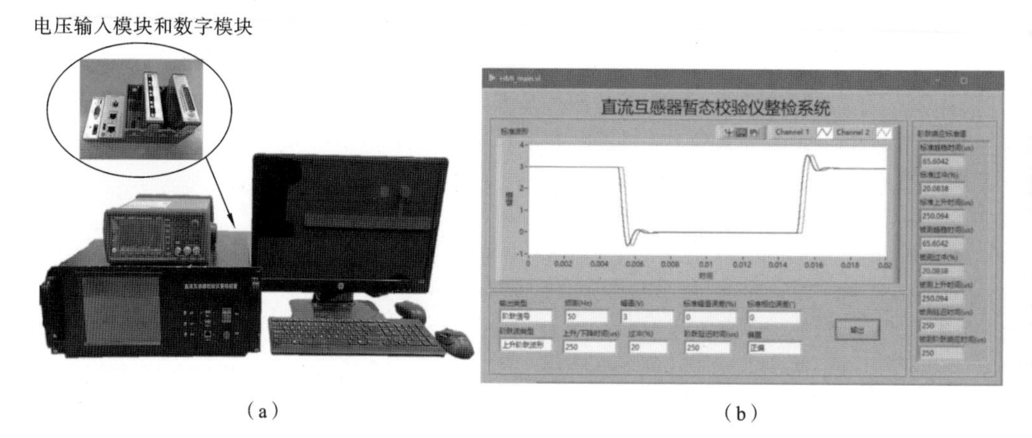

图 6-13　直流互感器暂态校验仪溯源装置及上位机软件界面

2. 直流互感器暂态校验仪溯源方案

1）直流互感器暂态校验仪模拟量通道校验方案

直流互感器暂态校验仪模拟量通道校验方案如图 6-14 所示，采用市面上成熟的函数信号发生器作为暂态阶跃信号源，函数信号发生器具有两路信号输出，带宽为 200 MHz，可输出高分辨率的阶跃波形。函数信号发生器的通道 1 和通道 2 输出两路上升时间、趋稳时间、过冲等参数预设的参考模拟阶跃信号和被测模拟阶跃信号，分别输入被测直流互感器校验仪的标准参考输入端口和被测模拟输入端口，被测的直流互感器暂态校验仪测量两路模拟阶跃信号并得到暂态参数测量结果，将该测量结果与设置的暂态参数进行比对，得到被测直流互感器暂态校验仪的校验误差。

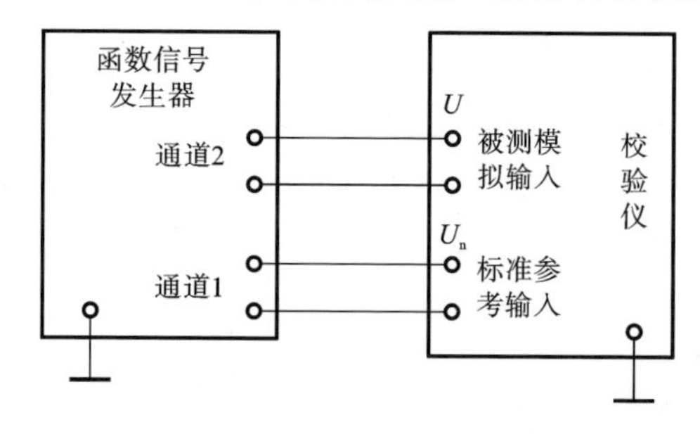

图 6-14　直流互感器暂态校验仪模拟量通道校验方案

2）直流互感器暂态校验仪数字量通道校验方案

直流互感器暂态校验仪数字量通道校验方案如图6-15所示，针对直流互感器校验仪数字量校验功能进行校准时，函数信号发生器的通道1和通道2输出两路上升时间、趋稳时间、过冲等参数预设的参考模拟阶跃信号和被测模拟阶跃信号，通道1的参考模拟阶跃信号直接输入被测直流互感器暂态校验仪的标准参考输入端口，通道2的被测模拟阶跃信号经过高速A/D采样模块和高速数字报文编码模块，实时地转化成FT3协议的数字阶跃信号，直流互感器暂态校验仪测量参考模拟阶跃信号和数字阶跃信号参数，将该测量结果与设置的暂态参数进行比对，即可得到被测直流互感器暂态校验仪的数字量通道校验误差。

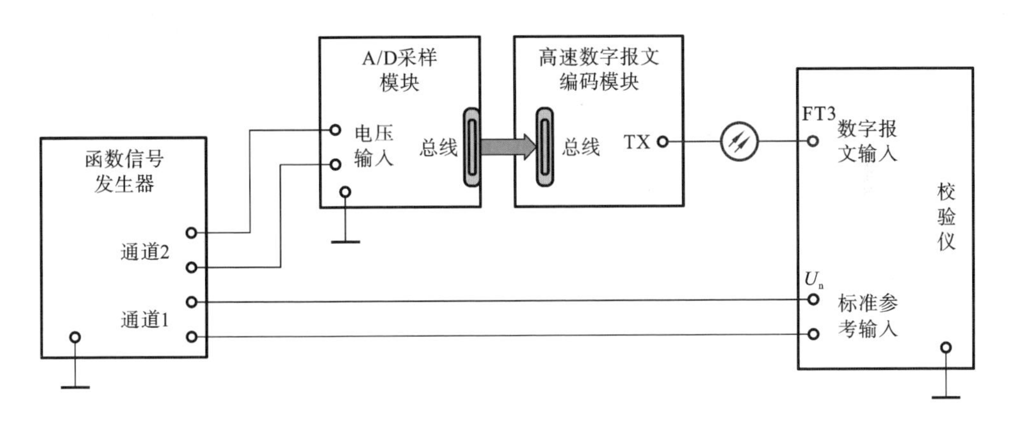

图6-15　直流互感器暂态校验仪数字量通道校验方案

6.5　数字化计量系统的时钟误差远程溯源技术

数字化计量系统的时钟误差远程校准技术主要研究对时、守时误差的远程校准和报文离散度的远程校准，通过远程校准系统，可以实现对时、守时误差的远程校准，也可以实现报文离散度测量误差远程校准，还具有标准器设备的计量证书有效性管理和试验报告管理等功能。

数字化计量系统的时钟误差远程校准系统的部署架构如图6-16所示，国网计量中心和各省计量中心都安装数字化计量系统的时钟误差远程校准系统，其中国网计量中心的系统配置为服务器，各省计量中心的系统配置为客户端，它们通过国网内网或4G/5G云平台建立连接，并进行数据交互。

国网计量中心的服务器作为系统的中枢，管理各省计量中心的数字化计量系统时钟误差远程校准客户端，用于发起误差自校准指令，查看计量证书、试验报告等，在系统中担任最高级存储和管理者的身份。国网计量中心的远程自校准服务平台由监

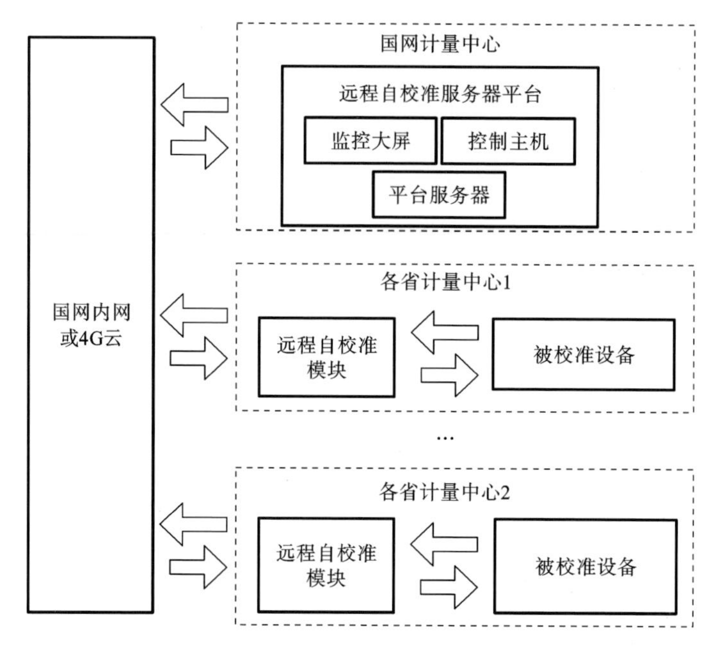

图 6-16　数字化计量系统的时钟误差远程校准系统的部署架构

控大屏、控制主机、平台服务器组成，监控大屏用于展示自校准数据相关信息及校准工作情况，控制主机实现对整个服务平台的控制，平台服务器实现对各省计量中心校准本地平台数据的采样、预处理、存储等。各省计量中心的数字化计量系统时钟误差远程自校准模块安装在各省网公司，与被校准设备保持连接，用于接收和响应来自服务器的各种指令，同时将测量结果和其他数据上传到服务器。

6.5.1　总体技术方案

数字化计量系统的时钟误差远程校准系统主要由三大模块组成，分别为数字化计量系统的时钟误差自校准模块、报文离散度误差自校准模块和远程自校准本地模块。其中数字化计量系统的时钟误差自校准模块和报文离散度误差自校准模块为硬件模块，准确度等级为 0.02 级，可实现对省级电子式互感器量传标准平台的自校准及比对，在各省计量中心被检设备附近就近安装；远程自校准本地模块为软件模块。

数字化计量系统的远程校准系统模块根据安装地点又可分为三个子模块：远程自校准服务器平台、远程自校准本地客户端和远程自校准本地模块。远程自校准服务器平台安装在国网计量中心，是整个系统的中枢，远程自校准本地客户端和远程自校准本地模块安装在各省计量中心，远程自校准本地客户端与被校准设备相连，远程自校准本地模块与时钟误差自校准模块和报文离散度误差自校准模块相连。数字化计量系统的时钟误差远程校准系统总结构图如图 6-17 所示。

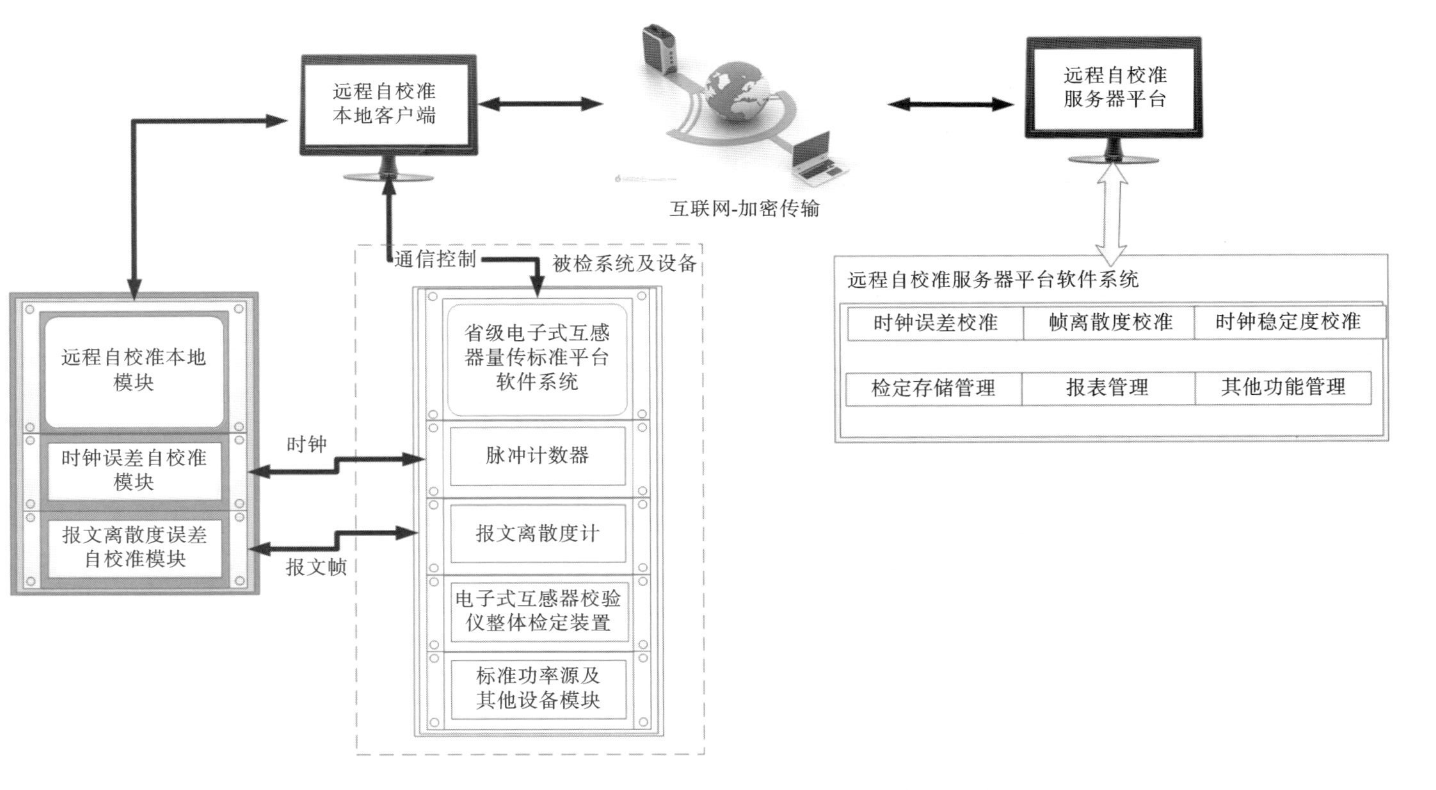

图6-17 数字化计量系统的时钟误差远程校准系统总结构图

当需要进行自校准时，国网计量中心远程自校准服务器平台主动发起自校准指令，该指令通过网络发送到对应的各省计量中心，远程自校准本地客户端收到指令后，将指令进行解析后，发送给远程自校准本地模块。远程自校准本地模块收到自校准指令后，将协议解析成自校准控制流程，同时发送串口数据帧，控制时钟误差自校准模块或报文离散度误差自校准模块进行自校准操作，当测试完成后，测量结果通过远程自校准本地模块或被校设备集中上传到远程自校准本地客户端，最后通过远程自校准本地客户端上传到国网计量中心的远程自校准服务器平台。远程自校准服务器平台对自校准数据进行统一存储管理及追溯，可远程实现自校准参数的配置，如报文离散值设定、时钟偏移值设定、传输延迟时间设定等，实现与本地客户端的互操作。

为了实现证书读取、信息管理和存储管理等功能，远程自校准本地客户端定期自动读取标准器的铭牌参数和校准证书等信息，并在本地保存，等待远程自校准服务器平台读取指令，远程自校准本地客户端收到读取指令，并将信息上送。

6.5.2 数字化计量系统的时钟误差自校准技术原理研究

数字化计量系统的时钟误差自校准技术采用全球定位卫星系统的高准确时钟实现，每个北斗或 GPS 卫星上都装有铯子钟作为星载钟，全部卫星与地面测控站构成一个闭环的自动修正系统，时钟稳定度优于 10^{-14} 量级。中国计量科学研究院从 20 世纪 90 年代开始利用 GPS 共视技术和互联网技术参加国际原子时合作，传递准确度可达几个纳秒，可以建立不需搬运的、实时的、完全新型的时频遥远校准系统，该技术可以应用于数字化计量系统的时钟误差自校准。

0.02 级数字化计量设备的内部时钟晶体的初始频率误差一般在 50 ns 左右，年稳定度一般在 20 ns 左右，而北斗接收机输出的 1 PPS 信号，每秒准确度为 50 ns 左右，而且长期保持不变。因此在本设计中，不使用北斗共视技术也能解决时钟稳定度问题。考虑到最差的情况，北斗接收机输出的 1 PPS 信号准确度为 100 ns，再配合相关的算法，可以得到 40 ns 长期高稳定度的时钟信号，利用该高稳定度的时钟，可以直接测量 0.02 级数字化计量设备的时钟稳定度。

时钟对时误差测量原理框图如图 6-18 所示，利用北斗/GPS 接收机输出高精度 1PPS 信号，驯服数字锁相器对内部高稳定度晶体进行倍频，输出 100 M 的高稳定度时钟，稳定度与北斗时钟保持一致。在不做算法补偿的情况下，北斗接收机的时钟准确度为 100 ns，加上量化误差 10 ns，一秒钟的绝对偏差为 110 ns，相对误差为 1.1×10^{-7}，对时误差的范围为 $-10\sim10$ μs，不确定度为 100 ns，相对误差为 100 ns/20 μs $=5\times10^{-3}$，完全可以满足测试要求。最后根据时钟的测量误差和时钟稳定度误差进行修正，即可完成自校准功能。为了更好地兼容各省计量中心的设备，时钟对时误差自校准装置应包含以下五种测试功能。

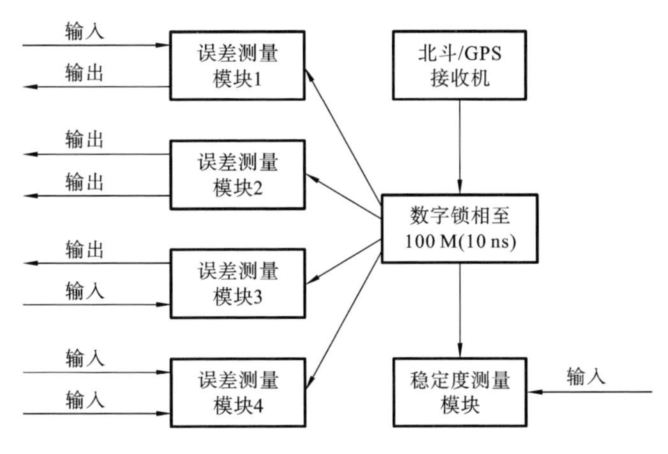

图 6-18 时钟对时误差测量原理框图

(1) 测量模块 1:接收外部时钟输入,同时根据设定的延时参数,利用内部高精度时钟进行精确移相,输出另一路时钟信号,实现对一路时钟输出和一路时钟输入型时钟误差校验设备的校准。

(2) 测量模块 2:输出一路标准 1 PPS 时钟信号,同时根据设定的延时参数,利用内部高精度时钟进行精确移相,输出另一路时钟信号,实现对两路输入型时钟误差校验设备的校准。

(3) 测量模块 3:输出一路标准 1 PPS 时钟信号,同时接收被检设备的时钟信号,利用内部高精度时钟进行高精度计数,测量两时钟信号的时间差,实现对一路标准时钟输入和一路时钟输出型时钟误差校验设备的校准。

(4) 测量模块 4:能够同时接收两路外部 1 PPS 时钟信号,利用内部高精度时钟进行高精度计数,测量两时钟信号的时间差,实现对两路标准时钟输出型时钟误差校验设备的校准。

(5) 稳定度测量模块:对被检设备输出的时钟稳定度进行校准,在一段时间内利用内部高精度时钟对输入的时钟信号进行高精度计数,测量输入信号的稳定度,实现对外部时钟输出型时钟误差校验设备稳定度的测量。

6.5.3 数字化计量系统的报文离散度自校准技术原理研究

目前数字化计量设备的报文离散度测试原理主要参照 DL/T 281—2012《合并单元测试规范》和 DL/T 282—2018《合并单元技术条件》,主要测试对象是合并单元。目前市场上销售的电子式互感器校验仪和合并单元测试仪均支持报文离散度测试,大部分通过 DSP 或 CPU 处理器控制 MAC,报文捕捉的实时性不高,只能测量合并单元等准确度较低的设备。本文采用 FPGA+DSP 架构,可以大幅度提高报文离散度的测量准确度。数字化计量系统的报文离散度自校准测试技术原理框图如图 6-19 所示。

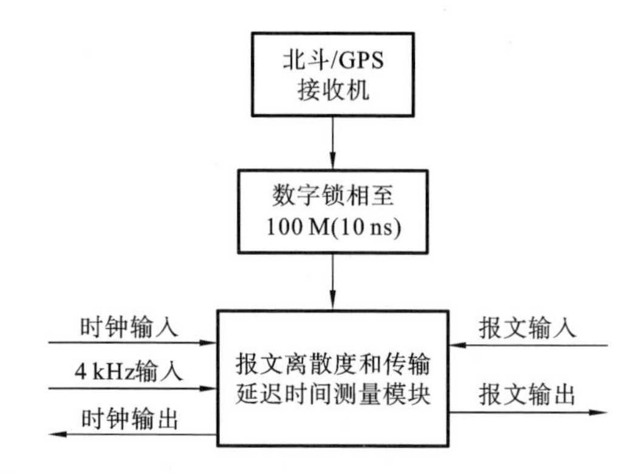

图 6-19　数字化计量系统的报文离散度自校准测试技术原理框图

利用北斗/GPS 接收机输出高精度 1 PPS 信号,驯服 FPGA 数字锁相器对内部高稳定度晶体进行倍频,输出 100 M 的高稳定度时钟,稳定度与北斗时钟保持一致。高稳定度时钟的相对误差为 1.1×10^{-7},报文离散度的设定范围为 $-250\sim250$ μs,测量不确定度为 1 μs,相对误差为 1 μs/500 μs$=2\times10^{-3}$,高稳定度时钟的稳定度远高于测量相对误差,满足测试要求。

利用该高稳定度时钟信号,驱动 MAC 发送或接收采样值报文,同时驱动时钟输入或输出。当发送或接收到 SV 报文头时,通过硬件时标方式,记录当前的时标,同时输出报文头同步信号。测量该报文头同步信号的周期和采样值报文的理论周期的差值的最大值的绝对值(即该报文的离散度),连续测试 10 分钟。当有时钟输入或输出时,通过硬件时标方式,记录当前的时标,控制秒脉冲和报文采样值头的延迟时间,即输出延迟时间可调的报文;同理通过测量秒脉冲和报文采样值头的硬件时标,测量该报文的传输延迟时间。

可为了更好地兼容各省计量中心的设备,数字化计量系统的报文离散度自校准装置应包含以下五种功能。

(1) 装置根据设定的离散度参数,输出采样值报文给被试设备,对被试设备的报文离散度测试功能进行校准。

(2) 装置接收被试设备的采样值报文,并实时测量该报文的离散度,实现对被试设备的报文发送离散度进行校准。

(3) 装置根据设定的报文传输延迟时间参数,输出同步时钟和采样值报文,实现对被试设备的报文传输延迟时间测试功能进行校准。

(4) 装置接收被试设备的采样值报文和同步时钟信号,并实时测量该报文的传输延迟时间,实现对被试设备的报文传输延迟时间进行校准。

(5) 装置接收被试设备的采样值报文和报文头同步信号，实现校准被试设备报文时标精度。

6.5.4 数字化计量系统的远程校准系统原理研究

数字化计量系统的远程校准系统主要由远程自校准服务器平台、远程自校准本地客户端和远程自校准本地模块三个部分组成，远程自校准服务器平台发出校准命令后，通过网络远程传输到远程自校准本地客户端进行数据处理，并将校准指令发送给远程自校准本地模块。远程自校准本地模块将校准指令解析成校准流程，控制时钟误差自校准模块和报文离散度误差自校准模块根据流程指令一步一步地完成被试设备的校准，校准结果集中到远程自校准本地客户端，等所有测试完成后将最终的全部校准结果按需上传到远程自校准服务器平台。在结构上，远程自校准本地模块可以根据实际需求，与时钟误差自校准模块和报文离散度误差自校准模块集成，也可与远程自校准本地客户端集成在一起。数字化计量系统的远程自校准系统远程控制原理如图6-20所示。

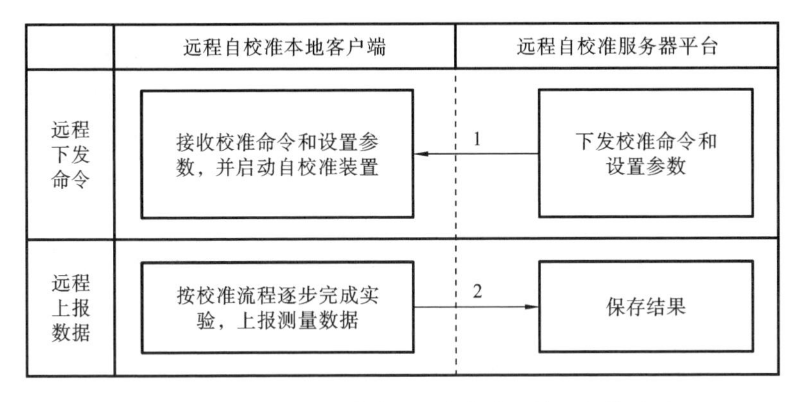

图6-20　数字化计量系统的远程自校准系统远程控制原理

除了远程自校准的功能外，该系统还必须具备以下四个功能，以保证整个系统安全、可靠运行。

(1) 数据安全、可靠传输：实现远程数据安全、可靠传输。

(2) 用户权限及管理：实现远程自校准系统的用户管理功能，具体包括用户登录、权限管理、用户注册等功能。

(3) 数据存储及参数配置：实现远程自校准服务器平台对自校准数据进行统一存储、管理的功能。

(4) 参数配置：实现远程自校准参数的配置功能，包括时间延迟参数、报文离散度参数和报文传输延迟时间参数。

6.6 冲击软件溯源技术

目前高电压大电流的试验冲击软件溯源技术相对较为成熟，已经形成国家标准GB/T 16896.2—2016。冲击电压测量系统一般由高压引线、冲击电压分压器、接地线、数字记录仪和冲击软件等组成，其结构示意图如图 6-21 所示。冲击电压分压器包括高压臂、低压臂、同轴电缆和终端匹配阻抗(如有)。冲击电压分压器利用电阻、电容或阻容分压的方式将冲击高电压转换为可供数字记录仪记录的低电压。数字记录仪由衰减器(如有)、数据采样单元组成。高电压大电流的冲击试验中，通常采用数字记录仪作为冲击波形的高速采样装置，并由冲击软件计算出采样的冲击波形参数，从而实现高电压大电流的冲击量值溯源。

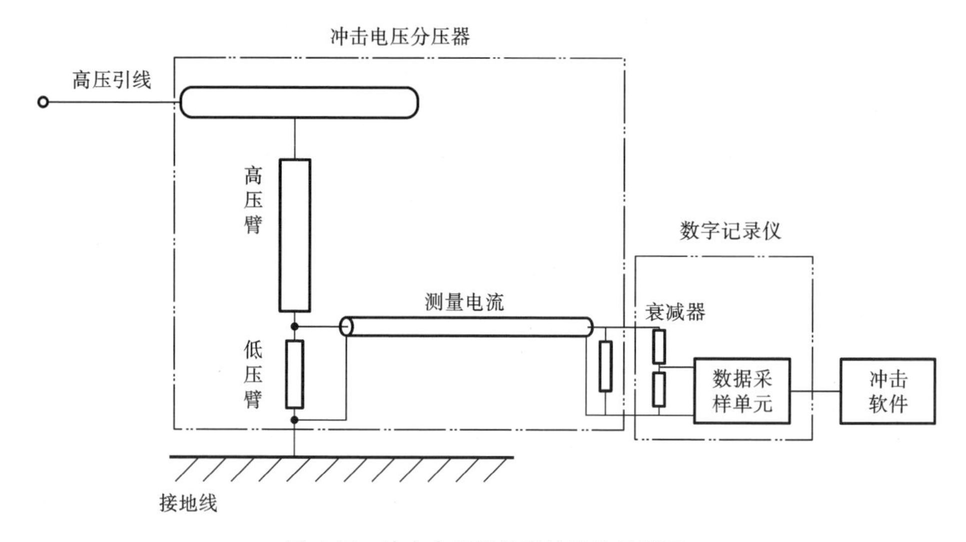

图 6-21 冲击电压测量系统结构示意图

冲击软件的溯源用于验证冲击软件的性能，通常指用被试软件对试验数据发生器(TDG)提供的标准冲击波形进行处理，由处理得到的数据计算出的参数应在规定限值内。冲击软件的溯源方案如图 6-22 所示。

TDG 产生的标准数据文件用于模拟从用户的数字记录仪得到的原始数据。标准数据文件编写成两列 ASCII 码格式，分别代表各自的值和单位(伏或安培)，TDG 标准数据文件可以包含各种类型的数字标准冲击波形。冲击软件溯源过程中，要求被试软件的数据格式或数值范围与 TDG 提供的数据格式或数值范围一一对应，否则应使用适当的变换程序。TDG 提供数据文件模拟数字记录仪的输出，以测试用于确定 GB/T 16927.1—2011、GB/T 16927.3—2010 和 GB/T 16927.4—2014 所规定

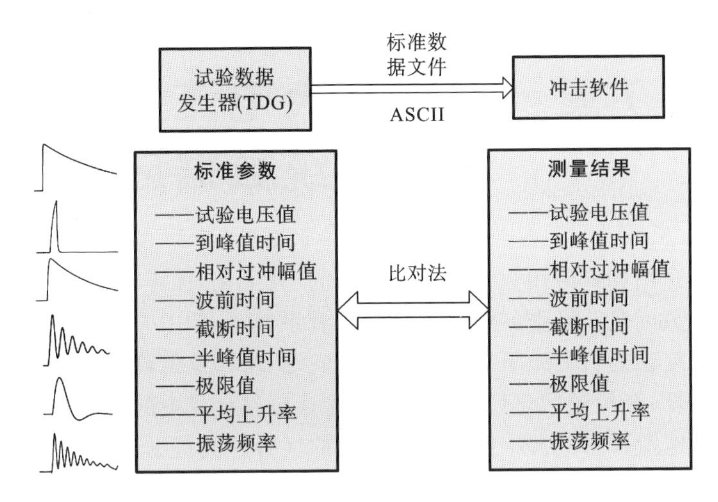

图6-22 冲击软件的溯源方案

的冲击参数的被试软件，具体冲击参数包括试验电压值、到峰值时间、相对过冲幅值、波前时间、截断时间、半峰值时间、极限值、平均上升率和振荡频率。按照冲击类型，TDG将冲击波形分为六组，分别为LI雷电冲击全波、LIC雷电冲击截波、SI操作冲击波、IC冲击电流波、OLI振荡雷电冲击波、OSI振荡操作冲击波。

由冲击软件的溯源方法可知，冲击软件的溯源主要是考核软件算法性能，其核心是对试验数据发生器产生的标准数据文件进行解析，获取数字信号的冲击波形，利用冲击参数的算法定义，计算出各冲击参数值。因此，冲击软件溯源时，其参考标准为数字编码ASCII记录的标准TDG数据文件，摆脱了传递实物标准的局限性。

6.7 小 结

本章重点介绍了交直流电子式互感器的稳态量值溯源方案、直流互感器暂态量值溯源方案以及高电压大电流冲击量值溯源方案。根据传统互感器与电子式互感器的误差模型对比，引出了数字化计量设备溯源体系的重要性，相比传统互感器的溯源体系，数字化计量系统中电子式互感器的溯源体系中电子式互感器校验仪的作用和意义重大，由此，针对电子式互感器校验仪的三种量值溯源方法进行误差来源分析及比较。对于直流互感器的暂态量值，针对直流互感器暂态校验仪的工作原理及暂态量值溯源方案进行了介绍，并阐述了直流互感器暂态溯源过程中二阶、三阶响应函数与暂态参数的关系及计算；针对交流数字化测量系统中的同步时钟溯源，介绍了基于时钟远程同步的时钟误差溯源方案；针对高电压大电流冲击试验中的冲击参数溯源方案进行介绍，描述了冲击软件的溯源方案及原理。

第7章　高电压大电流数字化计量系统数据应用

本章主要介绍如何应用数字化计量系统的“数字化”优势和大数据分析算法解决实际工程的计量问题。阐述在交流数字化测量系统场景中，应用数字化计量大数据监测解决电网复杂运行方式下穿越功率计量问题、采样值传输质量评价，以及电量平衡和损耗的计算；介绍数字化计量系统在直流换流站计量中的配备及能效分析应用；介绍高电压大电流冲击溯源中应用数字测量的优势解决雷电全波参数计算和软件溯源；结合当前新兴的区块链技术，阐述基于区块链的智慧实验室数据应用技术，实现数字化测量系统数据的可信化和共享。

7.1　交流数字化测量系统数据应用

7.1.1　电网复杂运行方式下穿越功率计量

1. 传统计量方案下穿越功率计量现状

穿越功率指的是如果变电站为中间变电站，则该变电站高压侧(对于110 kV变电站指的就是110 kV侧)存在出线负荷，即经该变电站高压母线向相同电压等级的其他变电站提供电源点，这个出线上的负荷就是穿越功率；称为穿越功率是因为这部分负荷没有被变压器转移到低压侧，而是直接从高压侧穿越了。下面以某自备电厂的工业用户在穿越功率下的计量问题为例阐述数字化测量在电网复杂运行方式下穿越功率计量。

图7-1所示为陕西美鑫产业投资有限公司配套330 kV专用变电站接入系统的一次主接线图，目前美鑫动力站采用高供高计方式，现场母线分段开关3342支路和母线分段开关3331支路各安装一套传统计量装置，配置主副表；采用的计量设备包括电压互感器PT(准确度等级为0.2级)、传统电流互感器CT(准确度等级为0.2S级)、电能表(有功等级为0.2S，无功等级为2.0)。陕西美鑫产业投资有限公司铝镁合金分公司配套330 kV专用变电站，设置两个大工业用电和余量发电上网电能计量关口，两个关口电能表电量之和即为总电量：电能表正向总电量为总用电量(包含启备变用电量)，反向总电量为余量发电上网总电量。电价分别执行大工业电价和发电上网电价，自发自用部分不缴费。

受美鑫接线方式和运行方式影响，当Ⅰ母分段开关3331与Ⅱ母分段开关3342

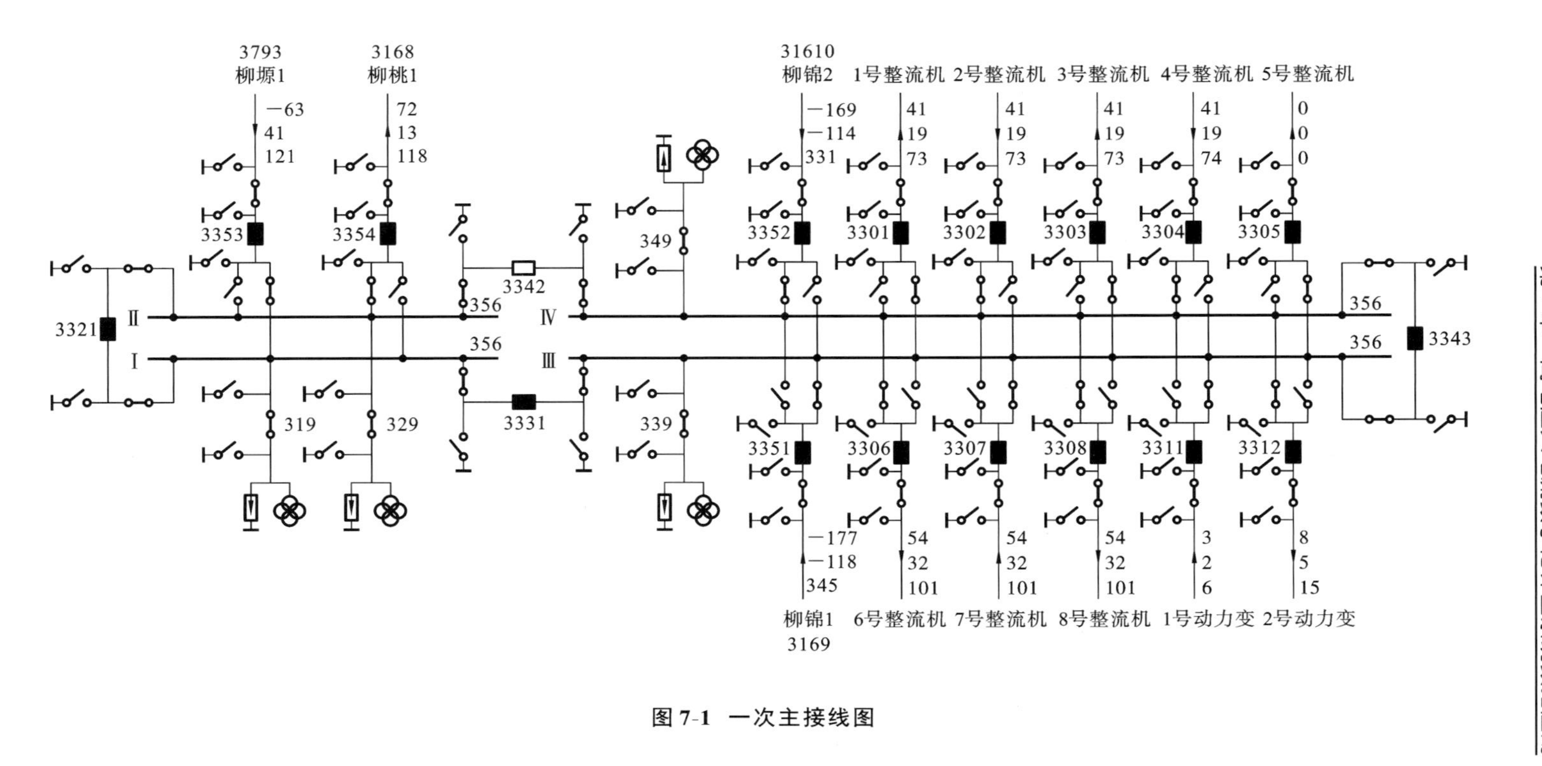
3793
柳塬1
−63
41
121
3168
柳桃1
72
13
118
31610
柳锦2
−169
−114
331
1号整流机
41
19
73
2号整流机
41
19
73
3号整流机
41
19
73
4号整流机
41
19
74
5号整流机
0
0
0
3353
3354
349
3352
3301
3302
3303
3304
3305
3342
356
356
356
356
3321
II
I
IV
III
3343
319
329
3331
339
3351
3306
3307
3308
3311
3312
−177
−118
345
54
32
101
54
32
101
54
32
101
3
2
6
8
5
15
柳锦1
3169
6号整流机
7号整流机
8号整流机
1号动力变
2号动力变

图 7-1　一次主接线图

同时闭合时，会因电网穿越功率和母线间负荷潮流方向变化，在计量点产生“附加”的发电上网电量和用户下网电量，与用户产生的发电上网电量和用户下网电量共同计入关口计量表。由于发电上网电量电价和用户下网电量电价不同，“附加”的发电上网电量和用户下网电量不能相互抵消，导致用户产生的发电上网电量和用户下网电量不能单独区分计量，“混合”电量将造成用户电量、电费无法正常计量和结算。如果3331开关和3342开关不同时闭合，则不存在电量“混合”情况，电量、电费能够正常计量和结算，但此方式降低了美鑫供电可靠性。

2. 数字化计量系统解决方案

为了解决上述电网复杂运行方式下穿越功率计量问题，设计了一套计量监测系统总体方案，原理图如图7-2所示。关口计量点采用双配方案，安装一套数字化计量系统；两个发电厂线路采用单配方案，安装一套数字化计量系统；总体安装一套电能计量监测分析系统。

图7-2中CT1回路为母线分段开关3342支路的CT回路，CT2回路为母线分段开关3331支路的CT回路，PT1回路和PT2回路分别接入系统侧母线PT，同时PT的刀闸信号也接入母线合并单元A和B。PT3回路和PT4回路分别接入用户侧母线PT，同时PT的刀闸信号也接入母线合并单元2。数字化电能表2A、2B和5支持和电流计量功能，所有数字化电能表支持4位小数，包括通信协议。

以A套系统为例，关口计量点数字化计量系统计量原理如下。

母线合并单元A同步采样Ⅰ母和Ⅱ母的电压信号，根据刀闸位置信息完成电压切换，输出的电压SV报文分别送入模拟量输入合并单元1 A和2 A；模拟量输入合并单元1 A采样CT1电流信号和电压信号，完成电压、电流数据同步后，输出的SV分别送入交换机A和数字化电能表1 A；同理模拟量输入合并单元2 A输出的SV分别送入交换机A和数字化电能表3 A；和电流数字化电能表2 A通过捕捉交换机A中的SV报文MAC，识别不同的信号类型。

数字化电能表1 A完成通过电压和电流值计算CT1回路的正、反向电量；数字化电能表2 A完成CT1电流采样值和CT2电流采样值的求和运算，通过电压和和电流值计算总双向电量；数字化电能表3A通过电压和电流值计算CT2回路的正、反向电量。

发电厂数字化计量系统计量原理与关口计量点数字化计量系统类似。

电能计量监测分析系统由电能表采样模块、报文采样模块与计量数据比对分析模块组成，具体功能如下。

(1) 电能表采样模块通过102协议与电能量采样终端通信，采样数字化电能表、8台整流机及2台动力变传统电能表的电量数据，甲方负责协调电能量采样终端厂家配合乙方完成协议改造。电能表采样模块也可以直接读取数字化电能表的数据。

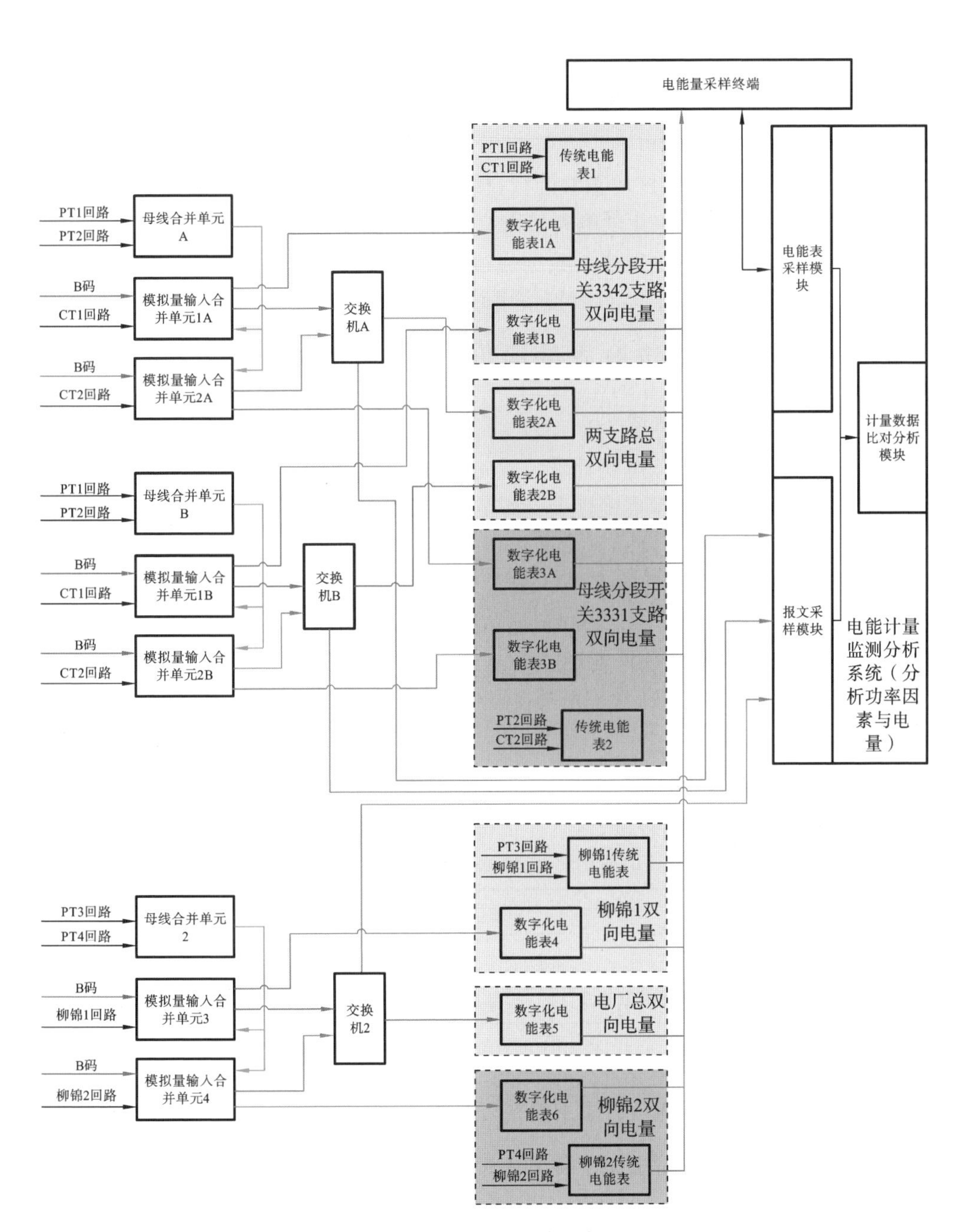

图 7-2　美鑫计量监测系统方案原理图

(2) 报文采样模块采样交换机中合并单元报文数据，采样 SV 报文。

(3) 分析模块提取电能量采样终端数据中电网侧电能数据(包括母线分段开关 3342 与母线分段开关 3331 电能数据)；提取用户侧电能数据(包括电厂发电数据、整流变与厂用电数据)。通过潮流计算，计算出美鑫系统的综合用电数据与发电数据，并计算出用整流变与厂用电的综合用电功率因数。

为了保证传统计量系统的正常运行，模拟量输入合并单元准确度等级要求电压 0.2 级，电流 0.2S 级；数字化电能表采用双向计量表，准确度等级要求有功 0.2S 级，无功 2.0 级；所有数字化电能表的数据通过 485 接口上送至站内电量采样终端。所有合并单元均采用 B 码同步，可直接采用站内的同步时钟装置。

7.1.2 采样值传输质量评价方法

1. 采样值传输质量概述

在智能变电站，数字化电能计量装置先接收采样值报文，再计算电能量。当报文传输质量下降时，电能计量准确性会受影响，严重时会造成电能计量错误甚至计量系统故障。报文传输质量下降通常由采样值报文事件引起，主要包括如下几类：① 采样值报文地址无效；② 采样值序号不连续；③ 采样值数据无效；④ 采样值报文丢失；⑤ 采样值报文离散性异常；⑥ 采样值通信中断；⑦ 采样值报文检修状态；⑧ 采样值报文非同步状态；⑨ 端口数据流量过大。

数字化电能计量装置通常采用滑窗或区间式计算方法，滑窗或区间时间推荐为 1 s。

2. 采样值传输质量等级

按照对电能计量影响程度，将采样值传输质量分为 3 个等级，如表 7-1 所示。

表 7-1　采样值传输质量等级

级别	评价标准
优	无任何报文事件
良	事件 1～5 发生的概率小于 1%，且数据总流量小于 40 Mb/s
差	事件 6～8 或事件 1～5 发生的概率大于 1%，或数据总流量大于 40 Mb/s

3. 采样值传输质量评价方法举例

监测装置接入方式有两种：一是在过程层交换机接入；二是在计量屏光纤配线单元之后接入。

(1) 监测装置由过程层交换机接入示意图如图 7-3 所示，端口 1 接收合并单元的数据，数据由端口 2 发送至电能表，并将端口 2 镜像到端口 3，由端口 3 接入监测装置。

（2）监测装置由光纤配线单元接入示意图如图7-4所示，在光纤配线单元后加交换机，将一个网口的数据同时输出至电能表和监测装置，交换机可内置于电能表。

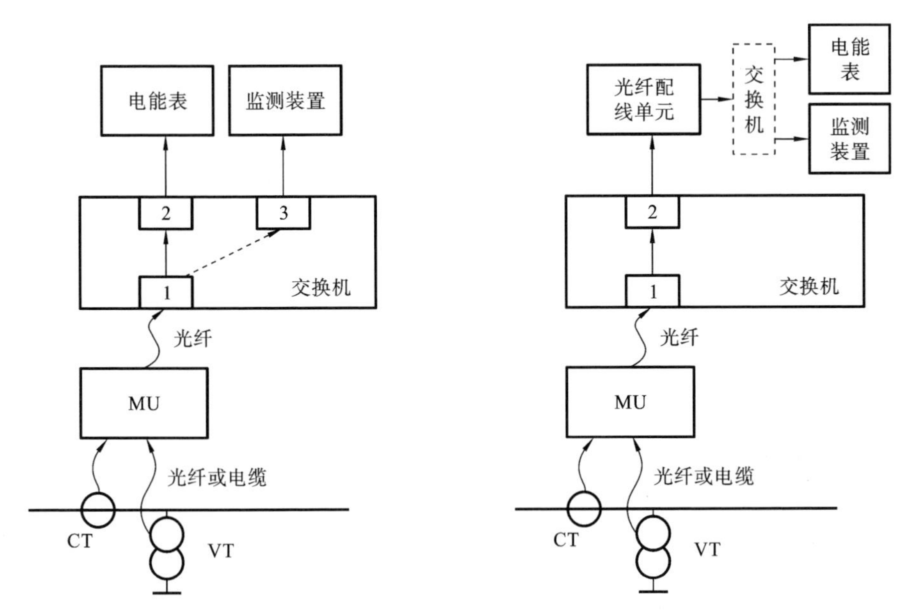

图7-3 监测装置由过程层交换机接入示意图　　图7-4 监测装置由光纤配线单元接入示意图

4. 采样值传输质量评价方法

（1）对于1～5类报文事件，在统计时间窗内，概率的计算公式为

$$\eta=\frac{N_i}{N} \tag{7-1}$$

式中：$i=1,\cdots,5$，为报文事件类型；N_i 为第 i 类报文事件的发生次数；N 为报文总量。

（2）对于6～8类持续报文事件，记录起止时间。

（3）数据流量采用区间式计算方法，计算每秒端口的数据量，单位为Mb/s。

5. 采样值传输质量评价试验方法举例

以由过程层交换机接入监测装置为例，说明采样值传输质量评价试验方法，监测装置试验示意图如图7-5所示。

（1）依次模拟1～5类报文事件，每类报文事件发生概率依次设置为0.5%、1.5%、5%，监测装置应能正确分析报文事件，概率计算误差应小于0.01%。

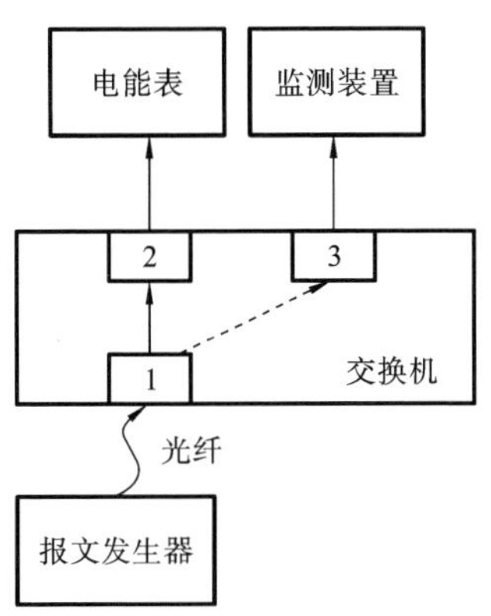

图7-5 监测装置试验示意图

(2) 依次模拟 6～8 类报文事件，设置事件发生的起止时间，监测装置应能正确分析报文事件，起止时间误差应小于 1 ms。

(3) 在正常 SV 报文基础上，依次施加广播报文和 GOOSE 报文，使数据流量达到 90 Mb/s，监测装置应能正确统计报文类型和流量，流量计算误差不大于 1%。

计量在线监测系统接入过程层 SV 网络和站控层 MMS 网络，获取计量 SV 原始数据和站控层测控同源数据，同时通过 DL/T 645—2007 协议获取数字化电能表电能数据，还通过采样单元直接采样一次侧 CT、PT 模拟量数据，从而进行电压、电流、功率等电量数据的多源数据比对，并结合网络报文异常数据分析，进行电量异常标记与定位。多源数据比对分析效果图如图 7-6 所示。

序号	时间	计量点名称	A相电压(V)	B相电压(V)	C相电压(V)	A相电流(A)	B相电流(A)	C相电流(A)	总有功功率(kW)	A相有(kW)
1	2020-08-10 16:40:00	110kV马金线电压电流就地模块	0.000	0.000	0.000	0.000	0.000	0.000	0.000	0.(
		110kV马金线114电能表	229.400	0.400	0.100	0.631	0.000	0.000	0.073	0.(
		110kV马金线115电能表	229.300	0.100	0.200	0.426	0.000	0.000	0.048	0.(
2	2020-08-10 16:45:00	110kV马金线电压电流就地模块	0.000	0.000	0.000	0.000	0.000	0.000	0.000	0.(
		110kV马金线114电能表	228.900	0.400	0.100	0.660	0.000	0.000	0.077	0.(
		110kV马金线115电能表	228.800	0.100	0.100	0.436	0.000	0.000	0.050	0.(
3	2020-08-10 16:50:00	110kV马金线电压电流就地模块	0.000	0.000	0.000	0.000	0.000	0.000	0.000	0.(
		110kV马金线114电能表	229.500	0.400	0.100	0.629	0.000	0.000	0.073	0.(
		110kV马金线115电能表	229.500	0.100	0.100	0.425	0.000	0.000	0.048	0.(
4	2020-08-10 16:55:00	110kV马金线电压电流就地模块	0.000	0.000	0.000	0.000	0.000	0.000	0.000	0.(
		110kV马金线114电能表	229.600	0.400	0.100	0.630	0.000	0.000	0.073	0.(
		110kV马金线115电能表	229.600	0.100	0.100	0.424	0.000	0.000	0.048	0.(
5	2020-08-10 17:00:00	110kV马金线电压电流就地模块	0.000	0.000	0.000	0.000	0.000	0.000	0.000	0.(
		110kV马金线114电能表	229.800	0.400	0.100	0.621	0.000	0.000	0.072	0.(
		110kV马金线115电能表	229.800	0.100	0.100	0.416	0.000	0.000	0.048	0.(
6	2020-08-10 17:05:00	110kV马金线电压电流就地模块	0.000	0.000	0.000	0.000	0.000	0.000	0.000	0.(
		110kV马金线114电能表	229.800	0.400	0.100	0.627	0.000	0.000	0.073	0.(

图 7-6　多源数据比对分析效果图

计量在线监测系统将难以解析的计量装置的配置文件以可视化的方式展示其配置信息，并将计量虚端子配置信息与光纤回路相结合，形象地展示虚端子配置信息在光纤回路中的“流通”过程，方便计量运维及管理人员查阅和解读，方便现场核对校验数字化电能表虚端子配置，降低配置错误发生的风险。

数字化电能表虚回路图显示装置与其他装置之间所有的虚回路连接关系。虚回路信息展示在图上面的包括输入/输出(通过箭头标识)、虚回路连接中文描述、压板图形标识。智能变电站每台装置都有一张装置虚回路图。中间矩形显示装置名，从矩形的底边起，依次显示与装置虚端子有关联的装置。数字化电能表虚回路及引用虚端子示意图如图 7-7 所示。

装置逻辑链路图展示装置与其他装置之间的网络通信参数，具体信息包括

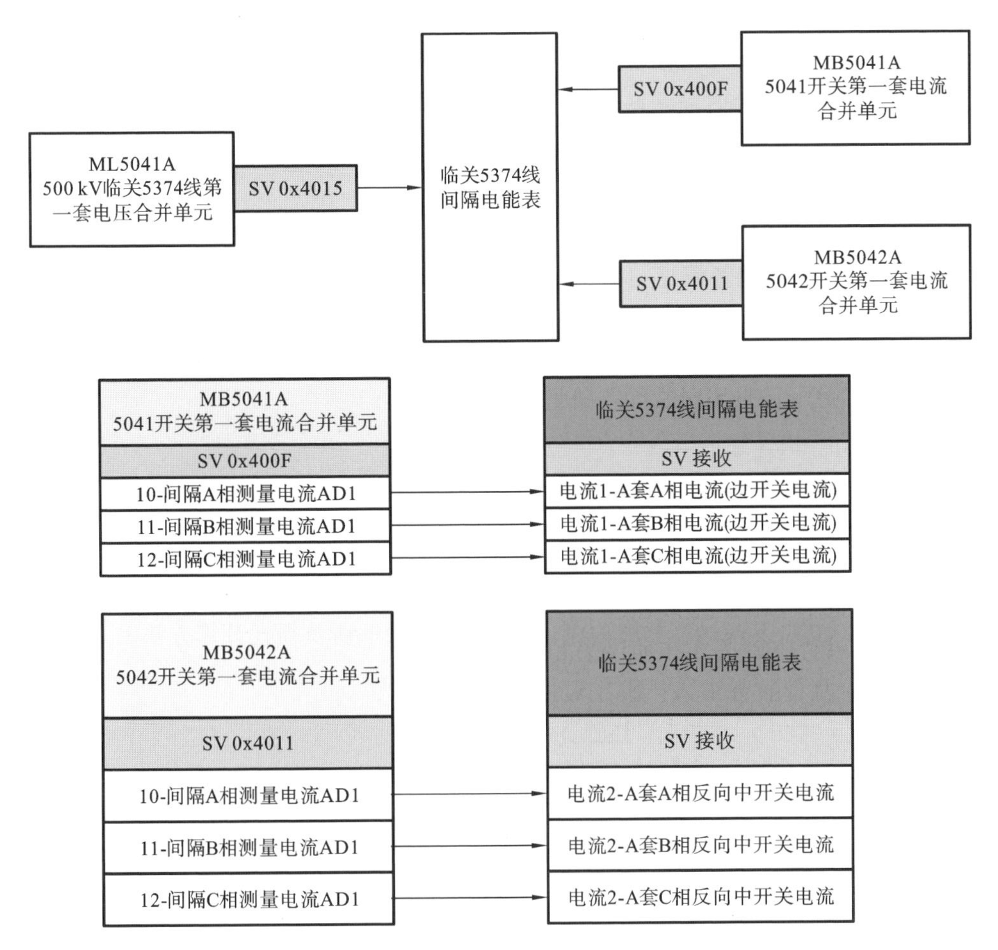

图 7-7　数字化电能表虚回路及引用虚端子示意图

MAC 地址、APPID、GOCB。将虚端子信息与二次设备的起始端口信息及相应的控制块 APPID、光缆信息进行绑定，从而将虚回路信息与光纤实回路信息结合起来，可实现计量二次回路虚实合一的可视化展示，有利于快速诊断定位光纤回路中的异常，如光纤断链、逻辑断链以及光口光强信息越限。

在电能计量二次回路在线监测和信息采样过程中，如果在限定的时间内采样不到有效的 SV 和 GOOSE 报文信息，则会提示、报警。例如最常见的 IED 设备的 SV 链路出现异常，电能计量装置在信息收集过程中就会受到影响，难以获得相关数据和信息，这就需要借助站控层上报链路断线警报信息，在线监测装置的作用在此时就凸显出来，能够及时获取此类告警报文。然后通过对告警报文整合和分析，进一步完成二次回路等内容的监测和信息采样，将采样的信息和发送方的信息进行对比，完成链路运行状态的准确监测。

但是，在直采回路中，由于网采端口不同，所以难以实现与其他链路实时对比和监测，这会导致技术和维护人员难以对发生的故障进行准确定位，更难以完成进一步的故障排查和诊断，此时需要结合其他二次装置的回路网采信息进行故障点判断，确认故障点发生位置。

7.1.3 电量平衡及损耗计算

1. 电量平衡及损耗概述

母线电量平衡和变压器损耗是电网精益化管理的重要考核指标之一，为实时掌握变电站的母线电量平衡和变压器损耗情况，监测装置应有以下相应功能。

(1) 母线电量平衡实时分析。

(2) 变压器损耗实时计算。

(3) 线路电量实时统计。

采用滑窗或区间式计算方法，滑窗或区间时间推荐为 15 min。

2. 电量平衡及损耗计算方法举例

以图 7-8 中的主接线示意图为例，举例说明电量平衡及损耗计算方法。

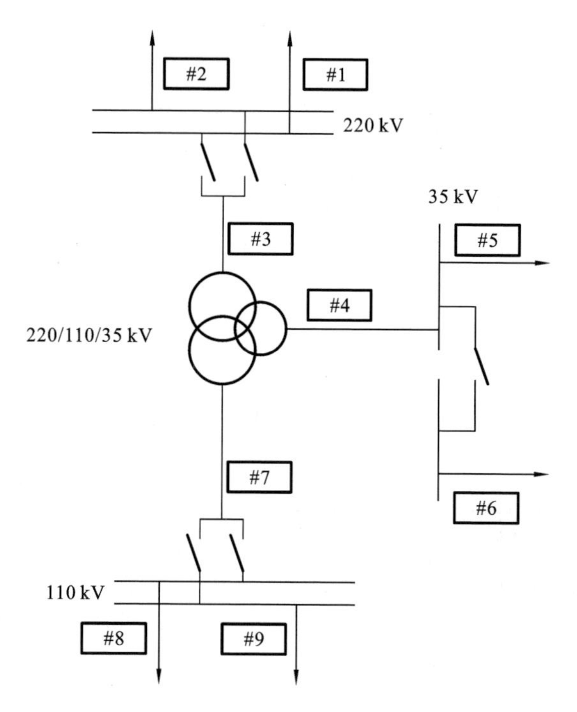

图 7-8 主接线示意图

1）母线电量平衡实时计算

采用滑窗或区间式计算方法，在计算时间窗内，3 条母线的平衡率分别为

$$\gamma_{220}=\frac{W_1+W_2-W_3}{W_1+W_2}\times 100\% \tag{7-2}$$

$$\gamma_{110}=\frac{W_4-(W_5+W_6)}{W_4}\times 100\% \tag{7-3}$$

$$\gamma_{35}=\frac{W_7-(W_8+W_9)}{W_7}\times 100\% \tag{7-4}$$

式中：$i=1,\cdots,9$，为计量点编号；W_i 为第 i 个计量点在计算时间窗内的电能增量；γ_{220}、γ_{110}、γ_{35}分别为 220 kV 母线、110 kV 母线、35 kV 母线的不平衡率。

2）变压器损耗实时计算

采用滑窗或区间式计算方法，在计算时间窗内，主变的损耗率为

$$\zeta=\frac{W_3-(W_4+W_7)}{W_3}\times 100\% \tag{7-5}$$

3）线路电量实时统计

在计算时间窗内，实时统计每条线路的电能增量。

3. 电量平衡及损耗计算试验方法举例

试验步骤如下。

(1) 采用软件仿真工具搭建图 7-8 主接线，设置线路负荷，产生 9 个计量点的电压/电流仿真数据。

(2) 用乘系数的方式改变电压/电流数据，以达到设置母线不平衡率和变压器损耗的目的，再使用报文模拟装置将仿真数据以 IEC 61850-9-2 协议发送至电能表。

(3) 监测装置采样 9 个电能表的数据，按照式(7-2)～式(7-4)计算母线不平衡率和变压器损耗，统计线路电能增量，计算误差应小于 0.05%。

7.2　直流换流站能效分析

7.2.1　柔性直流输电系统能效计量点设置

图 7-9 所示为舟山五端柔性直流输电系统的结构，在各换流站的进出线位置配置电压互感器 PT 和电流互感器 CT 等测量设备及相应配套的计量设备。图 7-10 为用于能效采样的典型配置方案。

数字电能表通过电力专网或公网传送数据到服务器。采用专网具有较高的数据安全性，采用公网安装、协调方便，服务器可放在许继集团或别的单位，通过远程网页访问。建议采用公网，服务器申请固定 IP，采样器远程登录、上传。

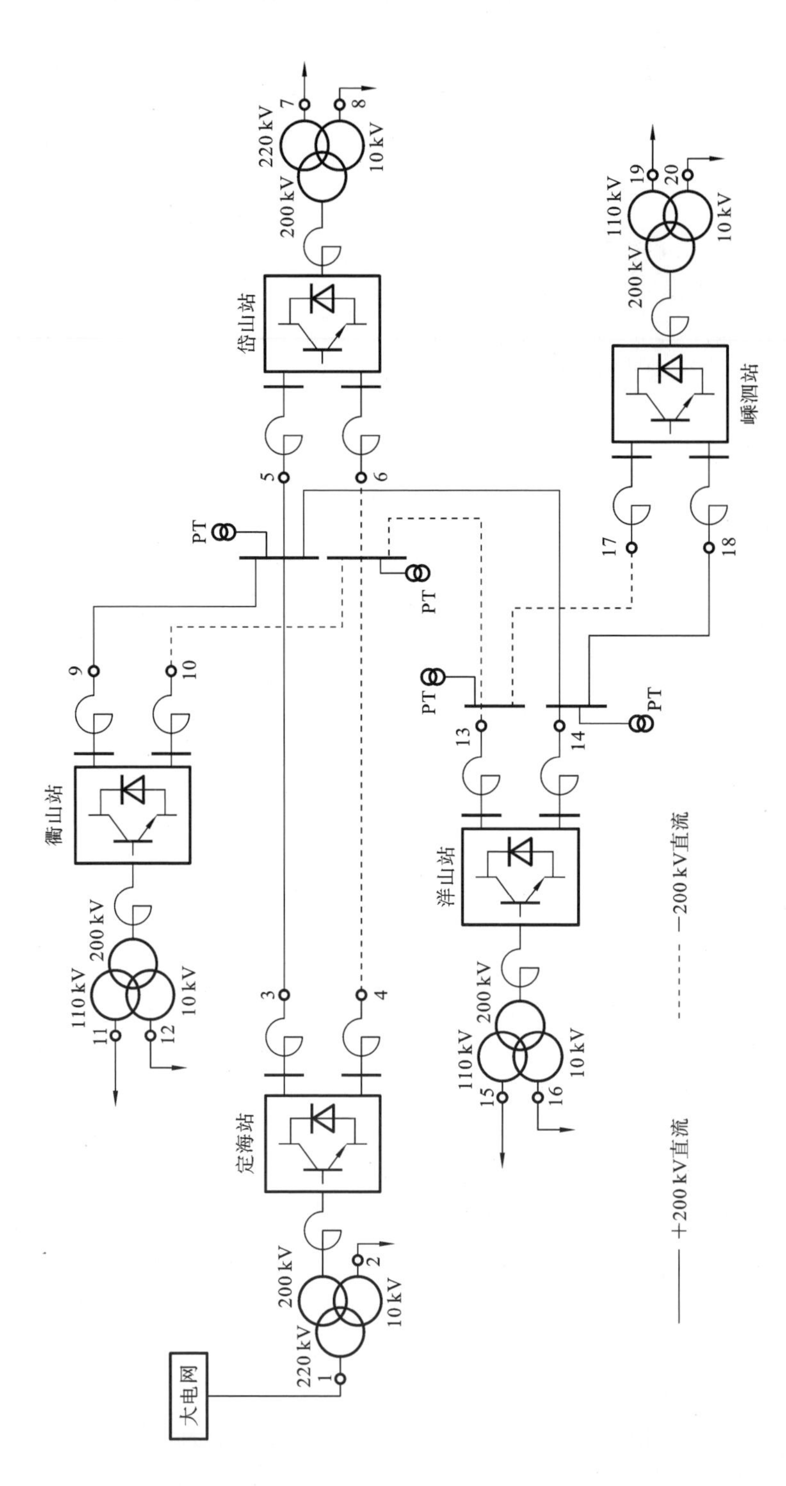

图 7-9 舟山五端柔性直流输电系统的结构

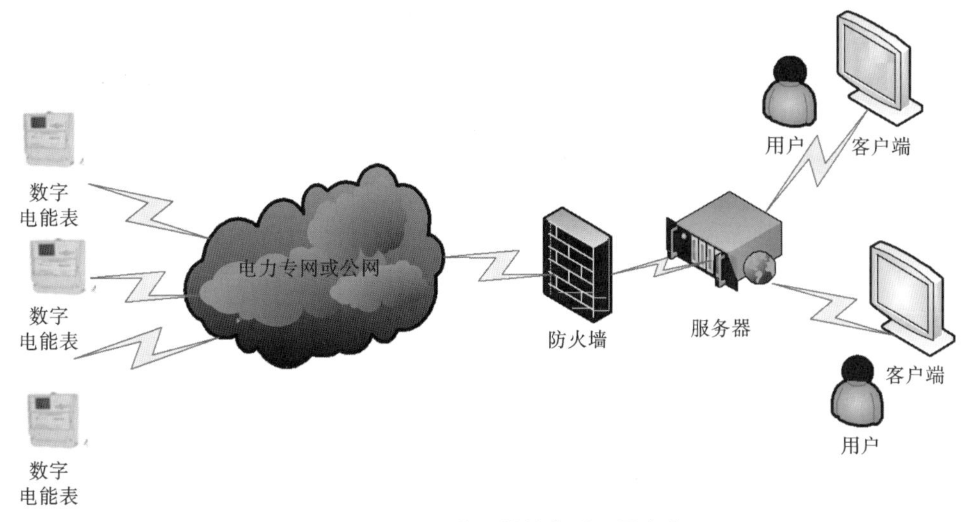

图 7-10　用于能效采样的典型配置方案

从理论上分析，只要在能耗设备的输入端和输出端加装相应的电能计量装置就能实现对该设备能效计量的目的。如图 7-9 所示，在计量点 1、2、3 处均配置电流互感器(CT)和电压互感器(PT)，就能实现联接变压器的损耗测量。可得联接变压器的损耗为 $\Delta P_{变}=P_1-(P_2+P_3)$。在计量点 3、4 处分别加装 CT 和 PT，由于正常运行时启动电阻是被开关旁路的，所以可以得到接地电抗的损耗为 $\Delta P_{接地电抗器}=P_3-P_4$。在计量点 4、5 处均加装互感器，可以得到桥臂电抗器的损耗为 $\Delta P_{桥臂电抗器}=P_4-P_5$。同样在换流器两侧加装互感器，可得换流器的损耗为 $\Delta P_{换流器}=P_5-P_6$。在计量点 6、7 处加装互感器可得平波电抗器的损耗为 $\Delta P_{平波电抗器}=P_6-P_7$。在计量点 7、8 处分别配置 PT 和 CT，可得电缆的损耗为 $\Delta P_{电缆}=P_7-P_8$。

为了准确确定各元件造成的能耗，需要在图 7-9 中 1～8 点均加上计量元件，但这样存在经济性和安装可行性的问题，实际工程应用必须选择性地确定计量点。根据实际调研，发现实际工程中互感器的安装是为了实现各部分的故障保护。而且值得注意的是，在联接变压器的一次侧测得的有功功率比二次侧的有功功率小。而从能量守恒的角度考虑，这显然是不可能的。那只能说明，实际安装的仪表的测量是不准确的，而计量的标准是在 0.2 级以上。综上可知，利用原有的测量装置并不能达到能效计量的目的。

理论上分析，输入功率和输出功率之间的差值可以提供所需测量的实际损耗。由于损耗的幅度较小，所以测量的精确度必须是非常好的。合理地假设转换功率的损耗为 1%，测量损耗的不确定性为测量损耗的 3%，所以测量损耗的不确定性为 0.03%。为了达到这个要求，输入功率和输出功率的测量不确定性必须比 0.02%好。测量原则上能够进行，但是不能达到满足标准化能量测试设备的要求。对于交流侧，电流和电压换能器能够达到足够的精确度。对于直流侧，合适的电流换能器是可以得到的，但是有足够稳定性和精确度的电压换能器很难找到。综上可以得出的结论是：目前，通过对交直流侧电能的测量避免直接测量损耗是有困难的[11]。

结合实际情况，提出的初步计量方案是分别在计量点 4、7 处加装电能计量装置。那么根据计量装置显示的数据，输入端有功功率减去输出端有功功率，我们可以得到包括桥臂电抗器、换流器和平波电抗器的总损耗。本方案的缺点在于受到实际安装情况的限制，不能区分出平波电抗器、桥臂电抗器和换流器各自的损耗。所以，在后续的工作中，需要针对上述三个元件分别进行数学建模，从理论上分析、计算各自的能耗。利用实际数据和仿真数据的结合，平波电抗器、桥臂电抗器和换流器各自损耗的大概值可以被确定。在数学建模的过程中，对各损耗的影响因素加以分析，为节能降损做出铺垫，提高能源的利用率。

根据以上换流站各主要设备损耗计算方法及已有柔性直流输电工程实际损耗分析可知：一般来说，在柔性直流换流站损耗中，换流器损耗占主要部分，如表 3.3 所示，通常能够达到 60%～75%；其次是换流变压器损耗，相对较为固定，一般能够达到 20%～30%。所以，柔性直流输电系统计量点的选择主要考虑损耗较大的相关元件，将计量装置加装在损耗较大的元件两侧，同时考虑该元件两侧的谐波情况以选择互感器使达到更高的计量标准。电能能效计量需要达到一定的精度，以便开展后续量值传递和溯源工作。如果将计量装置加装在损耗较大的元件两侧，则能相对较容易、较精确地测量出该元件的损耗，而不需要通过后期计算得到，这样就能提高能效计量的准确性。那些损耗相对较小的设备，就算现有的损耗计算方法不能满足精度要求，但是其所占比例很小，相对误差在允许范围内，所做工作仍具有借鉴意义。

下面分析谐波特性。最近电平逼近方法(NLM)类似一种波形拟合方法，使换流器输出阶梯波形(拟合正弦波形)，其调制原理示意图如图 7-11 所示。当换流器的电平数目较大时，最近电平逼近调制是一种比较合适的方法，输出的阶梯波与正弦波有较好的拟合度，也具有较小的谐波。NLM 换流器端口的相电压主要包含低频奇次谐波，但是对于三相对称系统，各相电压中 3 的倍数次谐波的相位相同，因而可以在线电压中相互抵消。因此对于三相对称系统，NLM 线电压特征谐波只存在 $6k\pm1$ 次谐波。

设调制波 $u_s=m\sin(\omega_N t)$，由图 7-11 可知最近电平逼近调制的输出电压波形为 1/4 周波奇对称，运用傅里叶级数理论，根据前 1/4 周期内的一组开关角就可以得到最近电平逼近调制波形 u_{va} 的解析表达式[24]，即

$$u_{va}(\omega_N t)=\frac{4U_C}{\pi}\sum_{h=1,3,5,\cdots}^{\infty}\frac{1}{h}\left[\cos(h\theta_1)+\cos(h\theta_2)+\cdots+\cos(h\theta_s)\right]\sin(h\omega_N t) \tag{7-6}$$

式中：θ_i 表示第一个 1/4 周期内第 i 个电平阶跃开始投入时的电角度，单位是 rad；s 是第一个 1/4 周期内的电平阶跃数。每个相单元中处于投入状态的子模块总数为

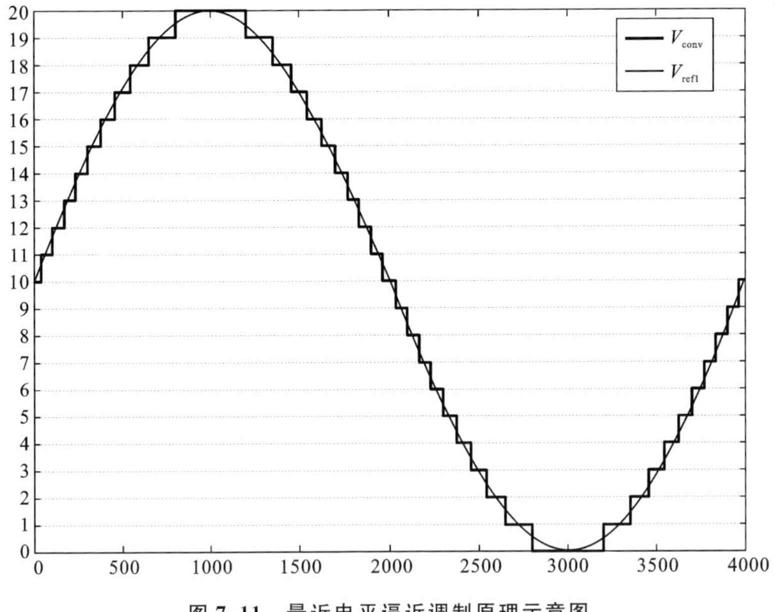

图 7-11　最近电平逼近调制原理示意图

N,这样 $U_{dc}=NU_C$,其中 U_C 是子模块电容电压的平均值。若直流电压 U_{dc} 已确定,则随着模块化多电平换流器(modular multilevel converter,MMC)电平数的增加,U_C 越来越小,从而换流器输出阶梯波电压与调制波电压之差的最大值也越来越小。

将 $U_{dc}/2$ 作为调制波幅值 m 标幺化的基准值,各次谐波幅值没什么规律,但与基波相比都很小。显然,在电平数目比较小时,各次特征谐波含量均比较大;随着电平数目的提高,各次谐波含量明显降低,当 N 大于一定程度时,各次特征谐波含量均已降到非常低的谐波水平。21 电平阶梯波的各次谐波含量基本上在 1.2%以下;31 电平阶梯波的各次谐波含量基本上在 0.7%以下;41 电平阶梯波的各次谐波含量基本上在 0.5%以下;51 电平阶梯波的各次谐波含量基本上在 0.4%以下。但是,N 过大造成系统进入过调制区,总谐波失真(total harmonic distortion,THD)值会显著上升。

从谐波特性可以看出,计量点 4 经过 MMC 控制后 THD 含量很小,通过基波表即可确定换流变的损耗。计量点 7 在平波电抗器后,谐波也很小,基波表即可确定换流器的损耗。计量点 4 和计量点 7 可以确定主要的换流站能耗。

对于多端系统,依然按照之前的计量方案加装相应的计量装置。那么根据功率守恒的原理,可以得到整个系统的损耗。结合工程实际,为了减少计量点和互感器的数目,当直流侧有多条直流出线时,在每条线路上都安装电流互感器,在直流母线上都安装电压互感器。下面以简单的示意图表示多端柔性直流输电系统如何确定每个站以及整个系统的能耗。

如图 7-12 所示，每个站都按照单站计量方案在计量点安装计量装置，即在计量点 4、7、8、9、10、11 处安装计量装置。根据能量守恒定律，单个换流站的损耗可计算，如换流站 1 的损耗 $\Delta P_{换流站1}=P_7-P_4$，整个系统的能耗为 $\Delta P=P_1-(P_{10}+P_{11})$。对于互感器的具体安装，结合图 7-12 分析。在计量点 4 处安装电流互感器和电压互感器，在计量点 7 处安装电压互感器和电流互感器，在计量点 8、9 处安装电流互感器。

7.2.2 能效计量器具的选择

根据前面章节分析，在图 7-12 中的计量点 1、2、4、7(8)处设置计量点，并通过电能计量装置在计量点 1、2、4、7(8)处计量得到的电能，计算出联接变压器的电能损耗 $\Delta P_{变}$，桥臂电抗器、换流器和平波电抗器的总电能损耗 $\Delta P_{总}$，以及电缆的电能损耗 $\Delta P_{电缆}$。

联接变压器的电能损耗 $\Delta P_{变}$ 为

$$\Delta P_{变}=P_1-P_2-P_4 \tag{7-7}$$

由于计量点 1、2、4 处电能计量装置的误差，$\Delta P_{变}$ 产生的误差计算公式为

$$\Delta(\Delta P_{变})=\Delta P_1-\Delta P_2-\Delta P_4 \tag{7-8}$$

式中：$\Delta(\Delta P_{变})$为 $\Delta P_{变}$ 的误差；ΔP_1 为计量点 1 处电能计量装置的误差；ΔP_2 为计量点 2 处电能计量装置的误差；ΔP_4 为计量点 4 处电能计量装置的误差。

用 P 表示总功率，则有

$$\frac{\Delta(\Delta P_{变})}{\Delta P_{变}}\frac{\Delta P_{变}}{P}=\frac{\Delta P_1}{P_1}\frac{P_1}{P}-\frac{\Delta P_2}{P_2}\frac{P_2}{P}-\frac{\Delta P_4}{P_4}\frac{P_4}{P} \tag{7-9}$$

一般地，联接变压器的电能损耗 $\Delta P_{变}$ 约占总功率 P 的 0.24%，此处按 $\Delta P_{变}\approx 0.3\%P$ 算，且 $P_1\approx P$、$P_4\approx P$，P_2 远小于 P，此处按 $P_2\approx 1\%P$ 算，则有

$$\frac{\Delta(\Delta P_{变})}{\Delta P_{变}}\times 0.3\%=\frac{\Delta P_1}{P_1}-\frac{\Delta P_2}{P_2}\times 1\%-\frac{\Delta P_4}{P_4} \tag{7-10}$$

则联接变压器的电能损耗 $\Delta P_{变}$ 的相对误差为

$$\frac{\Delta(\Delta P_{变})}{\Delta P_{变}}=\left(\frac{\Delta P_1}{P_1}-\frac{\Delta P_2}{P_2}\times 1\%-\frac{\Delta P_4}{P_4}\right)/0.3\% \tag{7-11}$$

由式(7-11)可以看出：① 计量点 2 处电能计量装置误差对电能损耗 $\Delta P_{变}$ 的相对误差的影响不大；② 计量点 1 和计量点 4 处电能计量装置误差的符号相同时，电能损耗 $\Delta P_{变}$ 的相对误差较小；③ 计量点 1 和计量点 4 处计量装置误差的符号相反时，电能损耗 $\Delta P_{变}$ 的相对误差较大。

用 $Y_{1,4}=\frac{\Delta P_1}{P_1}-\frac{\Delta P_4}{P_4}$ 表示计量点 1 和计量点 4 处电能计量装置的一致性，并假设计量点 2 处的电能计量装置为 0.2 级，考虑最恶劣的情况，电能损耗 $\Delta P_{变}$ 的相对误

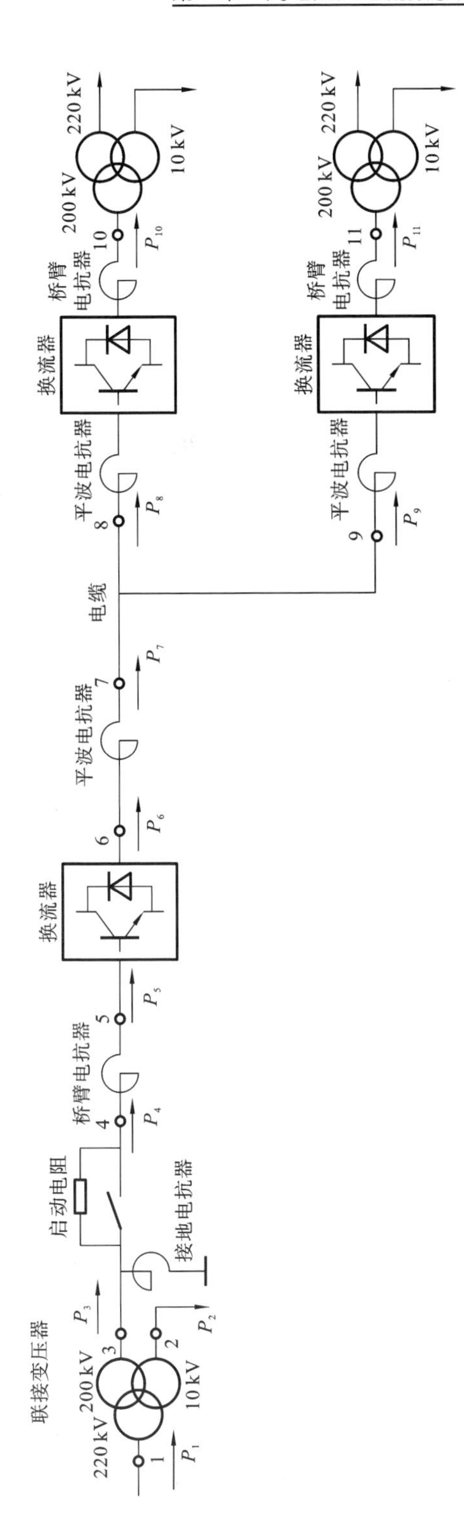

图 7-12　多端柔性直流输电系统计量点的选择

差与 $Y_{1,4}$ 的关系如表 7-2 所示。

表 7-2 电能损耗 $\Delta P_{变}$ 的相对误差与 $Y_{1,4}$ 的关系

$Y_{1,4}$	0.4%	0.2%	0.1%	0.05%
$\Delta P_{变}$ 的相对误差	57%	29%	14%	7%

桥臂电抗器、换流器和平波电抗器的电能总损耗 $\Delta P_{总}$ 为

$$\begin{aligned}\Delta P_{总} &= \Delta P_{桥臂电抗器} + \Delta P_{换流器} + \Delta P_{平波电抗器} \\ &= (P_4 - P_5) + (P_5 - P_6) + (P_6 - P_7) \\ &= P_4 - P_7 \end{aligned} \tag{7-12}$$

根据计量点 4、7 处电能计量装置的误差，$\Delta P_{总}$ 产生的误差为

$$\Delta(\Delta P_{总}) = \Delta P_4 - \Delta P_7 \tag{7-13}$$

式中：$\Delta(\Delta P_{总})$ 为 $\Delta P_{总}$ 的误差；ΔP_7 为计量点 7 处电能计量装置的误差。

一般地，桥臂电抗器、换流器和平波电抗器的电能总损耗 $\Delta P_{总}$ 约占总功率 P 的 0.843%，此处按 $\Delta P_{总} \approx 0.85\% P$ 算，且 $P_4 \approx P$、$P_7 \approx P$，则有

$$\frac{\Delta(\Delta P_{总})}{\Delta P_{总}} \times 0.85\% = \frac{\Delta P_4}{P_4} - \frac{\Delta P_7}{P_7} \tag{7-14}$$

则桥臂电抗器、换流器和平波电抗器的电能总损耗 $\Delta P_{总}$ 的相对误差为

$$\frac{\Delta(\Delta P_{总})}{\Delta P_{总}} = \left(\frac{\Delta P_4}{P_4} - \frac{\Delta P_7}{P_7}\right) / 0.85\% \tag{7-15}$$

用 $Y_{4,7} = \frac{\Delta P_4}{P_4} - \frac{\Delta P_7}{P_7}$ 表示计量点 4 和计量点 7 处电能计量装置的一致性，电能损耗 $\Delta P_{总}$ 的相对误差与 $Y_{4,7}$ 的关系如表 7-3 所示。

表 7-3 电能损耗 $\Delta P_{总}$ 的相对误差与 $Y_{4,7}$ 的关系

$Y_{4,7}$	0.4%	0.2%	0.1%	0.05%
$\Delta P_{总}$ 的相对误差	80%	40%	20%	10%

电缆的电能损耗 $\Delta P_{电缆}$ 为

$$\Delta P_{电缆} = P_7 - P_8 \tag{7-16}$$

根据计量点 7、8 处电能计量装置的误差，$\Delta P_{电缆}$ 产生的误差为

$$\Delta(\Delta P_{电缆}) = \Delta P_7 - \Delta P_8 \tag{7-17}$$

式中：$\Delta(\Delta P_{电缆})$ 为 $\Delta P_{电缆}$ 的误差；ΔP_8 为计量点 8 处电能计量装置的误差。

根据前面章节分析，50 km 长电缆的电能损耗 $\Delta P_{电缆}$ 约占总功率 P 的 0.15%，此处按 $\Delta P_{电缆} \approx 0.2\% P$ 算，且 $P_7 \approx P$、$P_8 \approx P$，则有

$$\frac{\Delta(\Delta P_{电缆})}{\Delta P_{电缆}} \times 0.2\% = \frac{\Delta P_7}{P_7} - \frac{\Delta P_8}{P_8} \tag{7-18}$$

则 50 km 长电缆的电能损耗 $\Delta P_{电缆}$ 的相对误差为

$$\frac{\Delta(\Delta P_{电缆})}{\Delta P_{电缆}}=(\frac{\Delta P_7}{P_7}-\frac{\Delta P_8}{P_8})/0.2\% \tag{7-19}$$

用$Y_{7,8}=\frac{\Delta P_7}{P_7}-\frac{\Delta P_8}{P_8}$表示计量点7和计量点8处电能计量装置的一致性，电能损耗$\Delta P_{电缆}$的相对误差与$Y_{7,8}$的关系如表7-4所示。

表7-4　电能损耗$\Delta P_{电缆}$的相对误差与$Y_{7,8}$的关系

$Y_{7,8}$	0.4%	0.2%	0.1%	0.05%
$\Delta P_{电缆}$的相对误差	200%	100%	50%	25%

从能效计量的准确性、系统设计的经济性以及可行性等方面考虑，输电系统中各计量点处的电能计量装置的准确度等级仍然要求为0.2级，但是计量点1、4、7(8)处的电能计量装置的一致性必须满足一定要求。

7.3　冲击软件数据的应用

7.3.1　测量雷电全波的方法分析

对于雷电全波的计算，根据IEC60060-1—1989(以下称旧版)的规定[10]，对于平滑的雷电冲击波，试验电压值为峰值，在冲击峰值处存在振荡或过冲时，如果振荡频率不小于0.5 MHz或过冲的持续时间不大于1 μs应作平均曲线，试验电压为平均值的最大值，如图7-13所示。振荡频率小于0.5 MHz，过冲的持续时间大于1 μs，试验电压直接取记录曲线的最大值即可。这样处理存在很多问题[8-10]：① 当过冲频率在0.5 MHz附近时最大值的突变会导致较大的误差，这种突变不能很好地反映绝缘材料的特性；② 选择平均曲线的随意性很大，这对计算带阻尼振荡的雷电冲击全波

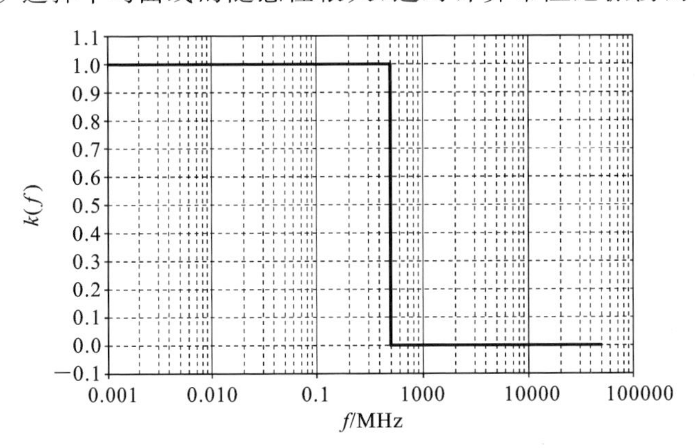

图7-13　旧版IEC标准的滤波函数

的参数（如峰值 U_p 和波前时间 T_1）带来了很大的附加不确定度；③ 对冲击波形是平滑的或带有很小叠加振荡的情况，该规定没有进行具体描述。

根据以上问题，IEC 标准化组织通过 20 多年的问题统计，并在欧洲主要几个研究所进行不同绝缘材料的试验，研究叠加在双指数雷电波上的不同频率和幅值的振荡对绝缘击穿强度的影响，经过学者不断的深化研究[11-18]，确定了试验电压值和频率的关系，即 IEC 60060-1—2010（以下称新版）中介绍的 $k(f)$ 函数[13][15-18]表明过冲幅值频率对绝缘强度的关系是一种渐变而非突变的过程[8]，如图 7-14 所示。

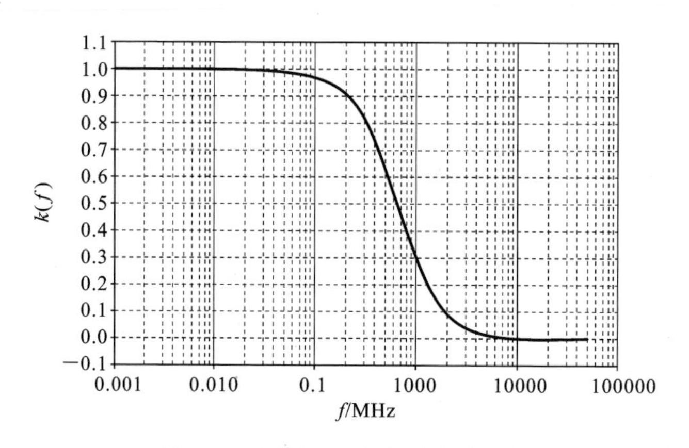

图 7-14　新版 IEC 标准的滤波函数

此时 $k(f)$ 作为试验电压因数，试验电压可表示为

$$U_t = U_b + k(f)\ (U_e - U_b) \tag{7-20}$$

式中：U_t 为待确定的试验电压值；U_b 为拟合基线曲线的电压最大值；U_e 为原始记录曲线的电压最大值。

试验电压因数 $k(f)$ 的计算公式为

$$k(f) = \frac{1}{1+2.2f^2} \tag{7-21}$$

这样就避免了旧版中出现突变过程的问题；采用双指数曲线拟合基线曲线，解决了选取平均曲线难的问题；可以用相同方法进行计算，不再需要区分平滑曲线和带过冲振荡的曲线。从图 7-14 可以看出 1 MHz 以上的高频振荡基本上被滤除了，但保留了所有的低频信号，与原标准一样，拟合的基线曲线只是作为计算剩余曲线并进行滤波的中间曲线，不会对波前时间的结果产生影响。对于平滑曲线，仅去除噪声，可精确保留冲击波形参数。关于试验电压因数的发展变化，西安交通大学的文章也进行了详细描述[23]。

7.3.2　雷电全波计算流程

根据新版 IEC 标准计算雷电全波的步骤如图 7-15 所示。

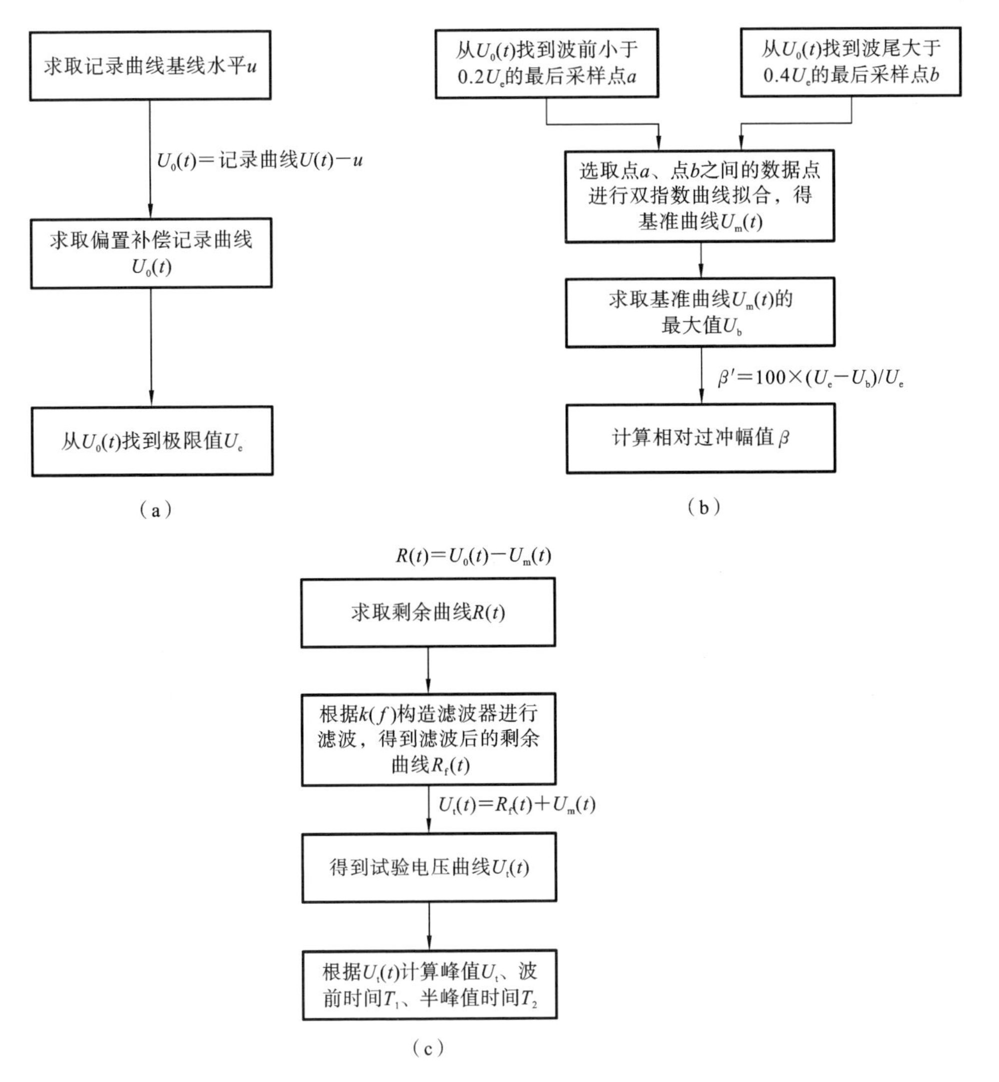

图 7-15　带过冲振荡的雷电全波的计算流程

(1) 求取记录曲线的基线水平，对于基线水平的具体求解方法，新版 IEC 标准未做具体规定，引文[19]采用的方法在一般情况下满足要求，从波形起始到开始较大幅度变化(3%峰值)求算术平均值 M，找到波形中第 1 次大于 3 倍 M 的点 a，对点 a 后的 n 个点求算术平均值 N，如果 $N>5M$，则点 a 为截止点。但如果平坦部分出现较大的振荡，则该方法可能出现问题，为此本软件不仅根据引文[23]的方法从左往右进行判定，还从峰值处从右往左进行判定，根据两种方法采样点数的吻合程度来判定该点是否为平坦部分的截止点。

(2) 根据步骤(1)的结果，可求取补偿了偏置后的记录曲线，并找到其极限值 U_e

以用于计算过冲。

(3) 截取波前 $0.2U_e$ 至波尾 $0.4U_e$ 区间内的记录曲线，进行双指数曲线拟合，拟合的公式为

$$u_d(t)=U\left[e^{-(t-t_d)/\tau_1}-e^{-(t-t_d)/\tau_2}\right] \tag{7-22}$$

式中：t 是时间；$u_d(t)$ 是双指数电压函数；U、τ_1、τ_2 和 t_d 是拟合所需的参数。拟合时需要设这 4 个参数的初始值，其中 U 为曲线的极限值，τ_1 为 70 μs，τ_2 为 0.4 μs，t_d 为曲线的实际原点或视在原点。拟合得到基准曲线后，取其最大值 U_b，可计算相对过冲幅值，如图 7-15(b)所示。

(4) 将偏置补偿的记录曲线减去基准曲线可得到剩余曲线。根据 IEC 60060-1—2010 附录 C.2 中的方法构建滤波器，将剩余曲线进行滤波，得到滤波后的剩余曲线 $R_f(t)$，将 $R_f(t)$ 加上基准曲线 $U_m(t)$ 可得到最终的试验电压曲线，求取峰值 U_t、波前时间 T_1 和半峰值时间 T_2，如图 7-15(c)所示。

记录曲线、基准曲线和剩余曲线的关系（见图 7-16(a)），通过记录曲线和基准曲线可直接计算过冲幅值和相对过冲幅值，记录曲线减去基准曲线为剩余曲线。过滤的剩余曲线、基准曲线和试验电压曲线的关系如图 7-16(b)所示，过滤后的剩余曲线加上基准曲线为试验电压曲线。记录曲线和试验电压曲线的大小关系如图 7-16(c)所示，试验电压曲线和记录曲线的上升时间不一致，如果存在过冲，则一般试验电压曲线的上升时间大于记录曲线的上升时间，由于进行过滤波，试验电压曲线的最大值一般小于记录曲线的最大值。

7.3.3 软件的验证

IEC 60060-2—2010 及 IEC 61083-2—2013 对雷电冲击测量二次系统的测量准确度有具体要求，以往对冲击测量处理程序的准确度评价工作开展较少，随着 IEC 61083-2—2013 标准及对应国标的颁布和逐步推行，电力行业对冲击测量程序的要求更加严格，各电力设备厂家对冲击测量软件程序的校准需求量也逐渐增大。

IEC 61083-2—2013 定义的 TDG 波形发生器可以产生雷电全波 LI、雷电截波(波前截断及波尾截断)LIC、操作波 SI、雷电流波 IC 等波形数据，充分覆盖了冲击试验中可能出现的各种类型的波形，其界面如图 7-17 所示。TDG 波形发生器可以根据冲击测量中实际使用的硬件装置的采样率及垂直分辨率、噪声值等技术参数生成对应的测试波形：对同一编号的测试波形，当设置采样硬件的采样率及垂直分辨率不同时，对应生成的波形文件中的波形数据点的时间间隔及纵轴幅值间隔也会有所差异。在 IEC 61083-2—2013 中对 TDG 波形发生器产生的各波形参数均给出了理论参考值，并给出了各测量结果的允许误差值。用户可通过比对使用软件的实际测量结果及参考结果，判断所用冲击测量软件的计算准确度是否满足要求。

图 7-18 为国家高电压计量站的计算软件的验证结果，数字记录仪的垂直分辨率

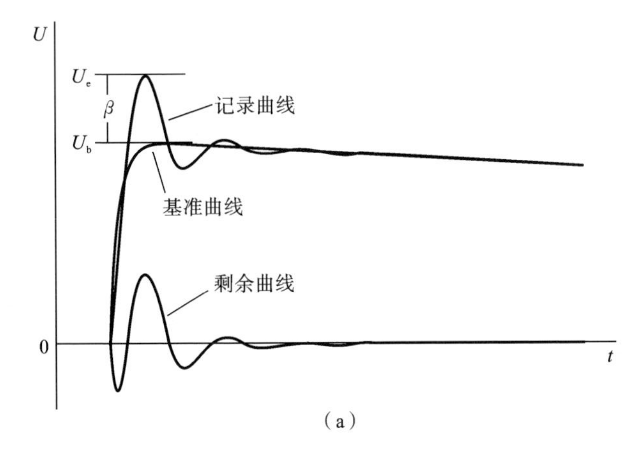

（a）

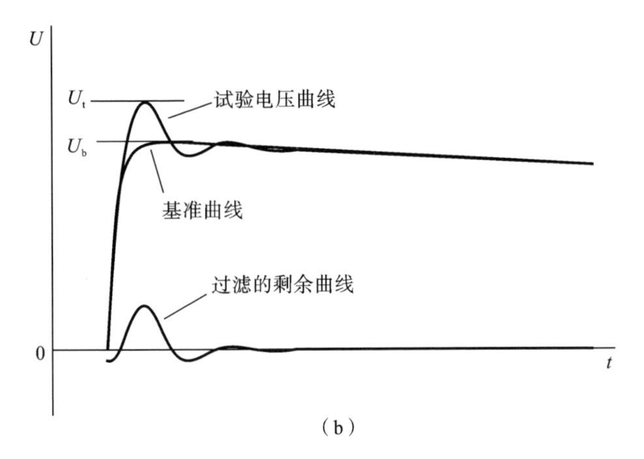

（b）

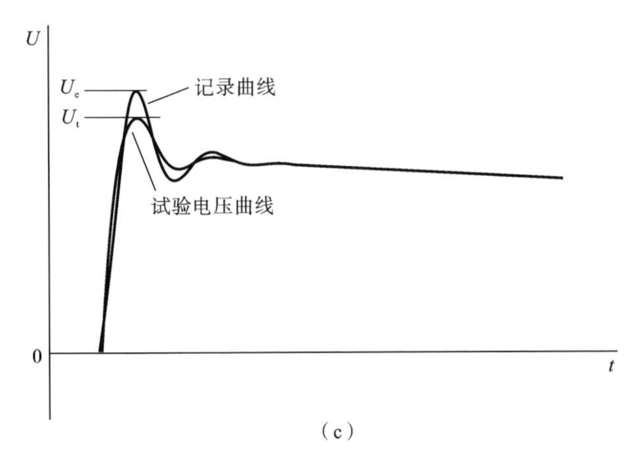

（c）

图7-16　记录曲线、基准曲线和试验电压曲线

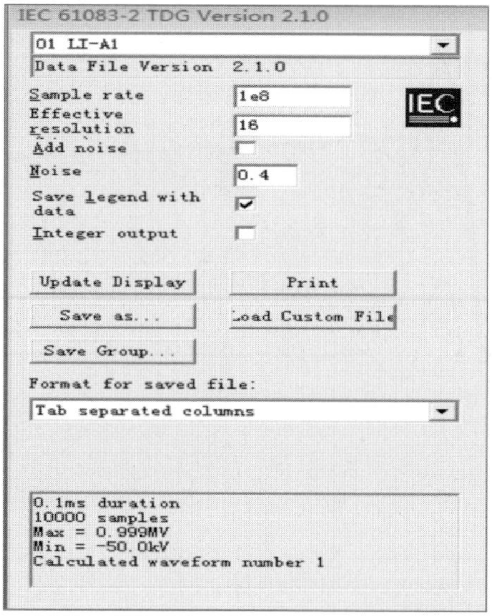

图 7-17　IEC 61083-2—2013 TDG 界面

为 14 b，采样率为 1 GS/s。与标准值进行比较，图 7-18(a)表示峰值 U_p、半峰值时间 T_2 的测量值与标准值之间的偏差，从图中可以看出，U_p 的测量偏差很小，大部分雷电波形的测量偏差在零值附近，最大偏差约为－0.033%，满足标准规定限值 0.1% 以内。相对而言，T_2 的偏差较大，A6、M1 和 M2 号波形的相对偏差达到了 0.05%，但都处于标准规定限值±0.2%以内。图 7-18(b)表示波前时间 T_1 和相对过冲幅值 β 测量值与标准值的偏差，从图中可以看出，T_1 的偏差正、负值皆有，偏差最大的为 A10 号波形(1.64%)，标准规定最大允许偏差为±2%。β 的偏差值分布范围不超过±0.1%区间，均满足标准规定最大偏差±0.1%以内。由此可见，本软件对雷电全波的典型波形测量的 4 个参数 U_p、T_1、T_2、β 均满足标准规定的误差要求，可进行雷电全波的测量。

在冲击电压测量校准试验中，通常需要评定整个测量系统的测量不确定度，其中冲击测量软件所引入的测量不确定度为其不确定度分量中的一部分，以本测量软件测试 1 GS/s-14 b 的测量结果评定两种情况下该测量软件所引入的不确定分量。冲击测量软件测量不确定度的评定依据 IEC 61083-2—2013 Ed2.0 中附录 B 的要求进行分析。

评定冲击测量软件测量不确定度时，主要考虑两个分量。

(1) u_{B1} 由所测系列数据中实测值与标准值偏差最大的点计算得到，即

$$u_{B1}=\frac{1}{\sqrt{3}}\max_{i=1}^{n}\left|\frac{X_i-X_{REF,i}}{X_{REF,i}}\right| \tag{7-23}$$

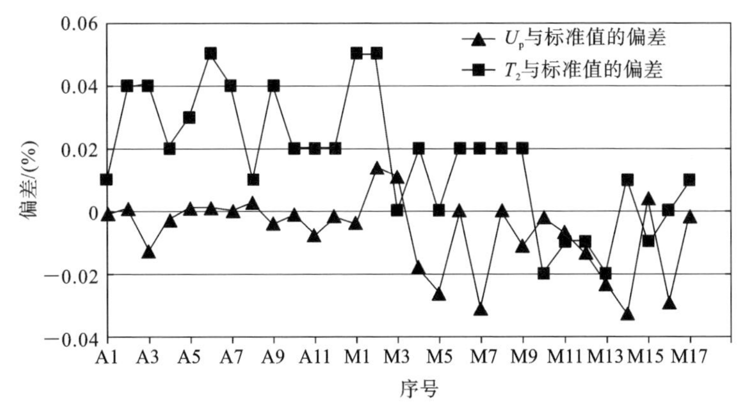

(a) U_p、T_2测量值与标准值的偏差

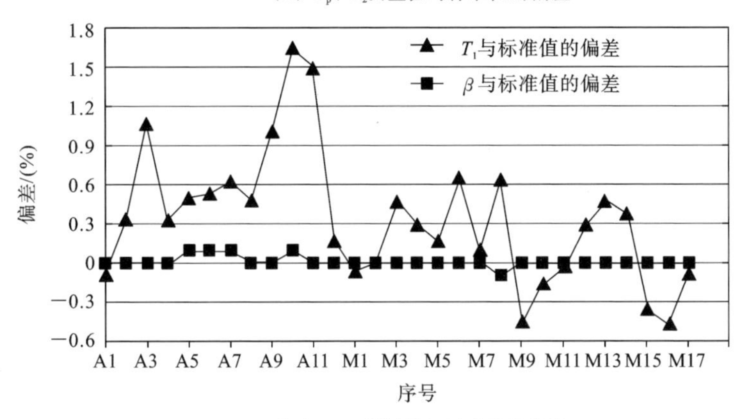

(b) T_1、β测量值与标准值的偏差

图 7-18　计算软件的验证结果

式中:X_i为第 i 个波形的实测波形数据;$X_{REF,i}$为第 i 个波形的给定参考值,即所有计算参数误差最大值为计算误差变化区间,为均匀分布计算。根据雷电全波的分析数据,电压峰值计算误差最大值为−0.033%,波前时间计算误差最大值为 1.64%,半峰值时间计算误差最大值为 0.05%,相对过冲计算误差最大值为−1%。软件引入的测量不确定度分量 u_{B1}如表 7-5 所示。

表 7-5　软件引入的测量不确定度分量 u_{B1}

参　　数	计算误差最大值	分　　布	u_{B1}
电压峰值 U_p	−0.033%	均匀	0.019%
波前时间 T_1	1.64%	均匀	0.95%
半峰值时间 T_2	0.05%	均匀	0.029%
相对过冲 β	0.1%	均匀	0.058%

（2）u_{B2}为给定标准值（由 IEC 61083-2—2013 给出），即

$$u_{B2}=\frac{1}{2}\max_{i=1}^{n}U_{X,i} \tag{7-24}$$

式中：$U_{X,i}$是X_{REF}的扩展不确定度。

故软件的标准不确定度为

$$u_B=\sqrt{u_{B1}^2+u_{B2}^2}$$

7.4 基于区块链的智慧实验室数据应用

7.4.1 区块链技术概述

近年来，国家层面高度重视区块链技术的发展及应用，习近平总书记在主持第十八次集体学习时强调，要把区块链作为核心技术自主创新的重要突破口，加快推动区块链技术和产业创新发展。要推动区块链底层技术服务和新型智慧城市建设相结合，探索在信息基础设施、智慧交通、能源电力等领域的推广应用。特别是在新冠疫情持续影响下，国家发改委在 2020 年 4 月正式将区块链纳入"新基建"范畴，区块链应用是国网公司数字新基建十大工程之一。

区块链的技术优势主要体现在以下三个方面。

（1）更高的信任度，作为成员专用网络中的一员，你可以借助区块链确信自己收到的数据是准确、及时的，并且你的保密区块链记录只能共享给获得专门访问授权的网络成员。区块链之所以能够建立信任，是因为它代表了真实的共享记录。人人都能相信的数据有助于推动其他新技术的发展，而这些新技术又将大大提高效率、透明度和可信度。

（2）更出色的安全性，所有网络成员都需要就数据准确性达成共识，并且所有经过验证的交易都会永久记录在案，不可篡改。没有人可以删除交易，即使是系统管理员也不可以。

（3）更高的效率，通过在网络成员之间共享分布式账本，消除浪费时间的记录对账工作。为了加快交易速度，区块链上存储了一系列自动执行的规则，称为"智能合约"。

区块链是一个共享的、不可更改的账本，可以促进在业务网络中记录交易和跟踪资产的过程。资产可以是有形的（例如房屋、汽车、现金、土地），也可以是无形的（例如知识产权）。几乎任何有价值的东西都可以在区块链网络上进行跟踪和交易，从而降低各方面的风险和成本。

业务运营离不开信息。信息接收速度越快，内容越准确，越有利于业务运营。区块链是用于传递这些信息的理想之选，因为它可提供即时、共享和完全透明的信息，

这些信息存储在不可篡改的账本上，只能由获得许可的网络成员访问。区块链网络可跟踪订单、付款、账户、生产等信息。由于成员之间共享单一真相视图，因此他们可以端到端查看交易的所有细节，从而给予他们更大的信心，以及带来新的效率和商机。

由以上的介绍可以看出，区块链技术应用的一个前提条件是，应用的要素必须实现数字化，而智能变电站中，高电压大电流数字化测量系统已具备这个前提，同时由于区块链不可篡改的技术特性，可以为高电压大电流数字化测量系统数据开发安全、可信、透明的共享应用。

区块链技术如何保障测量系统的数据安全、可信和透明呢？下面通过列举一个已经在电力系统计量领域成功应用的实例来论证说明，方便读者更清晰、更简单地理解区块链的技术原理以及优势。

7.4.2　基于区块链技术的电能计量可信平台

由于电表检定不透明、过程不公开，客户环境复杂，因此公众对电能计量领域表计检定质量存在质疑，怀疑电力企业私自“调节”表计，致使自家电表“跑得快、电量多”，对电表计量准确性认可度不高。由此带来了诸多负面的报道和影响。每年“3·15”等特殊日子，老百姓都会引发一些关于电表质量的舆论舆情，影响电网企业和政府的公信力。电力公司也只能借助微博等工具回应网上的舆论，或者利用“世界计量日”等特定日子，进行线下公开宣传，然而口说无凭，收效甚微，这样的做法没能完全打消公众心中的疑虑。政府对企业监管的治理方式、电力公司与其下游的供应商之间的业务协同都长期处于线下模式，现场驻点进行质量监管、飞行检查、现场评审是政府进行监管的主要手段；通过电话或者现场口头沟通，采购后的检测、供货、整改、到货等流程是电力公司与供应商之间的主要供货协同方式，这种方式导致工作流程不规范、数据难存档、历史数据难追溯、工作效率不高、时效性较差等问题。前期，公司系统、政府部门、供应商都建立了较多的信息化业务系统，但是这些系统运行独立、信息割裂、数据共享程度低，不利于工作协同。数据分散隔离，政企数字化协同和社会数字化治理相对空白。

在这样的大背景下，为满足人们生活的电力需要，提高用户用电信息的知情权、参与权及监督权，助力构建全社会信任体系和透明监督机制，提升电网运行效率及服务质量，国网湖南省电力有限公司响应党中央关于加快推动区块链技术和产业创新发展的号召，主动联合湖南省计量检测研究院共同构建基于区块链技术的电能计量可信平台。

1. 平台区块链网络

平台遵循区块链防篡改、互信的特点，打造“一链一平台三服务”的可信应用。区块链去中心化的技术特点，需在多数节点认同的情况下，才能对数据进行修改，保证数据的安全性，防止单方面篡改数据，使链上数据始终可信。平台整合政府、企业、公众多方数据，实现数据共享共识，更好地服务公众、政府、企业。

平台基于“一链一平台三服务”的建设方案，意指通过区块链技术，搭建区块链联盟链，整合电能计量器具检测、人员与机构资质、电能计量器具在运分析等多方面电能计量相关数据，形成数据支撑的电能计量可信平台，服务公众、政府、供应商。

一链：平台利用区块链网络搭建 3 个区块链节点，有效连接政府监管机构（湖南省计量检测研究院）、能源企业（国网湖南省电力有限公司）、设备生产制造商（长沙威胜集团等 3 家企业）以及第三方机构的计量联盟链，如图 7-19 所示。

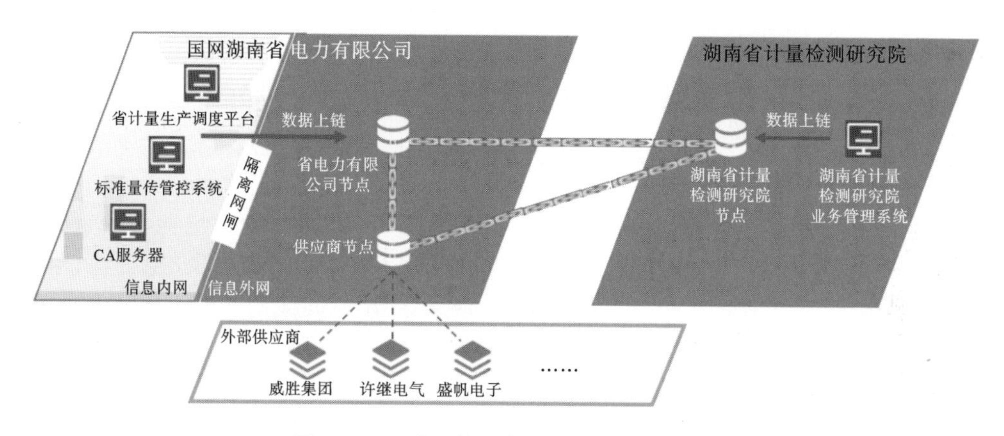

图 7-19　3 个区块链节点构建区块链网络

一平台：基于各个节点上链的电能标准体系和检定检测数据，构建一个可信的数据平台，实现电能表数字检定证书的全程管理，创造性地展现实时的、完整的、数字化的电能量值溯源链条，打造一个集资质、设备、人员等全量计量关键因素的质量监控平台。目前平台存储数据量接近 1 亿条，年增数据量 850 万余条。

三服务：基于区块链网络和平台，构筑三服务应用场景，如图 7-20 所示。以公众号、政府官网、内部系统、对外系统和大屏展示等微服务应用形式提供公信查验服务、业务监管服务和供应商协同及数据服务，为社会公众提供可靠的公信服务，增强社会整体信用体系；为政府监管机构提供有效、可信的监管服务，促进社会透明治理；为设备生产制造商提供质量提升服务，服务上下游企业，助力电力公司提升电网运行效率及服务质量。

通过完成“一链一平台三服务”的内容建设，构建“公众可信溯源查询”“计量数字化监管”“可信数据服务”为一体的新型智慧计量平台，推动区块链技术在能源计量领域首次落地实践应用，开启可信计量新纪元。

2. 数据上链和数据安全

区块链技术的优越性主要通过它的 3 个关键元素实现：分布式账本技术，不可篡

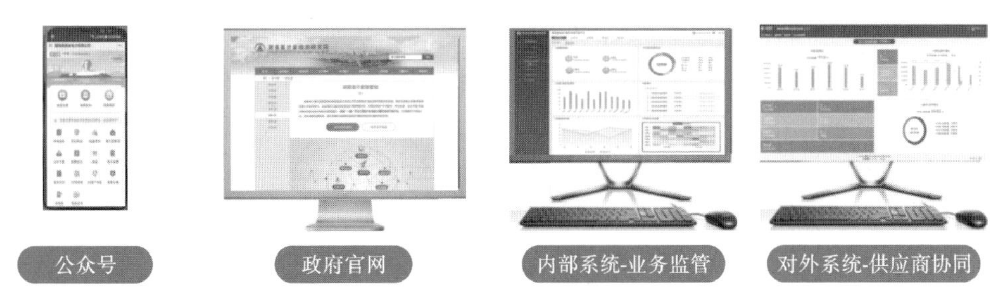

图 7-20　三服务应用场景

改的记录以及智能合约。

分布式账本技术是指所有网络参与者都有权访问分布式账本及其不可更改的交易记录。使用此共享账本，交易仅记录一次，从而消除传统业务网络中典型的重复工作。

不可篡改的记录是指在交易被记录到共享账本之后，任何参与者都不可以更改或篡改交易。如果交易记录包含错误，则必须添加新交易以撤消该错误，这两个交易都是可见的。

为了加快交易速度，区块链上存储了一系列自动执行的规则，称为智能合约。智能合约可以定义公司债券转让的条件，包括要支付的旅行保险条款等。

下面通过区块链计量可信平台中“证书查验”这个应用功能详细介绍区块链数据上链过程以及如何保障数据安全。

区块链电能计量可信平台分多个应用，服务于不同用户，其中证书查询应用基于微信公众号开发，面向公众用户，提供用户查询电能表检定结论证书，消除用户对电能表质量的疑惑，如图 7-21 所示。

证书查询应用通过与湖南省电力微信公众号集成，在公众号中增加“电表证书”查询功能，电力用户可通过微信公众号对其所绑定的电表进行检定信息查询，用户可便捷、高效地查询电表的设备信息、检定结论、检定机构资质、检定人员、标准资质等信息。

区块链网络按照组织、节点、子账本(虚拟子网)、用户进行层次设计，区块链在管理上是一张网，既能保证在逻辑上每个省检定子账本独立运行，又能保证标准量传子账本全国扩展，网络架构图如图 7-22 所示。

多个区块链节点进行数据的共识、互享，形成区块链网络，各节点相互关联，保证数据在各节点共识、共享，形成区块链基本技术要求，保证数据不可篡改，提升可信度，并通过数据共识、共享形成多个共识数据库，保证在单方面数据或者节点出现故障，导致数据出现问题或丢失的情况下，其余数据库的共识机制可保证数据快速重建和恢复。

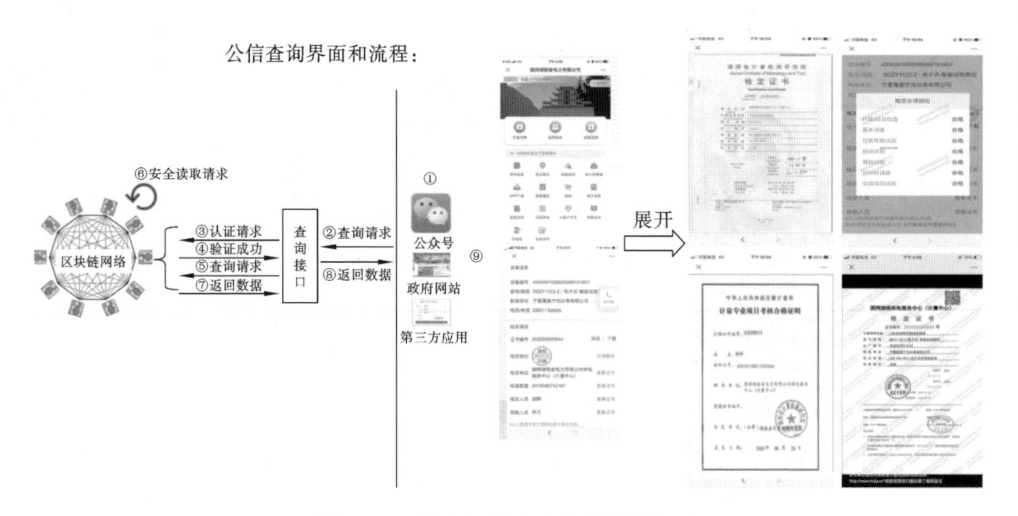

图 7-21 公众证书查验界面和流程图

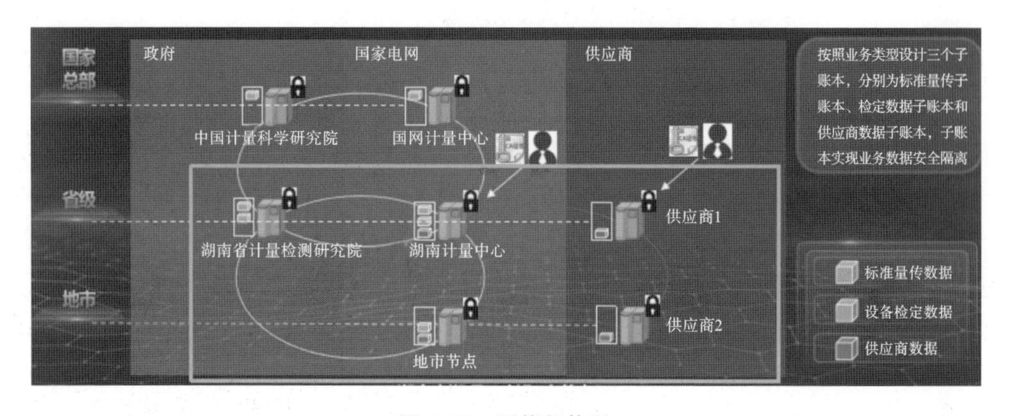

图 7-22 网络架构图

所谓共识机制是区块链系统中实现不同节点之间建立信任、获取权益的数学算法。区块链的自信任主要体现在分布于区块链中的用户无需信任交易的另一方，也无需信任一个中心化的机构，只需要信任区块链协议下的软件系统即可实现交易。这种自信任的前提是区块链的共识机制，即在一个互不信任的市场中，要想使各节点达成一致的充分必要条件是每个节点出于对自身利益最大化的考虑，会自发、诚实地遵守协议中预先设定的规则，判断每一笔记录的真实性，最终将判断为真的记录记入区块链中。换句话说，如果各节点具有各自独立的利益并互相竞争，则这些节点几乎不可能合谋欺骗你，而当这些节点在网络中拥有公共信誉时，这一点体现得尤为明显。区块链技术正是运用一套基于共识的数学算法，在机器之间建立“信任”网络，从而通过技术背书而非中心化信用机构来进行全新的信用创造。

从技术上看，区块链与普通分布式系统，尤其是分布式数据库最大的区别就是“去中心化”，而正是共识机制决定了一个区块链系统“去中心化”的程度。目前常用的共识算法有 PoW 工作量证明、PoS 权益证明、DPoW 委托股权证明、PBFT 实用拜占庭容错、dBFT 授权拜占庭容错、Pool 验证池、Paxos 等。

综上所述，区块链的分布式网络架构既防止了数据随意篡改，也保证了数据不易丢失，即使出现不可抗拒因素或个别节点出现问题，也可通过共识机制，保证数据快速重建、恢复。

除了基本网络构成，搭建底层区块链网络，保证数据安全、可信外，数据上链规范设计(智能合约)也需要保证数据上链的规范性和安全性，按不同数据类型和重要程度，实现不同的上链方式与加密方式，进一步保障数据安全、可信。

计量区块链的上链数据需要事先对数据安全评估，根据安全等级选择不同的上链方式，可分为如下三类：① 可完全公开的数据，该类数据通过数据加密后直接上链存储；② 需要保密的数据，该类数据本身不直接上链，而是根据原始数据生成数据摘要，经加密后形成数字签名(哈希值)，只将数字签名数值上链；③ 非结构化文档数据，该类数据指音频、视频、图像以及文档文件，本身不直接上链，而且对文档进行数字签名，将数字签名值上链。数据上链规范如图 7-23 所示。

类型	定义	上链方式	应用方式	安全性	业务数据设计
I类数据	在联盟链范围内完全可公开可共享的数据	加密上链：此部分数据经过加密后直接上链存储	具有权限的用户直接从链上访问数据	强 基于区块链的加密和权限安全保障	计量设备基本信息 计量设备检定结论信息 标准设备的基本信息 标准设备的证书状态信息 人员和机构资质基本信息
II类数据	应用会涉及各单位需保密的数据	数字签名上链：生成数据摘要（哈希值），加密后形成数字签名，只将签名上链，原始数据不上链存储	具有权限用户从链上获取数据签名，具有授权可通过接口从源端系统中获取原始数据	极强 通过区块链和业务接口两重安全保障，同时原始数据不存储在链上	计量设备检定原始数据 标准溯源的业务数据 供应商生产检测数据 其他未来会应用的业务数据
III类数据	非结构化的文档数据	文档签名上链：对文档进行签名后，只上链签名数据	同上	同上	各类原始的证书图片（授权证书、标准证书、人员资质证书等） 不包含检定证书，检定证书在区块链中以电子检定证书存在

图 7-23　数据上链规范

定义数据并确定数据上链规范后，规划设计数据上链存储结构，即链上逻辑(也称智能合约/链码)，证书签名后部署在区块链节点上自动触发并运行区块链程序功能，本项目设计数据管理链码和专用功能链码两类智能合约(链码)。链上逻辑图如图 7-24 所示。

基于以上区块链的特性与制定好的上链规则、链上逻辑等内容，更深入地利用分布式账本、非对称加密哈希技术等，进一步地确保数据安全与可信。

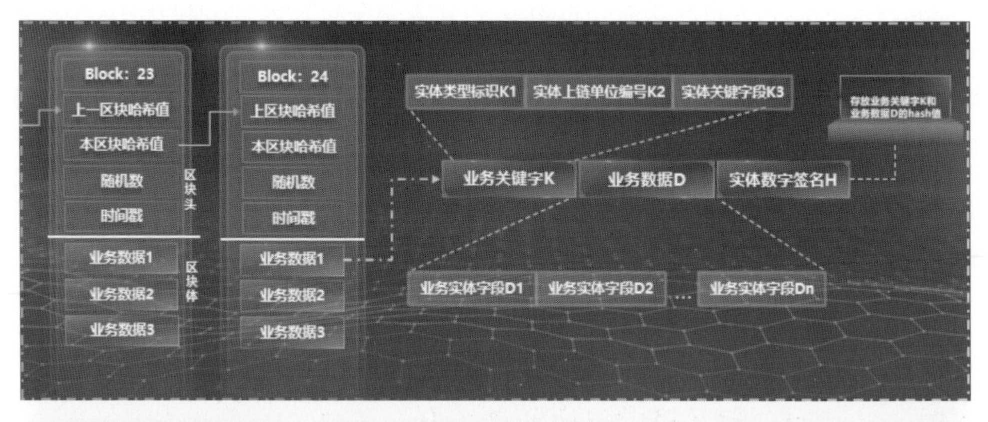

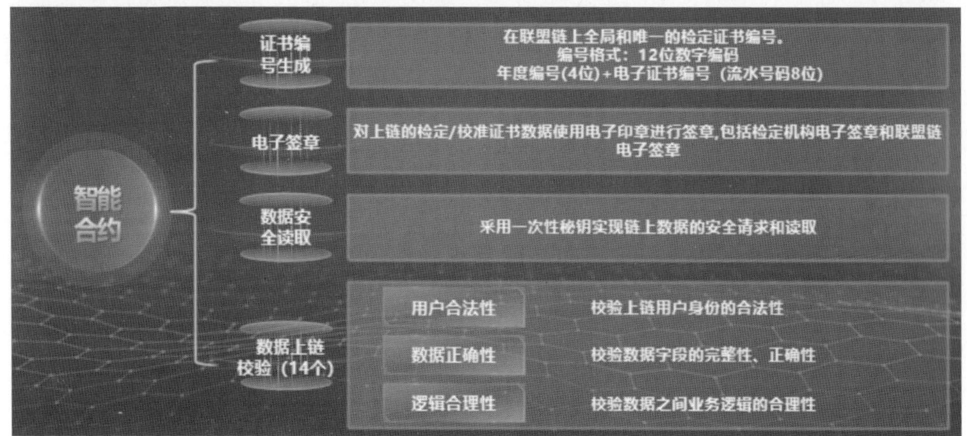

图 7-24　链上逻辑图

区块链核心概念是分布式账本，同样的账本（全量的交易数据）在任意一个节点上都有。每一个节点写入新的数据后，通过传输机制，保证新的数据在每个节点都会完整无误地保存一份。节点的数据只有写入，没有修改。修改数据在区块链平台上也只是写入，不会覆盖老的数据，所以其优点是数据很难造假，造假后也可以通过追溯记录来追究法律责任。

区块链通过非对称加密技术和哈希算法实现数据加密和身份验证。

哈希算法是区块链中不可或缺的一种算法，它能把任意长度的数据映射成较短的固定长度的二进制值。它正向计算很快，但是逆向十分困难，并且修改后哈希值就会改变。我们写入区块的数据会生成一个对应的哈希值并同步写入区块链中，通过验证哈希值我们就能判断数据是否篡改过。

非对称加密包括一对密钥：公钥和私钥。私钥自己持有，公钥可以公布出来。区块链使用非对称加密算法进行信息数据转移。公钥顾名思义是全网公开可见的密钥，所有人都可以用公钥来加密信息，保证了信息的真实性和公开透明性；私有密钥只有信息接收者或拥有者知道，被加密过的信息数据只有通过对应私有密钥才能解密，这就保证了信息的安全性。

通过以上区块链的基本特性和技术，运用基本技术手段，实现对实际上链数据的加密保护、上链数据合约验证、隐私数据链外存储、隐私数据账本隔离等，上链数据加密保护如图 7-25 所示。

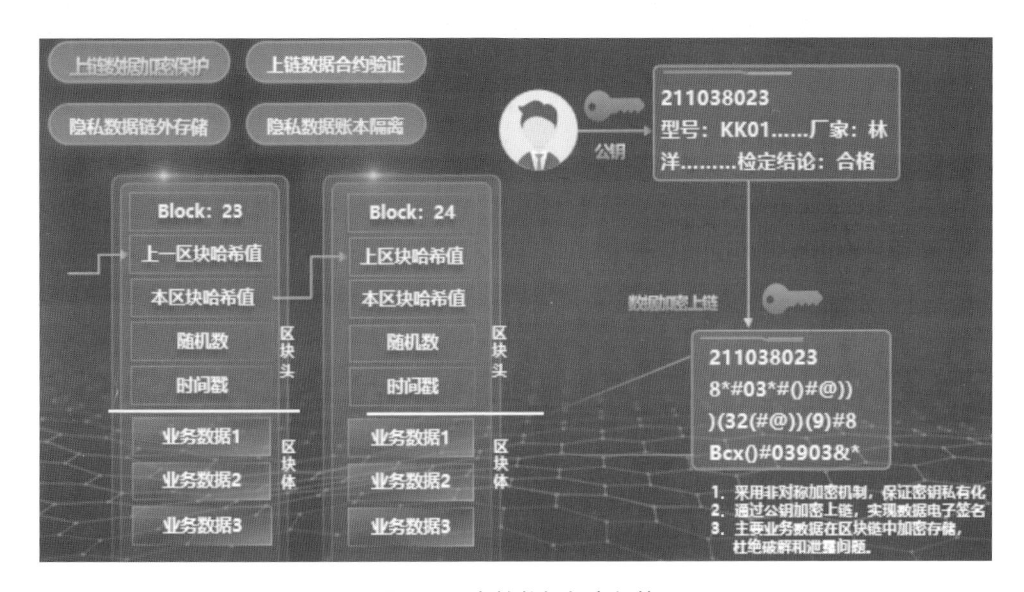

图 7-25　上链数据加密保护

防止有害或者不合法数据上链，采用智能合约对上链数据进行验证通过后上链存储，上链数据合约验证如图 7-26 所示。

Ⅰ类数据加密上链存储，Ⅱ、Ⅲ数据数字签名上链，原始数据不存储在区块链上，上链数据存、取流程如图 7-27 所示。

通过隐私数据账本隔离机制，保证不同的节点上只有对应业务子账本的数据，不同类型数据按不同节点进行区分，如图 7-28 所示。

基于计量可信平台的背景内容，区块链的去中心、防篡改，数据安全、可信的技术特点，符合搭建计量可信平台的技术要求，运用区块链技术，完成区块链计量可信平台基础建设工作，列举其证书查验功能方案，如下文所述。

证书查验功能面向公众提供计量设备检定证书的查询、验真和打印等功能，满足用户对计量设备质量以及检定证书真伪的查验需求。

1）检定检测数据上链

（1）基于区块链去中心化、防篡改的特点，设计安全、可信的数据存储机制，所有

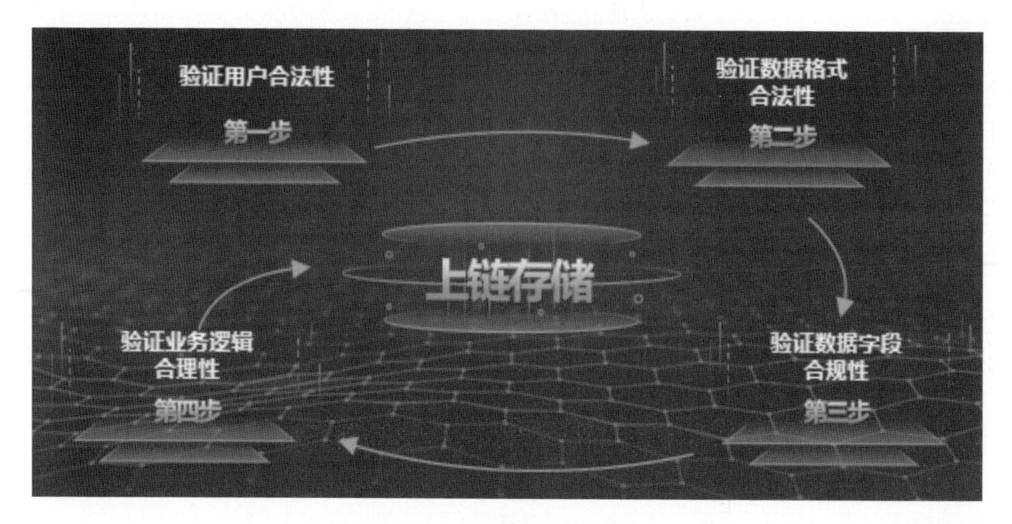

图 7-26 上链数据合约验证

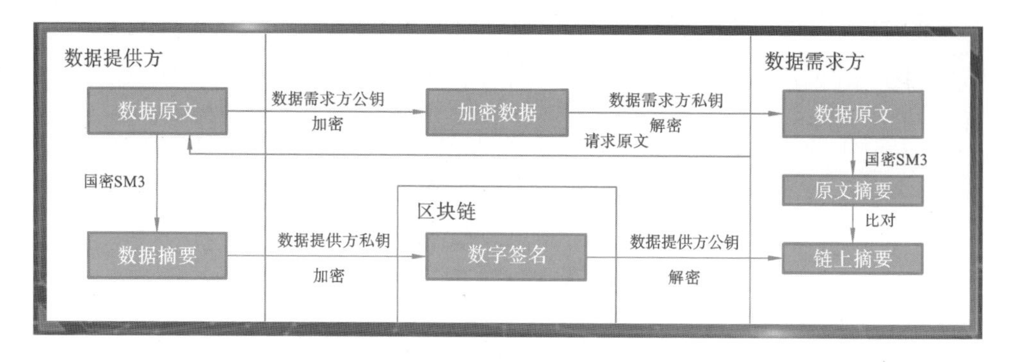

图 7-27 上链数据存、取流程

电能表相关检定数据上链区块链节点实现多节点数据共识、共享。

(2) 微信公众号业务子系统通过链上查询检定数据，并解密上链的检定数据，提供前端展示。

2) 检定证书查询(基于微信公众号)

(1) 基于微信公众号，建立检定证书查询功能，实现证书线上查询与权限的分离，只能查询绑定了户号的相关电能表。

(2) 通过户号与电能表设备编号等信息，进行身份识别、绑定，在验证身份后，才可进入检定证书查询页面。

(3) 建立检定证书模板，用于承载上链的检定数据，通过微信公众号检定证书查询功能，使查询到的检定数据按模板格式填入证书中，生成电子版检定证书。

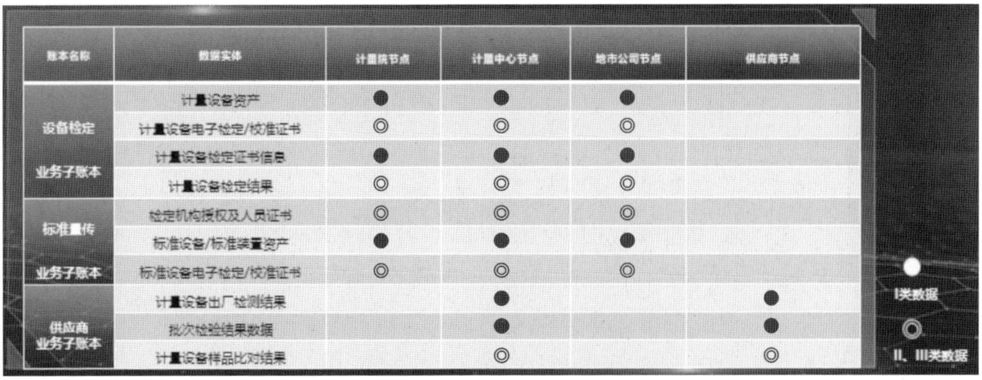

账本名称	数据实体	计量院节点	计量中心节点	地市公司节点	供应商节点
设备检定业务子账本	计量设备资产	●	●	●	
	计量设备电子检定/校准证书	◎	◎	◎	
	计量设备检定证书信息	●	●	●	
	计量设备检定结果	◎	◎	◎	
标准量传业务子账本	检定机构授权及人员证书	◎	◎	◎	
	标准设备/标准装置资产	●	●	●	
	标准设备电子检定/校准证书	◎	◎	◎	
供应商业务子账本	计量设备出厂检测结果		●		●
	批次检验结果数据		●		●
	计量设备样品比对结果		◎		◎

● I类数据　◎ II、III类数据

图 7-28　隐私账本隔离

3）检定证书签章生效（基于微信公众号）

（1）电子版本检定证书生成后，调用后端线上签章平台，对检定证书进行线上签章，使检定证书生效。

（2）线上签章完成后，签章文件自动存储为.pdf文件，存储在专用文件存储服务器中，后续可反复使用，无需线上多次生成。

（3）在微信公众号上可直接查询、预览生效后的检定证书，如图7-29所示。

4）检定证书下载（基于微信公众号）

（1）基于微信公众号，进行证书查询时，如有需求，可选择下载所查询到的检定证书。

（2）下载的检定证书带已签章生效的文件，保证检定证书真实、有效，防止线下修改检定证书文件。

5）检定证书真伪验证（基于湖南省计量检测研究院官网）

（1）湖南省计量检测研究院区块链节点通过区块链数据互识、共享机制，实施存储检定数据，保证检定数据上链后无法更改，并保留所有历史检定数据与数据变动的详细记录。

（2）通过在微信公众号查询到的检定证书编号与签名编号，前往湖南省计量检测研究院网站的区块链功能，输入证书编号与签名编号，湖南省计量检测研究院网站通过输入的证书编号与签名编号，查询链上数据，进行数据对比验证，防止微信公众号数据是未上链数据或被篡改后的数据。

（3）对比结果一致则说明证书为真，对比结果不一致则说明证书为假，政府官网查验证书真伪结果图如图7-30所示。

电能计量可信平台利用区块链技术建成为公众提供可信查验服务、为政府提供透明监管服务、为供应商提供产品质量提升服务的“三位一体”新型智慧计量平台，提

图 7-29　基于微信公众号检定信息查询页面

升民、政，政、企间的互信监督管理，实现跨单位、多服务节点高效协同管理，开创区块链技术在能源计量领域的首次落地应用。

通过区块链网络打破单位间信息壁垒，链上汇聚各环节电能表检定检测数据及标准量传数据，形成实时的、数字化的、一级一级的量值溯源链条，如图 7-31 所示，打破传统纸质保存溯源量值的困局。

开创国网首次“政企联动、计量公信”民生服务工程落地，打造“计量＋服务”生态共生模式，主动服务客户，以政府的信用背书、政府官方网站及电力微信公众号为公众提供电能表检定可信查询，打造数字化公众可信平台，构建透明、公正营商环境，提升电网企业服务质效，为 2900 余万电表用户提供便捷、高效的计量可信查询服务，用户可通过微信公众号和政府官网获得电表检测结果、运行状况、故障情况，满足用户

首页 > 计量科技 > 区块链平台

证书查验情况

电子证书编号

发证单位　国网湖南省电力有限公司供电服务中心（计量中心）

检定日期　2016-03-12

检定人

核验人

数字签名编号

证书查验结果

真实有效

图 7-30　政府官网查验证书真伪结果图

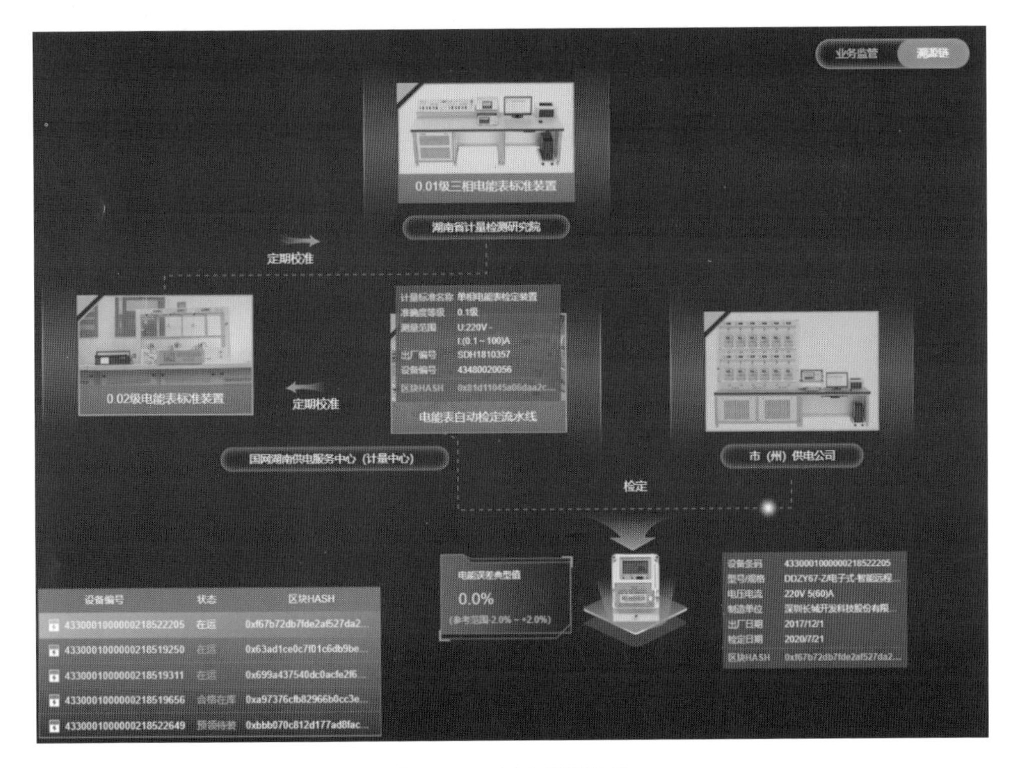

图 7-31　电子溯源链条

获取电能表检定检测等用电数据需求，打消人民群众对电能表精准计量等用电信息的疑虑，提升用户信任感和获得感。

支撑政府科学精准监管。政府作为电力公司电表检定机构统一授权的监管部门，对机构的运行、检定工作质量实施监管，通过区块链网络破除政府、电力公司、供应商、客户之间的信息壁垒，实现电表生产、检测、运行、报废等全生命周期数据透明共享，建立更准确、更全面、更可信的监管机制，保障安装到户的电表精准计量，提高民众对电表质量的信任度。通过区块链技术使监管过程实时、精准、透明化，企业的信息依靠政府、借助政府将电力公司的计量资质及检定信息进行公开与宣传，通过政府信用背书，让查询结果得到人们的信任。

弥补电表生产制造阶段质量管控空白，赋能电表全生命周期数据价值。融合电表设计选型、生产工艺等 16 个核心生产环节数据，实现电表质量管控由“人工监造”向“智能监造”转变，为政府提供有力的监管系统，除去协同作业外，可通过供应商系统反馈时间、出厂质量数据误差分布等，支撑政府从源头进行监管作业。汇聚电表全生命周期数据，向供应商提供设备运行质量分析、生产制作改进建议、元器件选型指导，助力企业提升产品质量，降低电表的运行故障率，节约表计更换成本约 1.2 亿元。

7.4.3 高电压大电流数字化测量系统数据的可信化和共享

通过借鉴可信平台的建设经验，开展高电压大电流数字化测量系统数据平台的建设，采用区块链技术对测量系统检测数据进行可信处理，支撑测量系统检测数据安全、可靠地传输至应用端。

1. 建设数字化测量系统可信共享平台

面向不同服务对象，依据不同的数据共享需求，构建变电站可信联盟，保障检定、检测数据的互认共识机制落实，为智慧化变电站数据可信共享提供组织保障。

1）业务体系规划

建设测量系统计量可信基础，实现检定检测数据可信、合约规则可信。在可信数据和规则基础上面向监管机构、同业单位、生产企业等，构筑可信应用场景，提供高效服务，区块链业务体系规划如图 7-32 所示。

基于区块链技术，建设高电压大电流数字化测量系统可信共享平台，在国网计量中心、各网省计量中心、政府管理部门建设区块链节点，支撑监管类数据、变电站检测数据、标准量传数据等可信共识，为智慧化变电站提供数据可信共享技术支撑。

2）可信共享平台功能

一是实现高电压大电流数字化测量系统检测检定数据上链有效性验证、上链管理、链上存储、数据安全读取等功能；二是实现标准设备溯源、核查业务监管和协同功能；三是实现生产企业协同管理、到货检测管理、拆回质量分析等功能。

3）可信共享平台管理

基本配置管理：提供接口 API、WEB 界面以及配置文件等多种方式，实现联盟链基础参数配置，从而实现高电压大电流数字化测量系统区块链的初始化工作以及后续的变更。

CA 与密钥管理：提供接口 API、WEB 界面以及配置文件等多种方式，实现联盟链 CA 与密钥管理配置。

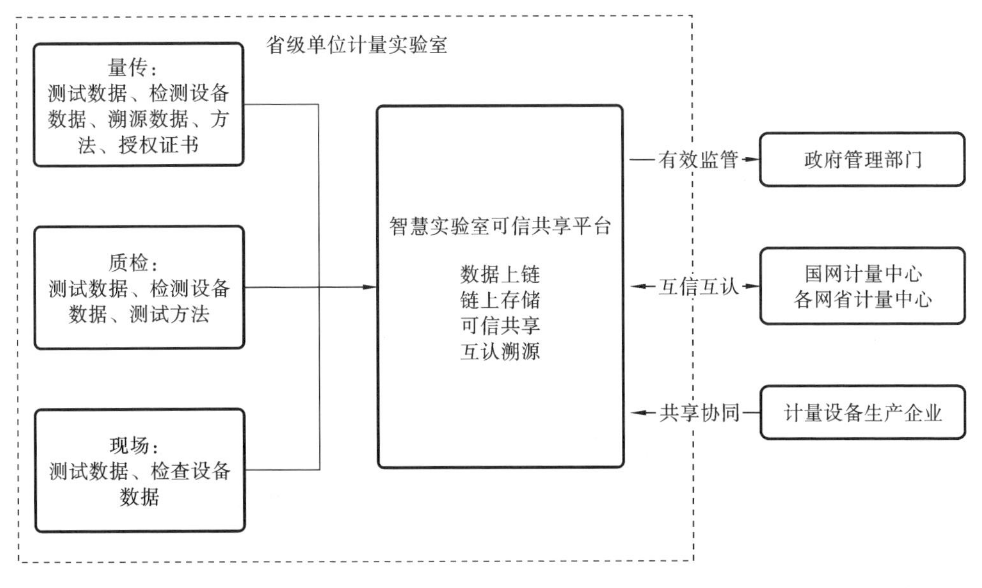

图 7-32　区块链业务体系规划

区块链运行监控：提供 WEB 界面方式，实现区块链运行监控。

2. 变电站数据可信共享服务场景应用

1）变电站互信互认服务

通过变电站可信共享平台，实现国网计量中心及各省计量中心之间的高电压大电流测量系统检测数据互信互任。

一是在国网计量中心与省计量中心之间，各省计量中心通过区块链节点获取共享国网计量中心关于设备的全性能检测数据、元器件检测数据以及软/硬件备份数据，提升国网、省网两级设备质量管控的协同水平。

二是各网省计量中心之间通过区块链节点共享全性能检测数据，优化整合各高电压大电流测量系统之间的质量检测数据和检测设备资源。

2）生产企业协同和数据服务

一是生产企业通过区块链节点获取国网、省网两级高电压大电流测量系统的上链数据，包括供货前全性能试验、到货后抽检试验、全检验收等各环节数据，比对分析结果及设备运行分析数据，拆回表质量分析数据，建立大数据分析预测模型，对厂商设备未来批次的运行质量进行预测分析，为生产企业提供数据服务。

二是国网、省网两级通过区块链节点获取生产企业的送检设备生产制造信息，实现变电站与生产企业关于设备送样和样品比对工作的信息化协同。

3. 建设数据安全的加/解密基础支撑能力

（1）基于国家密码管理局推荐的加密方法，提供数据加/解密解决方案，用户可使用多种加密算法对业务进行可靠的加/解密运算。

(2) 提供安全、合规的密钥托管和密码服务,支撑智慧变电站中的设备、系统、人便捷使用国产密码加密敏感的数据资产。

(3) 面向电子证书、电子印章业务场景,提供统一、可信、可溯源的根证书保管,基于国网统一密码服务平台证书托管。

(4) 面向轻量级数据共享和身份认证场景,提供基于智能安全二维码的数据加/解密组件,提供功能支撑。

4. 数据的智慧化融合应用

1) 面向计量法制化监管的数据应用

(1) 计量资质监管:使用可信共享平台,将各级计量机构的资质证书及相关信息上链,政府监管机构对其有效性、符合性开展透明监管。

(2) 工作计量器具检定质量核查:使用可信共享平台,政府部门对工作计量器具进行检定质量核查工作,完成后记录核查结果、生成证书、形成核查分析报表并上链,实现对工作计量器具检定质量的核查管理。

(3) 标准设备溯源管理:使用可信共享平台,各省网公司分别制定标准设备溯源计划,并发布上链,监管机构监控计划执行情况,并将溯源信息和结果上链。基于溯源分析模型进行综合分析评估,形成溯源计划分析报告并上链。

(4) 标准设备溯源质量监管:政府部门制定标准设备复核计划,并通过可信共享平台发布给各网省计量中心和地市公司,在分别完成了溯源任务后,将溯源结果、证书及复核分析报表上链。

(5) 设备溯源链监管:使用可信共享平台,实现标准设备溯源链的查询分析,当完成标准设备溯源结果和证书上链后,各检定机构可以对相关标准设备整个溯源链条及溯源连续性的检定机构符合性查询提取异常点进行分析,从而发现溯源问题。

2) 面向社会的数据应用

为社会公众和采购商提供设备质量追溯服务,社会公众可获得设备生产厂家及出厂信息,以及测量系统检测资质、检测能力范围和检测结果等信息,并能通过个性化数据定制服务获得近几个周期内检测数据变化趋势和计量器具健康度评价等,从而支持运行电能计量器具的准确性和稳定性,解决社会公众对计量器具失准相关的疑虑。

3) 面向生产企业的数据应用

为电力设备生产企业和送检单位提供检测状态跟踪服务,生产企业送检前能获得计量中心检测和校准能力范围,并能通过总部和省级检测能力横向数据贯通进行检测机构比对选择;为生产企业提供送检设备的样品状态、检测状态和报告状态等检测信息,提供历年设备送检情况和设备稳定性分析的数据服务,解决设备检测对生产企业信息不对称和不透明的服务缺失。

4）面向电力系统内的数据应用

通过数字化变电站系统的数据融合、数据分享功能，为国网级、省级计量中心提供政策性文件、最新软件版本等信息公开服务。利用融合的数据与资源提供国网级变电站和省级变电站的能力比对服务、供应商评价信息服务、计量器具故障分析和风险预警服务、专家协力共享服务等。

基于数字化变电站系统的数据融合与数据分享能力，能够在国网与省网根据运行及拆回测量系统的数据、生产厂家质量数据、省级计量中心计量器具首检数据等，发现测量系统的故障高发批次，纵向关联分析故障主要影响因素，横向对故障批量隐患进行分析及预警，为电力公司更大范围保障在运测量系统的运行质量提供支撑，同时，对测量系统的出厂检验与到货全检验收质量偏差异常情况进行预警，降低到货全检验收的不合格率。

7.5　小　　结

数字化计量系统在数据应用方面具有独特的优势，数字化计量系统可与人工智能算法、大数据分析、区块链等新兴技术结合，解决当前电力系统中传统计量系统难以解决的实际工程问题。将数字化计量数据的数字化与人工智能算法结合，实现计量大数据在线监测分析，解决穿越功率计量、采样值传输质量评价以及电量平衡和损耗计算的问题；利用数字化计量系统的数字化传输优势，解决远距离多端柔性直流输电中的电能计量和能效分析；数字化优势在区块链的数据应用中也独具优势，利用海量的计量采样数据实现数字化计量业务的数据融合、数据共享和数据安全支撑。

第8章　高电压大电流量子计量技术

本章重点介绍目前电力系统高电压大电流领域应用的量子计量技术，主要包括量子电流计量技术、量子电压计量技术、量子电能标准技术和量子传感技术，围绕高电压大电流计量领域和数字化计量领域的溯源应用，阐述量子技术在计量中的溯源应用以及未来的应用前景。

8.1　量子技术概述

2018年，第26届国际计量大会通过了质量单位“千克”、电流单位“安培”等基本单位的定义方法，并于2019年5月20日正式生效。至此，7个国际计量基本单位全部实现了常数定义，构成了国际单位制坚实的地基。这是自米制公约诞生后，计量领域最重大的、革命性的事件，计量正式迈入了量子时代。用基本物理常数重新定义国际计量基本单位后，实际量值更加稳定，量值传递更加可靠，从而避免了实物标准的变化和损坏可能造成的困难。由此导致基本量的复现和溯源的手段、方法、原理等都会发生重大变化，对现有的量值传递与溯源体制造成冲击。基于自然常数基本计量值的远程传递和溯源，可以与互联网技术与计量技术融合，推动全球一体化的计量校准新模式建立。随着计量标准小型化、芯片化、便化，可实现对全世界的任何设备、量值的计量校准。

计量科学与技术的进步，不仅提高了测量精度，也扩大了测量范围。计量是科学测量的基础，先进的测量理论与技术是科学发现的工具，是许多重要科技成果的起源。基本量的重新定义将推动一系列与量子测量相关技术的发展，对人们生产、生活和科学技术的发展产生巨大影响。改变国际计量体系和现有计量格局，包括：① 实现量值传递溯源链路扁平化，使量值溯源链条更短，速度更快，测量结果更准、更稳，为以信息技术、大数据和人工智能为特征的新一轮科技革命奠定基础；② 催生新的测量原理、测量方法和测量仪器，未来将实现不受环境干扰、无需校准的实时多参量测量，带动测量仪器仪表形态全面创新；③ 计量基准可随时随地复现，将直接促进市场公平交易，降低社会管理成本，实现社会的全面进步。计量是现代制造的重要基石，测得出才能造得出，测得准才能造得精，计量是现代工业生产的三大支柱。

与发达国家比，我国计量基础技术和设施还相对薄弱，对未来颠覆性技术系统性、前瞻性研究和布局不够，核心关键技术还未全面突破。为了抓住和用好此次量子变革带来的历史性机遇，从国家战略的高度出发，将强化计量量子化战略研究，并制定量子化时代的中国计量发展新规划。重点在于统筹规划、整体布局，面向计量基础研究、前沿性研究。同时加速推进国家计量标准建设，开展以量子传感为基础的量子计量标准研究，重塑量值溯源体系，充分发挥计量的国家战略资源作用。面对国际单位制量子化变革带来的机遇与挑战，抓住了就会赢得战略主动，避免长期受制于人。

电流安培作为电学领域中唯一的国际计量单位制的基本单位，目前尚无实用的直接电流基准装置，还需定期对标准传感器、标准电能表等进行量值校准。面对日益复杂电网中的大量传感器，以及其他生产、科研等领域的电气装置，传统、低效的量值校准方法无法定期校准。安培量子化的重新定义为电学量值校准的速度与精度的提高奠定了基础，促进新的测量原理、测量方法和测量仪器的发展。现在，基于约瑟夫森效应的电压基准和量子化霍尔效应的电阻基准已经建立起来了。理论上，根据欧姆定律可以导出电流的量子基准，但是会同时引入一定的误差。因此，必须建立独立的电流量子基准以保证电流基准的精度，还可以与现有电学量子电压和电阻基准互相验证。因此，电学领域的3种量子基准将实现量子三角形的闭合互证，降低系统性误差，使量子基准的可靠性进一步提高。然而，当前的量子电流基准装置研究主要基于电子隧穿效应的单电子晶体管，存在以下问题：装置复杂，成本高昂，工作在接近绝对零度的苛刻环境中，运行维护成本高昂，电流稳定量值范围窄，仅 pA～nA 量级，很难直接广泛应用于工程实际中。

8.2　量子电流计量技术

8.2.1　传统电流基准研究

在建立电流的量子基准之前，电流安培的定义是1948年第九届国际计量大会确定的，基于安培定律，电流由两条平行导线之间的电磁力定义。这种定义把电流单位安培、力单位牛顿、质量单位千克、长度单位米和时间秒结合在一起。因此，所有的电学单位都依赖于力学单位。基于此定义的电流计量基准装置为安培天平，它的不确定度约为 10^{-6} 量级。此时国际上保存的复现电流基准依据安培天平。因此，各国计量单位不断提升安培天平的精度并进行比对。在实际应用中，也基于欧姆定律用标准电池和标准电阻导出电流基准单位安培。随着科学技术的发展，对计量准确度的要求也越来越高。基于传统定义的实物基准的不确定度受工艺、材料、环境等因素的影响，很难进一步提高。

8.2.2　量子电流基准研究

由于量子物理理论与技术的发展，利用量子技术提升证明基标准水平是趋势。国际上先后实现了基于约瑟夫森的量子电压标准和基于量子化霍尔效应的电阻基准。但作为国际单位制中最基本的单位，安培一直在量子化装置的研制过程中。为了提升基准的精度，基于 Thompson 和 Lampard 的理论采用电荷量法拉来取代安培，由此把不确定度降低至 10^{-8} 量级。1962 年，英国物理学家约瑟夫森预言约瑟夫森效应被实验证实，为量子电压精准奠定基础，目前基于约瑟夫森效应量子电压达到了很高的精度，约 10^{-8}。德国马普所物理学家冯·克利青 1980 年发现量子霍尔效应，由此确定了量子电阻基准。理论上，电流基准可以根据欧姆定律从上述的量子电压和量子电阻得到。20 世纪 90 年代，在极低的温度下在介观导体上成功实现了操控单个电子的技术。这些被称为单电子泵的器件能够控制电子一个一个地按照一定的频率(f_p)传输，由此可以得到电流为 $I=f_pQ$，其中 Q 是电子的电荷量。该装置的基本理论依据是，存在被隧道势垒隔离的金属岛，隧道势垒的绝缘能力足够强，可以约束岛上的量子化电荷。金属岛被绝缘体完全包围，但是隧道势垒又足够透明，在施加门控电压条件下允许电子通过。但是，控制条件非常苛刻，包括充电的能量大于热能以激发单个电子，但小于激发两个电子的能量。这种单电子器件的不确定度受多种条件制约，目前在小电流 pA 量级的条件下，不确定度可以小于 10^{-6}。由于单电子晶体管的运行条件苛刻，在实际应用上还有许多技术需要克服。

含有固定绝缘壁垒的金属电子泵处于强库伦封锁状态，隧道势垒非常高以保证隔离状态，此时的量子隧穿效应可以视为一种扰动。这种状态非常有利于精确地传输单个电子。但是，非常高的隧道势垒使得载入电子到金属岛的速度大为降低，因而限制了工作频率以降低泵浦中丢失电子导致的误差率。因此，相应的输出电流太低(pA 量级)，无法提供实际可应用的量子电流基准。为了提高量子电流的幅度，国际上深入研究了几种不同方法。

超导常温金属旋转栅门与单电子晶体管的结构相同。它由一个介观金属岛通过隧道结点与两个大的电极相连，其中，电子源和电子排出的电机是超导体构成的。这种混合的单电子晶体管可以并行 10 个旋转栅门同时工作。因此，电流可以上升至 100 pA。但是单个的旋转栅门的电流依然不高于 10 pA，从而也限制了这种方法在计量中的应用。

最新的研究已经聚焦到基于半导体的量子点的单电子源。这些器件操控单个电子的同时，也可通过外加的门控电压调节由量子结点决定的势垒参数。1991 年，Kouwenhoven 验证了以频率 f 交替改变两个势垒的高度，利用 GaAs/AlGaAs 异质结构中的量子点传输电子。目前这种方法可以把单个的 SET 工作频率达到 945 MHz，量子化电流的幅度提高到 150 pA，不确定度为 10^{-6}。

基于金属氧化物硅半导体量子点的单电子泵在 1 GHz 正弦波的驱动下没有磁场干扰，精度可以显著提升，其相对不确定度可以提高至 2.7×10^{-7}。具有可调谐势垒的半导体泵可以在 1 nA 的条件下把综合不确定度提升至 10^{-6} 量级，可是依然无法提供可实际应用的量子电流标准。

近年来，可编程的量子电流发生器(PQCG)的技术得到了发展，这是把欧姆定律直接应用于量子电压和量子电阻标准而产生的量子电流基准，其不确定度在1 μA至数mA的范围内可以达到10^{-8}。这个性能主要依赖于应用了超低温的电流比较器以探测和放大流过量子电子的电流。

由此可见，在电流量子基准的研究中，有两个途径：基于欧姆定律的间接电流量子基准；直接的电流量子基准即为单位时间内通过截面的电流。其中基于量子隧道效应的单电子器件是目前研究的主流。但是面临一些困难需要解决：① 单电子器件是介观器件，其研制、运行条件苛刻；② 产生的电流只有100 pA量级，距离实际应用还有很大差距。

因此，探索常温条件下可产生较大电流幅度的量子电流实施方案，更具有实际应用价值。为此，重点开展电流量子化机制研究，解决大幅值量子电流的关键技术。

8.2.3 基于电子加速器的电流量子化基准基础研究

国际计量基准的量子化提高了量子溯源的效率和准确性。在电学基准的量子化变革中，基于单电子隧穿效应的电流量子化方案研究一直是研究的重点。但是，目前这种方法的量值范围小，工作条件相对苛刻，距离实用还有相当的距离。因此，迫切需要探索新的电流量子化方法和相应的基础研究。

利用加速器技术和计数电子集团而非单个电子可以作为一种新的电流量子化路径。研究的重点在于如何控制电子团在产生、传输和计数过程中电子参数的不确定性，以保证最终计数电子的准确性，其中涉及许多基础问题的研究需要突破。本项目是基于对粒子加速器产生的电子束团集体进行计数而实现电流量子化的，因而可以克服基于单电子计数的量程小的局限。因此，精确、高效、大动态范围地产生电子束是关键，需要准确掌握电子束的参数与阴极材料特性及控制参数相互影响相互制约的关系，这是精准实现电流量子化的基础。此外，在电子束团的加速、传输以及测量等基本过程中，电子束与外加的电磁场、电子束内部的库伦斥力以及真空中的残余气体等因素的相互作用都会引入电子束参数的相对不确定性，从而导致最终的统计精度降低。因此，从理论上分析产生各种不确定性的原因、阐明其影响电子束参数目不确定性的机制、确定主要因素、制定解决办法、实现准确测量是研究核心。

基于电子加速器的电流量子化基准基础研究需要解决大量电子束的产生、传输与精准计数等问题，主要包含：① 基于电子加速器的高性能电子源；② 电子束传输过程中的不确定性抑制；③ 电子电流高精度测量。电子加速器是目前已掌握的、可以稳定产生并精确控制电子束的最主要方案，经过多年的发展，许多理论与技术已经较为成熟。另外，本项目还需要开展基于电子加速器的量子电流的应用。

随着电子加速器、电真空器件技术的发展，高性能电子注入源的阴极研究越来越重要，成为制约系统性能的关键因素。为解决上述问题，已经发展了许多理论与技术以提高阴极发射性能(包括改善材料成分、优化阴极结构等)来降低阴极表面的功函数。相继发展了许多不同类型的阴极,从纯材料发展到复合材料,提高了发射效率。在此基础上,建立了阴极的物理模型,分析各种参数之间的关系,指导改善性能。然而,由于阴极工艺复杂,活性物质蒸发快,导致阴极材料性能不稳定、寿命短等问题。因此阴极发射性能的提高是急需解决的难题。新材料和新物理概念的发展驱动新一代电子源技术不断进步。当前电子源发展的亮点在于低逸出功的一维材料所具有的电子和热性能。纳米管、纳米线、石墨烯等新材料,以及电子发射的新理论模型、新机理持续发展。电子发射材料和物理的不断进步,开辟了新的应用,同时也提升了传统的应用。有多种方式可以激发电子发射,包括热发射、光电发射、场致发射等。针对此项目所需的电子源,重点研究热发射和光电发射两种方案。

1. 阴极材料研究

热阴极是一个非常典型的真空电子器件的电子源,其特性决定了器件的性能。经过多年发展,阴极材料从最初的纯金属阴极发展到复合材料阴极,其中覆膜阴极应用最广泛,主要包括金属阴极、氧化物阴极和扩散式阴极。热阴极发射性能及稳定性与材料的组分、结构和工艺紧密相关。因此阴极材料特性和发射机理的研究非常重要。最初金属阴极是由几种难熔金属(如钨)制成,最大缺点是逸出功高于 4.54 eV,工作温度高,发射电流密度小于 1.5×10^{-7} A/cm^2@1227 ℃,但也具有发射稳定、耐高压离子轰击等优点。化合物阴极材料(如 LaB_6)的发射性能和抗化学腐蚀的能力大大提高。在 1600 ℃时,逸出功降为 2.68 eV,电流发射密度可达 20 A/cm^2。为提高发射效率,掺杂一些电子逸出功低的稀土氧化物作阴极的覆膜,如镀钍的钨阴极,在 1727 ℃时发射电流密度达到 2～3 A/cm^2,稳定运行达 10000 小时。发射效率提高主要由于内部钍原子沿着晶面扩散到钨表面降低逸出功,然而阴极膜层剥落和开裂制约其性能,如把膜层的金属元素直接添加到阴极基体中获得混合的阴极,既可以避免上述困难,又可以提高发射性能。为此,开展行了复合稀土钨阴极的研究,如一种新的复合阴极材料 La_2O_3/Y_2O_3-Gd_2O_3-ZrO_2 工作温度降低至 1600 ℃时的发射电流密度为 1.5 A/cm^2。氧化物阴极是在基体金属钨或镍上涂一层氧化物(BaO、SrO 等),其因工作温度低、逸出功低、成本低等优点,被广泛应用。在脉冲发射条件下,电子的密度可以达到 31 A/cm^2。含钪的阴极工作性能极优异,被学界广泛认为是未来真空电子源热阴极中最有前途的,可以在 965 ℃时产生电流密度 400 A/cm^2,但其发射机理尚不清楚,还在不断深入研究中。

热阴极发射的电子束的品质受材料温度的制约,因此,基于光电效应的电子源成为未来高性能电子源的主流。使用特定波长激光照射阴极,阴极中的部分电子捕获光子的能量,克服表面势垒逸出。理想的光阴极需要足够长的使用寿命,同时输出电流稳定。目前的光阴极可以实现 10～100 mA 的平均电流输出。光阴极主要分为金属光阴极和半导体光阴极两种，半导体光阴极又可以分为正电子亲和（positive electron affinity，PEA）和负电子亲和（negative electron affinity，NEA）。金属是最早应用的光电光阴极材料，传统的金属材料包括金、铜、银等。金在这些金属材料中性能是最好的，具有量子效率高、响应速度快和良好的化学稳定性。因此，金光阴极材料具有广泛的应用，尤其是对电子品质要求高的场合，如同步辐射光源和X自由电子激光的注入器。光阴极材料的电子枪与激光相配合，既可以产生连续的电子束，也可产生超短的高亮度电子束。自20世纪70年代起，人们对金属光阴极材料做了大量的研究，如金、铜、银、铝（Al_2O_3）、钨、钼、钯等。在紫外和X射线能区，金是最合适的金属光阴极材料。最近利用同步辐射实验测量金的量子效率，与理论预测非常符合。但是，金属光阴极材料的一个致命缺点是量子效率相对较低，并且需要紫外频段的激光激发，为光学系统带来困难，限制了在某些领域的应用，如需要强电子束的领域。为了提高金属光阴极的量子效率，研究表明可以在铜阴极表面沉积一层CsBr膜，如图8-1所示。

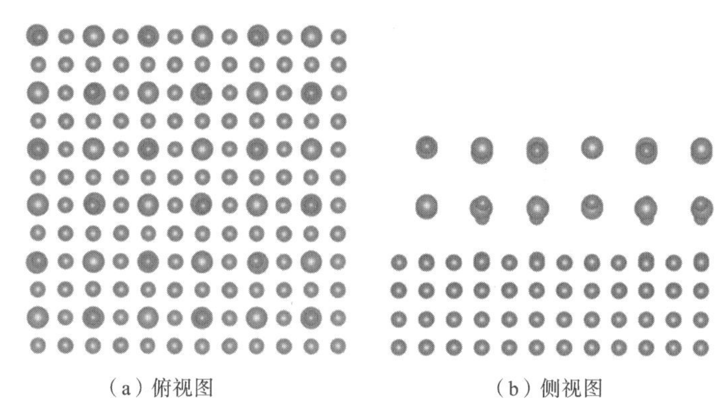

（a）俯视图　　（b）侧视图

图8-1　铜表面沉积CsBr(2 ML)材料示意图

为了提高光阴极材料的量子发射效率，发展了半导体光阴极。理论上半导体材料的量子效率较好，材料的高纯度和无缺陷结构使得它们成为非常具有吸引力的光阴极材料。实际应用中，几种化合物在可见光和红外光区域具有非常优异的量子效率性能，如含碱金属锑的化合物Cs_3Sb、K_3Sb、Na_2KSb、K_2CsSb。然而它们的缺点是对水和氧气反应灵敏。因此，具体操纵这些光阴极材料非常困难，并且性能非常不稳定。另外一些材料虽然对可见光不敏感，但在紫外区具有很高的量子效率。这些光阴极材料与波长小于380 nm的光反应，显示出电子负亲和力。这些材料包括氮化硼(BN)、砷化镓(GaAs)、氮化镓(GaN)、铟化镓(INGaN)以及$Al_xGa_{1-x}N$类化合物。相比于目前常用的GaAs材料，多碱金属光阴极材料（如CsKSb）更具优势，可产生高亮度电子束，是目前主要研究方向之一。与金属光阴极相比，碱金属半导体材料的光阴极有非常高的量子效率，然而碱金属表面材料的活性大，很容易和真空中的残余气体发生反应而降低材料的使用寿命。因此，有研究表明在材料表面镀上一层二维纳米材料，可以有效地防止光阴极材料表面与空气中残余气体反应；有些材料可以降低半导体材料的功函数，提高量子效率。碱金属光半导体阴极材料的镀膜如图 8-2 所示。

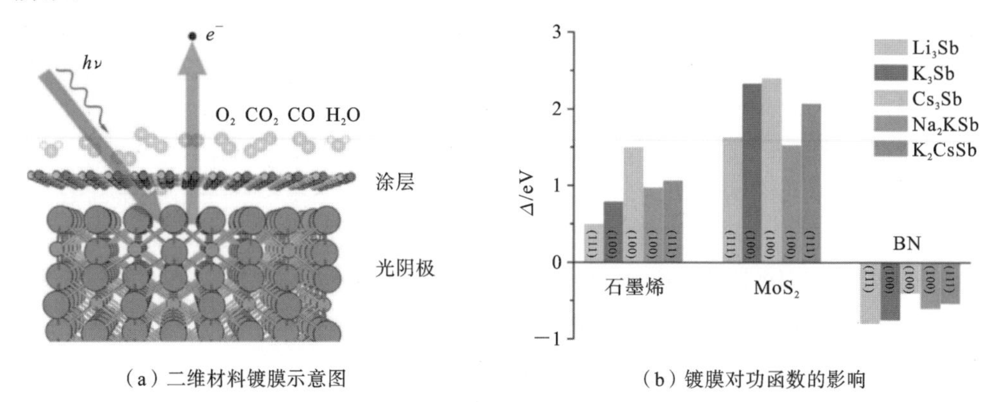

(a) 二维材料镀膜示意图　　(b) 镀膜对功函数的影响

图 8-2　碱金属光半导体阴极材料的镀膜

2. 阴极材料发射模型理论研究

在固体的表面，电子被界面势垒限制在材料内部。电子主要通过三种发射从固体表面进入真空或其他固体材料内，即经典的热发射、量子隧穿发射和光电发射，如图 8-3 所示。在热发射过程中，电子被加热激发至高能量状态，穿越界面的势垒。量子隧穿发射可分为直接隧穿发射和场致发射。在光电发射过程中，电子通过吸收光子获得能量，克服表面势垒作用发射电子。三种基本的电子发射机制并不是相互排斥的。这些机制可以同时发生，如光电发射可同时伴随热发射，得到光致增强的热发射。当发射的电流强度足够大时，界面限制的电子发射转变为空间电荷效应限制发射，其中发射电子的内部电场限制后续的电子从固体材料表面逸出，这个现象最早被

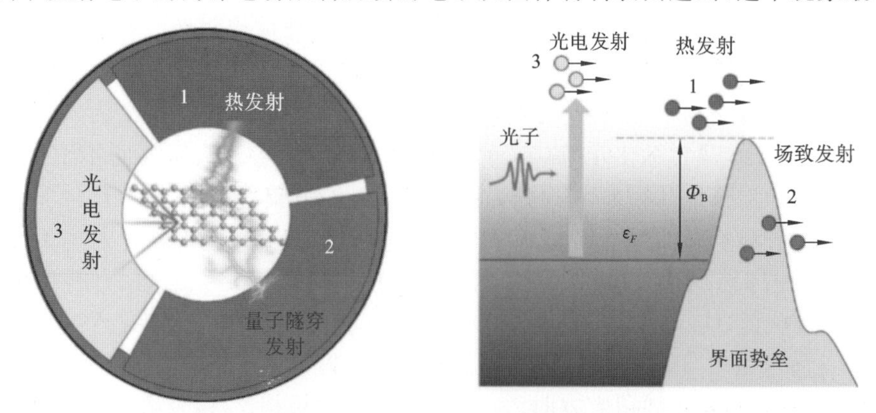

图 8-3　三种基本的电子发射

Child-Langmuir 发现。针对量子电流所需的高度精确可控的电子源需求，场致发射难以满足要求，在电子枪的实际应用较少。因此，主要研究热发射和光电发射机理。

金属材料包含自由电子，在金属内部电子能量分布服从费米-狄拉克规律。当金属被加热时，内部电子的动能增加，电子的能量分布偏离零温度的费米分布，使得部分电子的动能足以克服表面势垒而逸出体外，形成电子发射。在热电子发射过程中，阴极被加热到非常高的温度以提高电子能量分布尾部的电子能量，增强发射能力。影响电子发射能力的一个重要因素是靠近阴极表面处的外加电场和电子的电势，以及它们如何影响电子的状态。电子的势能与离开阴极表面的距离相关，是功函数、电子镜像电势以及外加电场的叠加和，$e\varphi=e\varphi_{\text{work}}-\dfrac{e^2}{16\pi\varepsilon_0}-eE_0x$，其峰值出现在巨阴极表面 2 nm 处。电子发射过程示意图如图 8-4 所示。

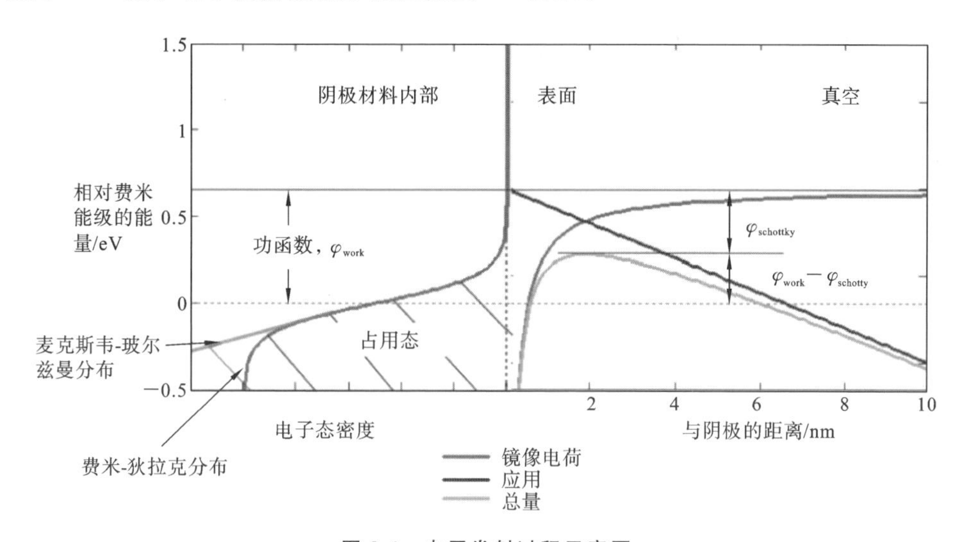

图 8-4　电子发射过程示意图

在热电子发射中，阴极内电子的能量必须大于势垒才能逃逸阴极表面。阴极材料内的电子温度不仅影响电子发射的概率，也影响电子发射后的能量分布。通过施加外电场，可以降低势垒(Schotty 效应)，对电子发射起到至关重要的作用。对于纯金属材料，其发射电流密度由 Richardson-Dushman 方程决定。

有两种主流的理论框架可以解释光电发射-单步量子力学模型和三步模型。其中单步模型依赖于突然假设的“图标”，即电子从材料中的束缚态突然变成自由态，且逃逸出材料，其转变的过程可以通过量子力学的矩阵单元表述。这种模型在紫外工作领域被广泛分析，以理解材料的能带结构；该模型在发射过程中会保持能量和动量守恒。虽然这种理论非常强大，但是这种模型通常并不广泛地应用在实际的光阴极上，主要因为它通常假设光阴极材料具有完美的晶体结构，同时忽略光阴极中电子的散射。光电发射的单步模型示意图如图 8-5 所示。

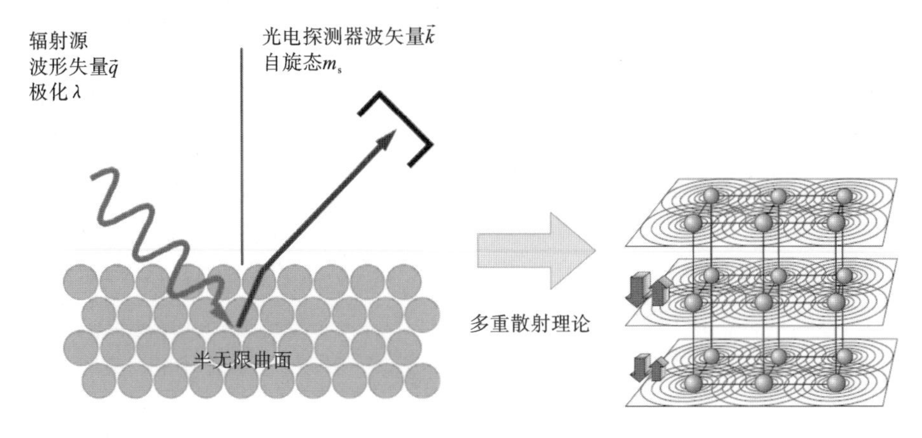

图 8-5 光电发射的单步模型示意图

三步模型是为了处理实际光阴极的光电发射问题，无论是金属光阴极还是半导体光阴极，该模型已经成功地预测电子的发射行为。在这个模型中，发射过程可以分解为三个步骤：① 电子吸收光子处于激发态；② 内部被激发，电子向表面运动；③ 电子光阴极材料表面逃逸进入真空中。第一步关键是电子从价电子带被激发至导电带；第二步关键是要着重考虑电子从内部向表面运动的过程中，由于多种电子散射造成电子的损失。对金属来说，最主要的散射机理是电子散射，其中单次散射是造成损失的主要原因。而半导体光阴极中，没有电子散射，其他散射机制是主要原因。第三步解释材料中的电子向表面运动过程中，电子的运动方向必须限定在一个方位立体角中才能溢出表面。对金属而言不满足这个方向角的电子会来回反射，最终会损失掉。对于半导体光阴极，因为电子最初有它们的方向，但是通过和光子的碰撞，方向随机改变，可以运用蒙特卡罗方法来处理这些问题。

在金属中，通常光子在导电带被大量地吸收以激发电子处于较低的能态而不能逃逸。此外，光激发的电子会和导电带中的电子发生碰撞失去能量，导致它们无法逃逸出光阴极表面。金属中电子平均自由程远小于激光的穿透深度，所以只有很少一部分的光激发电子可以发射，导致量子效率非常低。半导体的能带隙有两种功能，首先，它限制了光子无效吸收，所以没有电子被激发到能带隙中，因为其中没有电子容许态，也限制了电子与电子碰撞。电子平均自由程远可以比激光的穿透深度大很多，大量光电激发的电子可以到达表面，这就导致了半导体材料的量子效率比金属半导体的量子效率大很多，上述过程可以用图 8-6 表示。

提高光阴极输出电子的量子效率和束流品质是目前主要的研究方向，同时还需要光阴极有足够长的使用寿命、输出电流强、对环境要求不太苛刻、激励的激光波长在可见光范围等。多碱性化合物光阴极材料可以在可见光波段(532 nm)产生光电

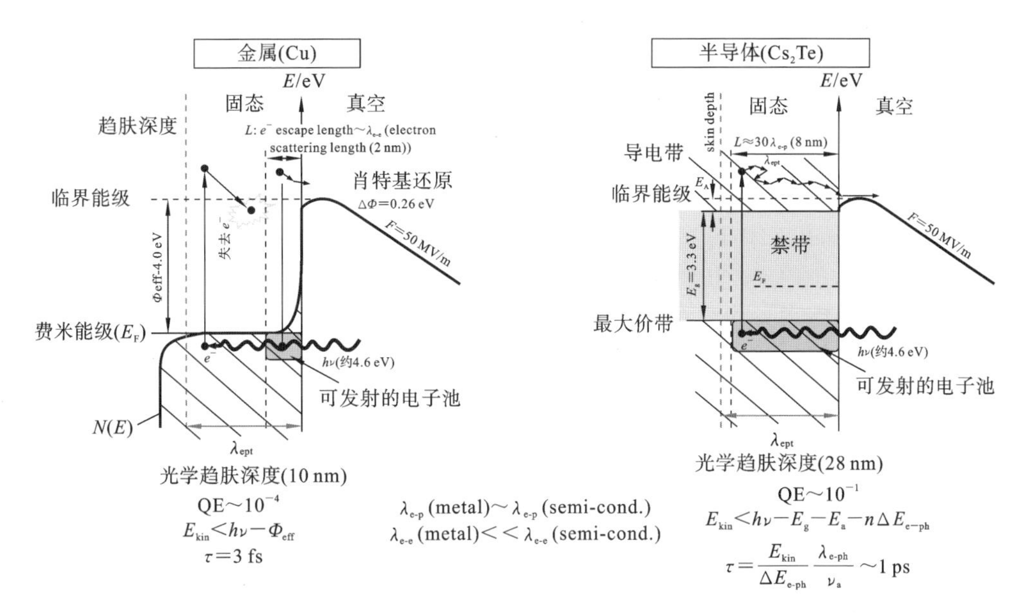

图 8-6　金属光阴极和半导体光阴极材料的区别

子，是目前研究的一个主流方向。在光阴极材料 K_2CsSb 上实现了24%的量子效率。但是，多碱性光阴极容易受到真空污染，而且使用寿命短，这是目前正在努力克服的问题。

3. 主要研究机构

传统的阴极材料研究成熟，主要由公司生产，如东芝公司、飞利浦公司、西门子公司、Varian 公司等。其中钪系阴极材料是发展一个热点，其主要特性是电流发射效率比较高，日本 KEK 在大功率速调管上成功应用。但是作为高精度电子源的研究，目前热阴极材料还是使用比较传统的几种材料。全世界各个加速器研究所都有比较成熟的经验，研制不同的直流或者射频电子枪，如日本 KEK、俄罗斯 BINP、美国 BNL、德国 DESY 等，常用的射频热阴极电子枪结构如图 8-7(a)所示。我国在高性能热阴极材料的研究上起步较晚，但也在某些方面取得了很好的成绩，在某些方面达到了国际同行水准，如北京工业大学研制出纳米 Ce-W 材料提升阴极发射性能。中科院电子所、北京真空电子技术研究所等在多元稀土氧化物阴极材料研究上开展了很多工作。在热阴极电子枪的研制方面，国内主要的加速器研究单位(包括高能物理研究所、上海应用物理研究所、中国科学技术大学、清华大学、北京大学等)做出了相当出色的工作。

目前世界上正在发展的光源、自由电子激光等项目要求电子源同时具有高流强级和高亮度，使得高量子效率的光阴极成为重要的研究方向，主要的研究重点是半导体光阴极。高量子效率的半导体光阴极($GaAs$、GaN、Cs_2Te、K_2CsSb 等)寿命只有数十小时。由于半导体光阴极现在还不是很成熟，主要几个发达国家的加速器实验还在开展深入研究。研究的方向有多个，包括如何进一步提高阴极量子效率和寿命，降低阴极本征发射度激发、激光波长从紫外光向可见光拓展、提高发射的电子的密度等是目前阴极研究的重点，为未来的加速器、自由电子激光提供基础。在 GaAs 光阴极研究上，以 JLab、KEK 为主要代表单位；在多碱光阴极 K_2CsSb 研究方面，以日本广岛大学、Cornell、LBNL 为主要代表单位；在双碱光阴极材料 Cs_2Te 研究上，以美国 BNL、SLAC、HZDR 为主要代表。上述研究单位在相关光阴极研究方面均开展了卓有成效的工作，走在世界前列。图 8-7(b)为超导射频光阴极电子枪结构。

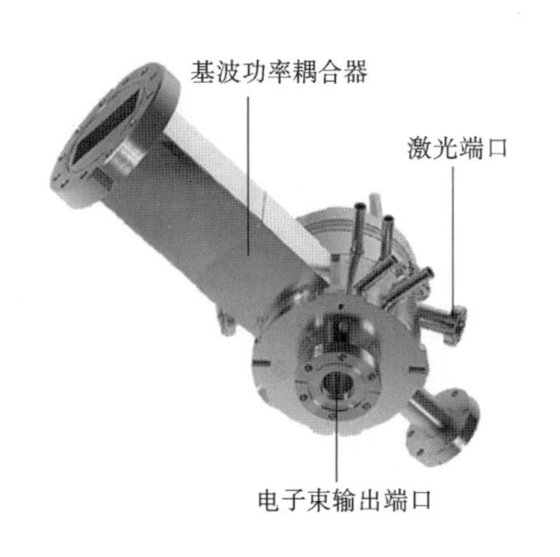

（a）射频热阴极电子枪结构

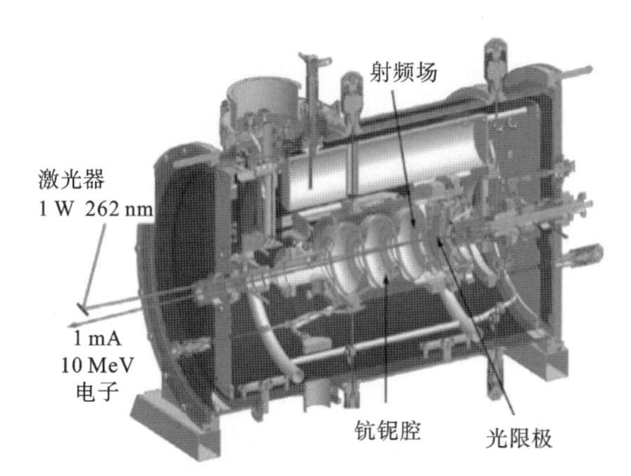

（b）超导射频光阴极电子枪结构

图 8-7 电子枪的结构

在光阴极材料的制备和研究上，我国的研制单位较少。光阴极材料制备单位主要有中科院高能物理研究所和北京大学重离子研究所，其中在多碱光阴极材料的研究上达到了国际先进水平。为了提升电子束的品质，为新一代加速器奠定基础，国内多个单位积极开展光阴极电子枪的应用研究。清华大学不断改进并研制了多套微波铜光阴极电子枪。上海应用物理研究所分别研究金属光阴极和半导体阴极的电子枪。上海交通大学和华中科技大学在研制超快电子衍射装置时，分别研制了光阴极电子枪。中国工程物理研究院为 THz 自由电子激光研制了 GaAs 光阴极电子枪。北京大学研制了超导高重频光阴极电子枪，提高了电子束功率。

8.3 量子电压计量技术

6.2 节提出的两种电子式互感器校验仪溯源技术可以实现 0.05 级电子式互感器校验仪的校准，但是由于受限于数字多用表 A/D 采样和标准信号源的准确度，这种方法对 0.05 级及以上更高准确度电子式互感器校验仪的校准无法适用。此外，由于利用数学公式直接模拟产生 IEC 61850 信号的方式还未被广泛认可，目前所有的计量标准都是以模拟量为源头。近年来，随着量子技术的发展，基于约瑟夫森结的交流量子电压技术对交直流电压的溯源提供了新的解决思路，陆祖良等人利用量子电压技术开展了高准确度交流电压测量方面的研究，段梅梅等人利用量子效应的交流采样值实现数字量的溯源。基于约瑟夫森效应产生的量子电压具有极高的不确定度水平。因此，国际计量委员会于 1990 年 1 月 1 日起在全世界范围内统一使用约瑟夫森常数来保存和复现电压单位，目前合成工频范围交流电压的不确定度低于 1×10^{-8} 量级。量子电压技术具有超高的准确度，为电子式互感器校验仪的高水平溯源提供解决方法。

随着低温物理弱连接理论研究的深入，1962 年人们发现了超导约瑟夫森效应。当由超导材料-普通金属导体-超导材料构成的 SNS 型约瑟夫森结处在低温超导状态时，用微波辐射约瑟夫森结，微波的频率与约瑟夫森结辐射的电磁波发生共振，可以产生量子电压 U_0，即

$$U_0=\frac{h}{2e}f \tag{8-1}$$

式中：e 和 h 分别为电子电荷量和普朗克常数。$K_j=\dfrac{2e}{h}$ 定义为约瑟夫森常数（$K_j=$ 483597.9 GHz/V）。量子电压大小 U_0 除取决于微波频率 f 外，还与偏置电流 I_s 相关。约瑟夫森结的 I-V 特性曲线如图 8-8 所示，每个结通入大小为 0 或 $\pm I_0$ 的偏置电流，使结工作在零台阶或第 1 级 Shapiro 量子电压台阶，结输出的量子电压值为 0 或者 $\pm U_0$。

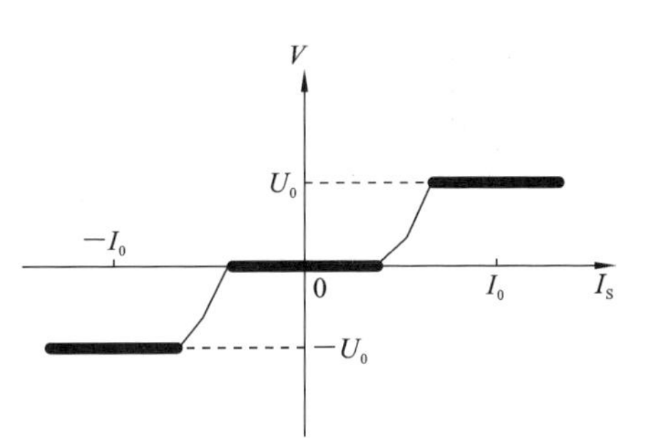

图 8-8　约瑟夫森结的 I-V 特性曲线

由于微波频率可溯源至原子钟基准，最高可达 10^{-15} 量级的不确定度，基于约瑟夫森效应产生的量子电压具有极高的不确定度水平。因此，国际计量委员会于 1990 年 1 月 1 日起在全世界范围内统一使用约瑟夫森常数来保存和复现电压单位。

一个约瑟夫森结可以产生一个高准确度的台阶电压，将多个约瑟夫森结串联成结阵，建立可编程约瑟夫森量子电压标准（programmable Josephson quantum voltage standard，PJVS）。在微波辐射情况下，通过编程控制结阵中不同结的偏置电流状态，可以合成电压台阶近似正弦的交流波形。将正弦交流电压的周期 T 分成 N 等份，合成的交流量子电压信号由一系列台阶电压构成，量子电压的输出为

$$U(t)=\frac{f}{K_j}\gamma\mathrm{Int}\left[\sum_{i=1}^{n}N_i\sin\left(\frac{2\pi}{N}\gamma t\right)\right] \tag{8-2}$$

式中：N_i 是第 i 段约瑟夫森结阵所含约瑟夫森结个数；Int 为取整操作。

目前，国外合成工频范围交流电压的不确定度低于 1×10^{-8} 量级，国内合成 200

Hz 以下、峰值 1 V 的交流量子电压有效值的不确定度优于 5×10^{-6} 量级。

8.4 量子电能标准技术研究

基于量子效应的交流功率测量系统的原理如图 8-9 所示，系统包括信号产生和信号采样及处理部分，其中，信号产生部分包括被测功率源和交流 PJVS 信号产生源，被测功率源和驱动 PJVS 的偏置电压产生单元均用同一个时钟源，可以保证信号生成系统同步；信号采样部分包含两个通道：一个通道实现电压和 PJVS 信号的差分采样，测量时将 PJVS 的高端连接在 ADC 的高端，PJVS 的低端连接在功率源电压输出的地，并且和采样系统的地连接，功率源电压输出的高端连接在 ADC 的低端；一个通道实现电流信号和 PJVS 信号的差分采样，测量时将 PJVS 的高端连接在 ADC 的高端，PJVS 的低端连接在功率源电流输出的地，并且与采样系统的地连接，功率源电流输出的高端连接在 ADC 的低端。测量时需要对交流电压信号和量子电压信号同时采样，可选用差分采样方式。采样单元的工作时序是通过 FPGA 编程实现的，采样单元将采样的数据先存储在 FPGA 的 FIFO 内，再上传到上位机进行存储和处理。FPGA 控制模块是用来控制两路 ADC 对输入电压/电流信号进行同步、等间隔采样的重要部分。本课题使用了两路 ADC 分别对电压、电流进行采样，为了保证工频信号幅值测量的准确性，需要对电压/电流信号尽可能同步采样（采样频率与基波频率成整数倍关系）。在设计中为了得到尽可能与基波频率同步的采样信号，基波

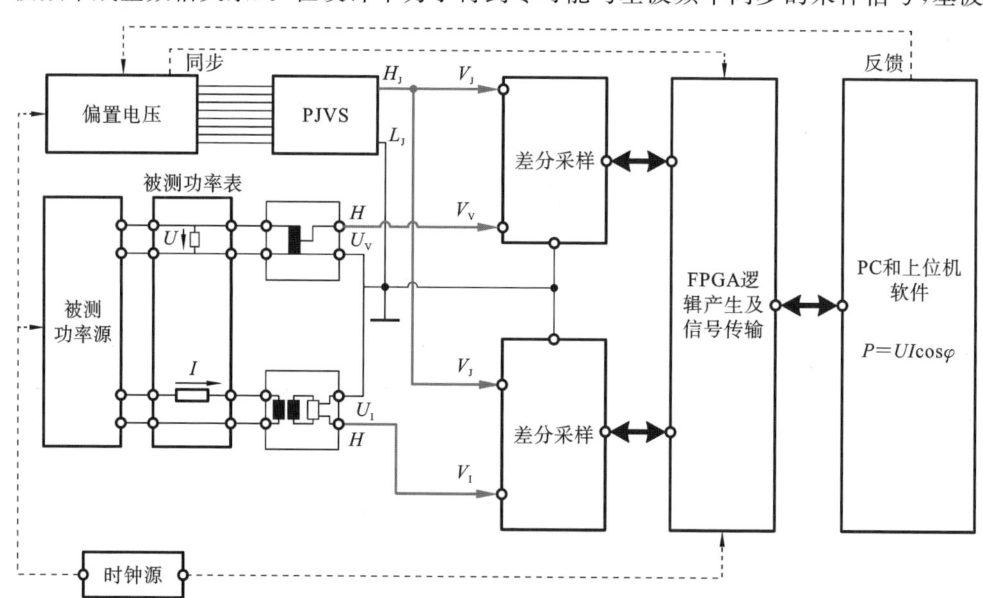

图 8-9 基于量子效应的交流功率测量系统的原理

频率测量时钟和电压/电流同步触发信号来源于同一个主时钟信号。根据所需采样率大小，经过 DDS(数字频率综合器)运算产生同步采样信号，保证电压、电流采样数据之间有相同的采样间隔。为了保证数字信号与模拟信号之间的隔离，所有输出信号均经过磁耦隔离器输出。

交流模拟电能和交流数字电能的量值传递原理如图 8-10 所示，基于量子效应的交流功率测量系统可应用于交流模拟电能的量值传递、交流数字电能的量值传递。通过对模拟交流功率源进行校准，可直接用于交流模拟电能的量值传递。通过将模拟功率源的采样值发送给被检数字电能计量装置，可用于数字电能计量装置的量值传递。

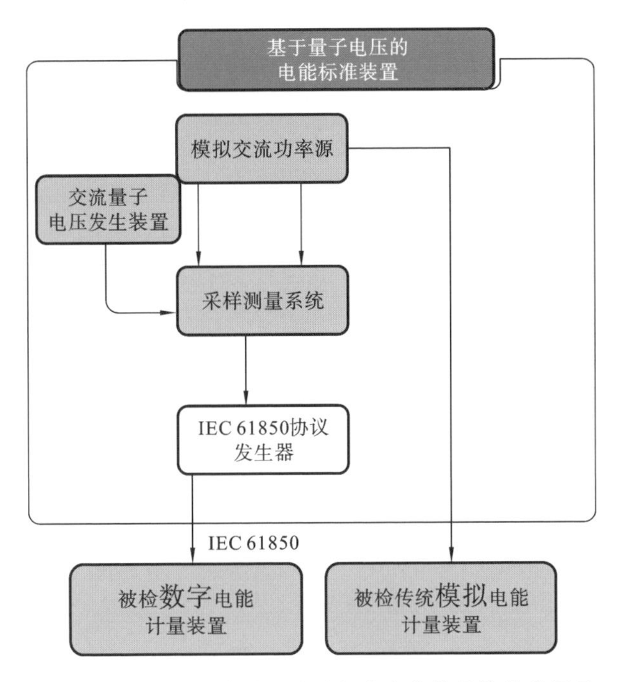

图 8-10　交流模拟电能和交流数字电能的量值传递原理

8.5　高压大电流量子传感技术

量子测量是指利用量子特性获得更高性能的测量技术。目前，对于量子测量没有明确的公认的定义描述，一般认为其具有两个特征，即测量系统中操作的对象是微观粒子(如光子、原子、离子等)，系统在待测物理场中演化导致量子态的改变以实现精密测量。

量子测量技术的总体系统框架如图 8-11 所示，最底层以量子力学为理论基础，

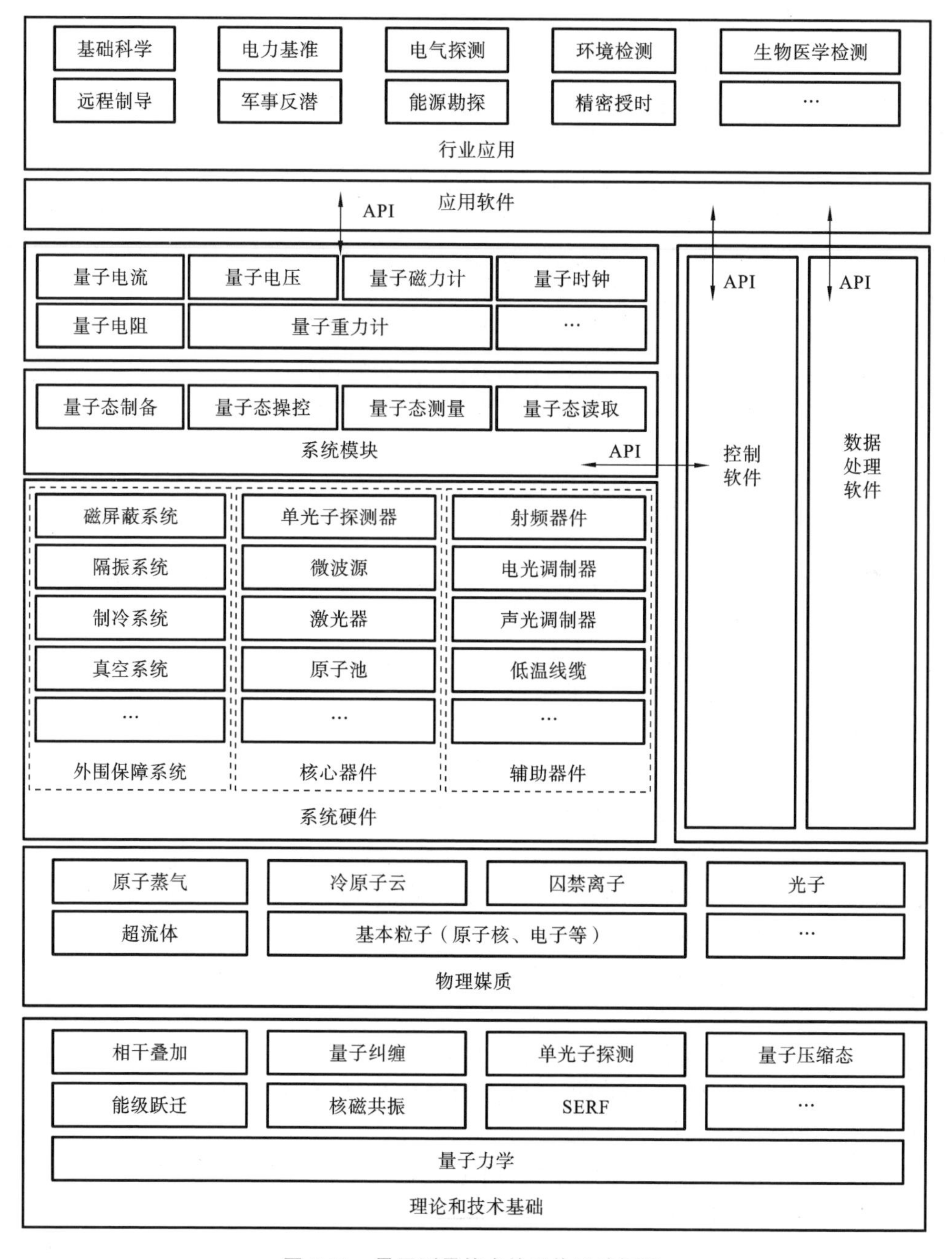

图 8-11　量子测量技术的总体系统框架

运用相干叠加、量子纠缠等技术手段对原子、离子、光子等微观粒子的量子态进行制备、操控、测量和读取，配合数据的处理与转换，实现对电流、电压、磁场、电场、频率、重力等物理量的超高精度的精密探测，甚至可突破经典物理的理论极限。

8.5.1 量子磁场传感技术

量子力学由德国物理学家普朗克于1900年创立，经过爱因斯坦、玻尔、海森堡、薛定谔、冯·诺依曼等众多科学家们的杰出贡献，量子力学已经成为现代物理学的重要基础，是20世纪物理学上最辉煌的成就之一，它揭示了微观领域物质的结构、性质和运动规律，把人们的视角从宏观领域引入微观系统。一系列区别于经典系统的现象，如量子纠缠、量子相干、不确定性等被发现。现在量子理论已经成功应用于物理化学、原子物理、生物工程、量子信息等领域，其中量子信息在量子力学的发展过程中有着极为重要的地位，衍生出量子通信、量子精密测量、量子计算三个最具代表的研究方向。量子精密测量作为量子信息科学中一个重要方向，旨在通过量子资源和效应达到超越经典方法的测量精度，不仅可以很好地应用于对未知物理世界的探索，也能应用于军事、精密仪器、工业制造等方面。

伴随着科学的进步，尤其是光量子技术的发展，人们具备了制备和调控量子态的能力。将量子精密测量技术应用到测磁领域，使得磁探测的灵敏度和分辨率均得到了大幅提高。目前，有多种体系可以实现磁场的量子精密测量技术，包括原子气体、玻色-爱因斯坦凝聚体、超导量子干涉仪(SQUID)、力探测磁共振、巨磁电阻(GMR)和金刚石氮空位(NV)色心体系等。超导量子干涉仪是利用约瑟夫森效应设计的磁传感器，其探测灵敏度可以达到 1×10^{-14} T。超导约瑟夫森结构是在1962年由约瑟夫森提出的，后被实验证实，这也是SQUID的物理基础。超导量子干涉仪由被一薄势垒层分开的两块超导体构成一个约瑟夫森隧道结，当含有约瑟夫森隧道结的超导体闭合环路被适当大小的电流偏置后，会呈现一种宏观量子干涉现象，即隧道结两端的电压是该闭合环路环孔中的外磁通量变化的周期性函数，尽管SQUID的灵敏度很高，但其工作条件需要4 K的极低温，运行和维护都十分昂贵，大大限制了其应用范围。巨磁阻效应在1988年由德国科学家格林贝格和法国科学家费尔分别独立发现，基于GMR原理的磁传感器具有功耗小、体积小、可靠性高等优点，其电流读出的方式可以方便地安装在集成电路中。受材料性能的制约，GMR磁传感器工作温度区间较窄，不适用于复杂工作环境。

基于光探测磁共振技术的磁力计利用光泵浦初始化自旋，在室温、低场下即可实现大于99%的极化度。因为微波光子的能量极低，所以很难探测到单个微波光子，而对于光频段光子的探测是非常成熟的技术，因此光探测磁共振技术可以探测到更弱的信号。早在20世纪60年代初期，铷原子气泡型光抽运磁力计就已经研制成功。1969年，利用铷原子基态的零场能级交叉共振实现对 2.1×10^{-13} T极弱磁场的测量。激光诞生以后，由于其高光强带来的更高的光抽运效率，其被作为抽运光源广泛应用于各种基于光探测磁共振原理的测磁方法中。另一方面，随着高分辨率激光光谱学和量子光学研究的发展，基于原子与激光相互作用的一系列非线性光学现象被发现，如相干布居囚禁及电磁诱导透明，而原子物理领域的一些经典现象在新的实验观察中被重新认识，如非线性磁光旋转。利用这些新的物理现象制备出窄线宽的原子共振信号，可实现对磁场的高精度测量。利用原子气体作为传感器的磁力计，具有非常高的灵敏度，但其动态范围和量程一般较小。

2008 年，美国和德国物理学家以金刚石中的 NV 色心为传感器，利用光探测磁共振技术，实现了更宽温度区间内的精密磁测量。固态介质传感器的 NV 色心金刚石磁力计在具备高灵敏度和高空间分辨率的同时，有着较大的动态范围和量程。金刚石存在多种点缺陷，NV 色心是其中的一种。在光探测磁共振(ODMR)技术被应用于研究金刚石中的缺陷之前，电子顺磁共振是最常用的手段，如金刚石著名的点缺陷的 P1 中心就是 1959 年利用电子顺磁共振发现的。1978 年，Loubser 等人的文章中提到了 NV 色心，并给出了六电子模型来解释其能级结构。1987—1988 年，光探测磁共振技术被用于含有高浓度 NV 色心的金刚石样品，并表征其自旋操控速度和相干时间。之所以要用光探测磁共振的方法研究 NV 色心，是因为与传统磁共振技术相比，其具有两个显著的优点。第一，传统的电子顺磁共振(ESR)方法探测系综自旋的信号，初始极化一般是玻尔兹曼极化，为了提高极化度，需要强磁场或者低温。相比之下，光探测磁共振技术利用光泵浦初始化自旋，在室温、低场下即可实现大于 99%的极化度。第二，因为微波光子的能量极低，所以很难探测到单个微波光子，而对于光频段光子的探测是非常成熟的技术，因此光探测磁共振技术可以探测到更弱的信号。

基于金刚石 NV 色心的精密测磁方法已经取得了长足的进步。该项技术从 2008 年提出以来，迅速成为固态量子材料测量领域的一项“颠覆性”技术。美国 DARPA、欧盟“地平线 2020”计划等重大科研经费均将该技术列为重要研究路线之一。目前，国际上已有哈佛大学、麻省理工学院、斯图加特大学、苏黎世联邦理工(ETHZ)、IBM 实验室等几十个著名高校和研究机构开展了相关研究。近年来，基于该技术，量子纠错算法、量子隐形传态、单分子自旋探测等量子技术领域重要“里程碑式”的工作相继出现，共有三十余篇文章发表在国际顶级期刊《自然》和《科学》上，上百篇 SCI 一区论文发表，成为一大重要的科研领域，高端市场潜力巨大。

在技术指标方面，2008 年，哈佛大学物理系和斯图加特大学首先报道了金刚石 NV 色心的微弱磁检测能力，借助自主搭建的共聚焦显微系统初步实现了运用 NV 色心的微弱磁场测量和成像，整个系统的磁测量灵敏度约为 $3\times10^{-8}\ \mathrm{T/Hz^{1/2}}$。2011 年，柏林自由大学提出基于自旋共振信号调制的原子空间分辨率的高精度磁场测量，通过锁频的方法实现了对 ODMR 信号的测量，磁场精度达到了 $6\times10^{-6}\ \mathrm{T/Hz^{1/2}}$。

2012年，哈佛大学提出了一种四边路荧光收集结构，该结构可以将荧光的探测效率提升到大约39%，并实现了交变磁场的检测。2015年，斯图加特大学提出了一种高效收集效率的固态磁力计，通过消除噪音源并使用高质量、具有较大NV浓度的金刚石，通过交流检测，理论上可以使磁力计的灵敏度为 $9\times10^{-13}\,\mathrm{T/Hz^{1/2}}$，收集效率通过仿真可以达到65%。图8-12列举了金刚石NV色心作为磁力计与其他高精度测磁系统的对比。

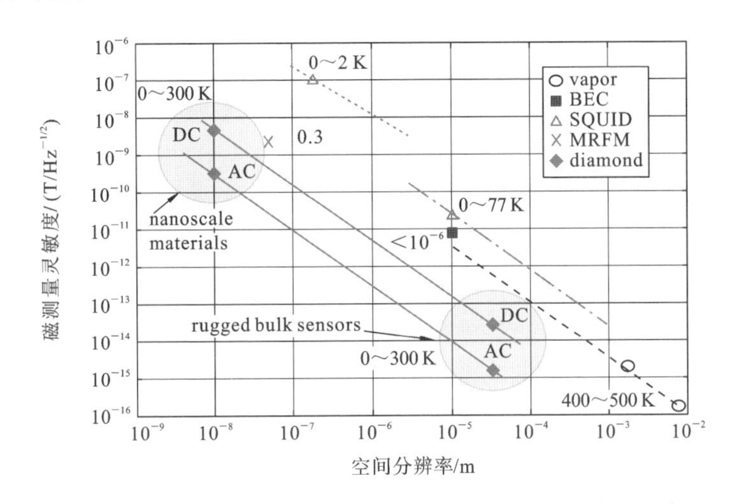

图8-12 金刚石NV量子传感器与其他传感器测磁灵敏度的对比

国内方面，从事金刚石NV色心精密测磁学研究的机构包括中国科学技术大学、北京航空航天大学、中科院物理所、清华大学、华中科技大学等。北京航空航天大学团队依托原子磁力计的研制成果和经验，搭建了一系列超高灵敏磁场与惯性测量实验研究装置，完成了器件研制，在指标方面居于国际领先水平，对NV磁力计开展了研究，目前处于样机搭建阶段。中科院物理所的研究着重于将自旋磁共振技术应用在量子计算领域，代表性成果是弱耦合核自旋的单次读出技术。清华大学的研究组致力于将NV色心作为量子比特，研究其在量子计算和量子模拟方面的应用前景，实现了基于固态自旋体系的几何量子门，利用NV色心量子比特模拟了拓扑物理过程。华中科技大学研究组研究金刚石NV色心在量子精密测量领域的应用，关注的重点是单分子自由基对反应的检测方法。中国科学技术大学的中国科学院微观磁共振重点实验室是国内最早开展基于金刚石NV色心的精密测磁技术的机构之一，磁场传感器的灵敏度达到了 $2\times10^{-10}\,\mathrm{T/Hz^{1/2}}$。中国科学技术大学首次测到了单分子的磁共振谱，实现了更高精度的量子调控，操作保真度达到0.9999。中国科学技术大学自主研发了多款应用于自旋共振检测的仪器，在基于NV色心单自旋量子比特研究中走到了国际的前沿。

8.5.2 量子电场传感技术

电磁诱导透明(electriomagnetically induced transparency,EIT)最初是由 Kocharovskaya Khanin 和 Harris 提出的,指的是一束强耦合光和一束弱探测光同时与三能级系统相互作用时探测光没有被吸收,因而显现出透明的现象,证明了电磁场与原子之间的相互作用和原子态之间的相干叠加可以相互影响。Harris 小组利用脉冲光在锶原子蒸气中首次实现了电磁诱导透明。目前,电磁诱导透明已经在铷、铯、氢原子等原子气室,冷原子和固体材料中均得到了很好的实现。2015 年,我国《物理学报》也刊登了采用里德堡冷原子测量电场的技术研究,证实了电磁诱导透明在电场测量方面的可行性。

1. 工频电场测量水平

对电场测量的研究由来已久,从 20 世纪 60 年代起,就有人采用电荷感应的研究方法来测量高压工频电场。随着电力工业的发展,对电场测量的研究也在不断深入,电场测量装置也在不断改进,测量精度也越来越高。各国科研人员在电场测量领域的研究都取得了大量丰硕的成果。

1984 年,德国斯图加特大学的 K. Feser 等人利用自行设计的以光纤作数据传输并隔离高压的二维球形电场仪,在实验室利用球形电场测量系统测量了 GIS 变电站现场操作冲击试验产生的操作冲击电压和击穿电压。测量结果表明,基于电荷感应式的球形交变电场仪能准确地测量 GIS 变电站中的高频暂态电场。1987 年,瑞士的 Haefely 公司也研制出直径为 8 cm,测量带宽达 20 MHz 的二维球形电场仪。1987—1989 年间,斯图加特大学和 Haefely 公司在二维电场仪的基础上合作研制了三维电场测量仪,其测量的误差小于 2.5%。1988 年,美国 Thomson 等人研制出三维球形瞬态电场测量系统,直径为 45 cm,带宽为 3 Hz~4 MHz,该测量系统具有良好的动态响应特性和较高的测量精度,用于测量远距离雷电冲击电压产生的瞬态电场时,误差小于 0.1%。1994 年,美国 J. Ramirez-Nino 等人成功研制高精度二维球形电场测量系统,该系统测量误差可控制在 1%以内。从 20 世纪末开始,随着测量技术的进步,利用电光晶体的 Pockels 效应进行电场测量的理论和技术得到了发展,美国的研究人员利用质子交换或者钛扩散技术在晶体表面形成具有 Mach-Zehnder (M-Z)结构的条形光波导,从而将相位变化转换为容易测量的光功率变化,实现了电场的测量。

目前国外测量工频电场的仪器中,具有代表性的主要有意大利 PMM 公司生产的 PMM8053A 综合场强测量分析仪、美国 Holaday 公司生产的 HI-3604 工频电磁场强度测试仪、法国 C. A 公司生产的 CA42 工频电磁场分析仪以及德国 Narda 公司生产的 EFA300 低频电磁辐射分析仪等。这些仪器的优点是测量精度高、测量范围和频带都很宽,缺点是测量时需连接光纤,测量方式受限,且价格都十分昂贵。

国内对电荷感应式电场测量的相关研究从20世纪80年代起就已经开始并受到各科研单位的高度重视。1985年，西安交通大学蒋国雄等人研制出球形电场测量仪，该电场测量仪为一维测量方式，传感器直径为2.5 cm，量程为11～1000 kV/m，测量误差小于2%。2002年，西安交通大学的刘健等人又研制出用于二维测量的电场测量仪。1987年，中国电科院高压所研制出高灵敏度工频场强表，该场强表灵敏度高，量程范围为10 V/m～200 kV/m，测量误差小于5%，通过2 kV/m、20 kV/m、200 kV/m三挡量程的转换，能满足低、中、高各类工频电场测量的需要。1993年，华北电力大学李成榕、王文端等人研制出一维球形暂态电场测量系统，该系统探头直径为6 cm，量程为10～1000 kV/m，具有良好的线性度和传输特性，在均匀工频电场测量中的测量误差在1%之内。1995年，张海燕、李成榕等人又研制出二维瞬态电场传感器，该传感器探针为球形电容式探头，探头直径为5 cm，用光纤作为信号的传输载体，测量范围为50～1000 kV/m，带宽为10 Hz～1 MHz，实际测量误差为4.53%。2002年，王泽忠、李成榕等人又利用德国斯图加特大学引进的球形三维电场测量探头，研制出三维电场测量系统，并在实验室进行了工频电场测量和冲击暂态电场测量，测量数据与Ansys软件仿真数据相关度很好。

重庆大学电工技术研究所也进行了大量的电场测量研究，先后研究过平行板电极为探头的二维电场传感器和三个立方体探头集成的阵列式电场传感器，且重庆大学汪金刚等人还对电容式交变电场传感器进行了相关研究，研制出型号为EM1的高压工频电场测量装置，并在重庆陈家桥变电站500 kV输电线下和河南祥符变电站220 kV开关间隔处进行了现场实地电场测量，测量结果与PMM8053A电磁场测量仪的测量数据做了对比，对比结果表明EM1高压工频电场测量装置的平均测量误差小于5%。此外，中国科学院空间科学与应用研究中心罗福山等人还研制出了主要用于测量空间电场的球载双球电场仪，并已经广泛应用于航天航空等领域；中国科学院电子学研究所的夏善红等人研制了用于静电场测量的三维电场传感器，实现了空间矢量的三维探测；清华大学电磁环境研究室利用电光晶体的Pockels效应研制了一种新型无电极的工频电场传感器，具有电场分布影响小、测量电场幅值高等特点。

国内还有诸如复旦大学、水电部电科院、中国计量科学研究院、武汉高压研究所等许多单位也从事了电场测量的相关研究工作，获得了大量科研成果，积累了丰富的经验和知识。国内常用的中高端工频电场测量仪器主要以进口产品为主，国内产品主要为低端测量仪器。现有的工频测量仪器还存在诸多欠缺，如仪器灵敏度差，设备笨重、不易携带，价格昂贵，难于推广等。因此，研制开发一种精度高、体积小、成本低的组式高压电场测量仪器具有广泛的实用价值和科研意义。

2. EIT 用于电场测量

1）EIT 发展现状

早在 1989 年，斯坦福大学的 S. E. Harris 教授在《物理评论快报》中首次提出了无反转激光的概念。1997 年 7 月，S. E. Harris 教授将无反转激光概念统称为电磁诱导透明效应。所谓 EIT 效应，就是在物质介质与电磁场相互作用的过程中电磁场与原子能级系统相互产生的一种量子干涉效应，正是这种量子干涉效应使得电磁波在传播的过程中消除了物质介质对其的影响（吸收和折射），这使得在透射谱的共振激发频率处出现了一个透明尖峰。我们知道，在二能级原子系统中，当一束相干电磁场（探测光场）的频率与原子跃迁频率相同时，物质会在该频率（共振频率）处对光场有较强的吸收作用。在三能级原子系统中，如果在激发能级和亚稳态能级处引入一个较强的电磁场（耦合光场），当耦合光场满足特定条件时，物质对探测光场的吸收谱上就会存在一个窄的凹陷，即透射谱中的透明尖峰。根据介质极化的微观原理可以知道，在介质的共振频率处存在着较大的折射率改变，利用这种改变可以有效地减慢光速，但是，介质在共振频率处也同样存在很强的吸收，这样电磁波很难穿过介质并被探测观察到，如今 EIT 效应可以在实现强色散的同时得到较高的透射率，大大减小在实现慢光过程中介质对光的吸收，解决了一大技术瓶颈。1999 年，哈佛大学的 L. V. Hua 等人首次在超冷原子气体中观察到了 EIT 效应，并利用 EIT 效应实现了 17 m/s 的超慢光脉冲传播群速度。2001 年，C. Liu，Z. Dutton 等人在《自然》上表明，可以利用 EIT 效应使 Na 原子气体存储光子长达 1 ms。2001 年，O. Kocharovskaya 等人证明了在热原子系统内利用 EIT 效应可以达到将光速降低至 0 的目的。但是，要实现上述原子系统，EIT 效应需要严苛的实验条件（包括超低的温度、气态的原子环境等），无法实现固态集成化，这使得 EIT 效应在实际应用中受到了极大的限制，利用原子系统 EIT 效应制作光缓存器显然是不经济、不现实的。为了将 EIT 效应中的一些优良特性运用到实际中去，研究人员将原子系统 EIT 效应的原理移植到其他系统中，提出了类 EIT 效应的新概念，与 EIT 效应相似，引入相干光场后，不同光学路径之间的光学模式发生相干干涉，在共振频率处产生类似于 EIT 效应的透明窗口。2006 年，康奈尔大学的 Qianfan Xu 等人通过实验在硅基并联双环谐振腔耦合波导结构中实现了类 EIT 效应，并测量了谐振环的 Q 值和慢光效应的特性，同年在该结构的基础上，他们利用频率失谐和相位失谐实现了动态可调谐的类 EIT 效应和慢光效应，通过温度调制实现系统群折射率在 90～290 范围内的动态可调，2007 年，他们用实验表明了硅基双环谐振腔耦合波导结构利用类 EIT 效应可以打破延时带宽积的限制。2007 年，Kouki Totsuka 等人通过实验在 SOI 上用 2 个直径 10 μm 的微环耦合波导系统实现了类 EIT 效应，并且透射峰 Q 值达到了 11800，群折射率为 90～290，在 1500 nm 波长处，光波群延时为 17.5 ps，并且在《自然物理学》上发表文章称 SOI 双微环边耦合波导结构中实现的光子存储时间能够大于带宽所决定的光子的寿命。2009年，X. Yang等人首次在光子晶体上实现了类EIT现象。2009—2010年，哥伦比亚大学的S. Kocaman等人设计了一种光子晶体谐振微腔边耦合波导结构，并利用该结构实现了类EIT效应，他们利用热光效应实现了该系统的动态可调性，得到的光延时可达到20 ps，并且该系统还可以实现多波长慢光。2011年，斯坦福大学的Yijie Huo等人同样对光子晶体谐振微腔边耦合波导系统进行了研究，并在实验中实现了两种调制类EIT效应与慢光的方法。在国内方面，2009年，山西大学的高峰等人通过分离的光学腔镜组成的耦合腔系统实现了类EIT效应，并研究了其相关特性。2011年，Linjie Zhou等人提出自耦合光波导结构(SCOW)，并实现了类EIT效应。上述提出实现类EIT效应的结构大部分是在半导体上制作的，通常在室温下即可实现类EIT效应，如今半导体制造工艺技术已经相当成熟，比原子系统EIT效应更容易应用到实际中去，但是这种类型的器件在最小线宽上会受到传统光学衍射的限制，即存在衍射极限，因此在光器件集成上仍然存在着限制。

2）基于里德堡原子EIT的电场测量

EIT效应在多个物理学领域得到了广泛而深入的研究，如量子信息处理与信息存储和光学二极管等。里德堡原子是指最外层电子处于主量子数很高的激发态原子，可以看作是原子实和一个外层电子构成的类氢原子。里德堡原子的轨道半径具有很长的寿命，很大的电偶极矩，外层电子的束缚能力很弱，因此由里德堡原子组成的量子体系具有较长的相干时间和很强的相互作用。此外里德堡原子具有很大的极化率，对外场的响应非常敏感，如电磁场、黑体辐射等，所以人们可以通过控制外场达到控制原子的目的。里德堡原子之间还具有强的长程范德瓦尔斯相互作用或偶极-偶极相互作用，由于这些特殊的性质，使得里德堡原子的相关研究在原子分子物理、凝聚态物理、材料物理、固体物理、应用物理等诸多领域都备受关注。

由基态、激发态和里德堡态形成阶梯形的三能级系统，可以实现里德堡原子的电磁感应透明。2008年，英国Adams小组在室温下的铷泡中观察到里德堡原子EIT效应。随后由Mohapatra等人在里德堡原子气体中研究了EIT效应，利用电场对里德堡原子能级的调控，实现了基于里德堡EIT的电光效应，并获得了很大的电光系数。Abi-Salloum等人利用微波电场耦合相邻的里德堡能级，研究了里德堡原子的量子相干效应，实现了里德堡原子的EIT-AT分裂，Raithel等人在此基础上研究了微波电场对分裂大小的影响。Shaffer等人在铷蒸气池中，利用里德堡EIT对射频电场进行高精度测量。2012年，Peyanel等人在激光冷却原子系统中制备了超冷里德堡原子，研究了超冷里德堡原子强相互作用下的非线性特性，并利用超冷里德堡原子EIT结合里德堡原子的强相互作用实现了慢速单光子源的制备。利用里德堡EIT可以将里德堡原子的相互作用投射到探测光中，所以里德堡原子的EIT效应提供了一种无损探测里德堡原子相互作用的新方法，而且可以同时实现对光子间相互作用的控制。

3）里德堡原子的Stark效应

国内的一些研究组在静电场对里德堡原子的Stark效应做了很多的研究，如测量了钡原子高激发里德堡态的Stark谱，以及氢原子和铯原子的里德堡态受电场作用Stark效应的影响。这种用里德堡原子Stark效应测量静电场的方法虽然能够达到±20 μV/cm的精确度，但是由于探测里德堡原子时需要采用场电离的方式，场电离后原子的里德堡态已经被破坏，因此无法做到连续测量，而且一般来说，场电离探测里德堡原子的系统比较复杂，占用空间较大，很难小型化。

8.5.3 电力量子传感器

随着全球经济的发展，世界各国的电网规模不断扩大，影响电力系统安全运行的不确定因素和潜在风险随之增加，而用户对电力供应的安全、可靠和质量的要求越来越高，全球能源互联网和智能电网成为电网向"安全可靠、绿色环保、优质高效"发展的必由之路。随着全球能源互联网及智能电网建设的不断推进，各项智能新技术、新产品逐步应用于电网工程中，传统的高压电气设备逐渐向智能化、模块化、小型化、多功能和免维护方向发展。现阶段变电站建设的过程中，自动化已经逐渐成为主要的建设趋势，并且自动化系统不断得到扩展，根据国家电网中长期发展规划，提高电网智能化水平，实现对系统运行状态的长期自动监测、诊断和保护，是电网迈向自动化的迫切需求。互感器作为电力系统中基本电气量的测量设备，广泛地应用于电力系统的计量、线路保护监测等重要环节。随着变电站智能化和自动化的发展，电力系统在安全性、可靠性、环保性、智能化等方面对互感器产品和技术提出了更高要求。

传统的电磁式互感器由于测量频带窄、动态范围小、输出为模拟量等局限性，难以适应智能电网的发展要求。随着电压等级的不断提高，互感器的绝缘和结构变得更加复杂，与之相应，其体积和重量大大增加，直接增加了工作人员在运输、安装、调试以及维修上的困难，生产和使用成本也随着电压等级的提高呈几何级数的增加。电子式互感器具有绝缘结构简单、无磁饱和与铁磁谐振、暂态响应范围大、重量轻、体积小、输出信号数字化等优点，能够适应智能电网的发展方向，已经越来越多地应用于各种自动化变电站中。将电子式电流互感器应用于电气成套设备中，全面提升了产品的智能化水平，极大地加快了智能化建设的脚步。

然而，在国家电网公司智能变电站试点阶段，电子式电流互感器却存在电子式器件和光学器件抗干扰问题、温度问题、积分漂移问题等。根据国家电网调控中心统计数据，截至2011年末，国家电网公司系统内18个省网公司已经投产运行110 kV及以上系统的电子式电流互感器共计1204台，共发生故障138台次。以广东电网中山220 kV三乡数字化变电站为例，交接试验共测试了65台电子式电流互感器，误差不合格的有4台，不合格率为4.8%。准确度与稳定性问题已成为电子式电流互感器在电网中正常使用的最大瓶颈与障碍，因此如何提高电子式互感器的准确度与稳定性，是亟待解决的技术难题。

本项目对量子精密测量技术进行研究分析，根据量子精密测量技术在磁场测量方面的高精度与稳定性，以电流互感器为切入点，研究量子精密测量技术的电力创新应用。作为电力系统中数据采样的关键设备之一，互感器的作用非常重要，随着全球能源互联网及智能电网建设的不断推进，对互感器的性能和可靠性提出了更高的要求。中国电力科学研究院与国网安徽省电力有限公司电力科学研究院在国网指南项目支持下首次将量子精密测量技术应用于电力系统电流测量，研制新型高精度电流互感器，基于量子精密测量的电流互感器样机如图 8-13 所示。利用金刚石 NV 色心的超高磁场测量灵敏度和稳定特性，研制一套用于 110 kV 挂网的电流互感器，准确度为 0.1 级。同时，基于该磁传感器，开展了基于零磁反馈的新型电力计量设备方案设计，包括基于超导的低温电流比较仪、基于零磁通原理的电流互感器等。

图 8-13　基于量子精密测量的电流互感器样机

8.6　小　　结

国务院印发的《计量发展规划（2021—2035 年）》明确提出，到 2035 年，建成以量子计量为核心、科技水平一流、符合时代发展需求和国际化发展潮流的国家现代先进测量体系。相较于传统的电磁测量技术，原子尺度测量标准向直接获取单量子信息的水平迈进，具有测量精度高、灵敏度高、工作温度范围宽、对受测原场无侵扰畸变的优势。新型电力系统建设中源网荷储需维持动态平衡,各要素间要快速联动,导致电网变化过程更加频繁,产生全景感知需求,需要通过冗余方式或虚拟测量的方式实现测量无缝布点,以实现所有观测点全面覆盖。传统的电力传感器测量信号类型单一,且在高电压等级环境下,现有的电磁感应式互感器因绝缘需要,往往体积和质量较大,建设和运维成本较高,无法满足全景感知需求。因此开展电力系统中的量子传感技术研究,为量子精密测量在电力系统的应用奠定理论基础、储备关键技术,对电网安全、经济、稳定运行和智能电网及电网数字化有极其重要的意义。该技术的成功突破将完善电力系统现有的电力互感器体系,打造全新的智能化采样和传感网络,为新型电力系统的全景感知需求提供可靠的保障。

第9章　展　　望

9.1　数字化计量在综合能源计量中的应用

9.1.1　配电物联网

国网公司发布的《配电物联网建设方案》为解决目前配电物联网发展中遇到的难题起到了及时、有效的指导作用。在这样的背景下，发、输、变、配、用同时完成是传统电力系统运行的基本特点，这一电能传输的传统链条正在被快速发展的储能和新技术部分取代或替换。因此，进一步探讨未来配电网的发展趋势和应用前景，拓展配电物联网的功能，具有迫切的现实意义和深远的历史意义。随着新能源开发、传输、存储、转换等技术的迅猛发展，以及互联网、智能终端、大数据、云平台等技术在能源领域的不断应用，电力物联网作为传统功能延续、新功能开发承载主体的优越性逐渐显现，特别是在新技术不断涌现、新主体爆发增长和国家“再电气化”政策的背景下，配电物联网已经成为一个多能源汇集、供用能交互、多形式管控、多信道互联的有效平台。

能源转换模式灵活性不断增加，用户可以根据需要选择能源转换路径最短、效率最高、最经济的用能模式，或将几种用能模式组合应用。相应用户用电模式的选择也将多样化，可根据地理环境、用途、经济性、安全性等需求进行选择，如对于热电联产单位，在合理半径之内选择热网或电网，选择热(冰)储能或电储能，在电储能模式上选择高能电池或抽水储能。但就目前可预料的未来，电网依然是重要能源转换平台的优先选项，而且重要的党政机关，军工企业，企事业单位，化工、矿山、冶炼等对供电可靠性需求高且用电量大的单位依然会保持与电网的密切联系，以电为中心的能源转换平台如图9-1所示。

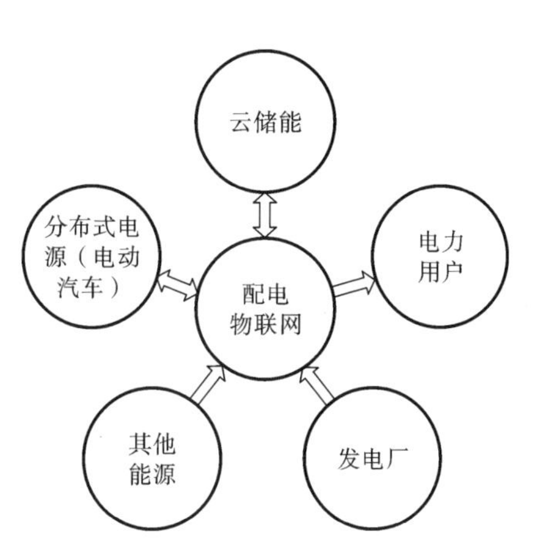

图9-1　以电为中心的能源转换平台

9.1.2 数字化计量支撑展望

1. 智能自动化技术

数字化计量系统在配电网规划的核心就在于智能自动化技术是否能够有效运用,随着配电网技术的不断创新发展,智能自动化技术的应用范围得以不断扩大,有着极为广阔的发展前景。但在技术进步背景下,智能自动化技术在配电网中的应用也有了更加明确的要求。结合当前智能配电网发展现状来看,智能自动化的应用有效节省了电网应用过程中的人力投入,减少计量设备校验、检测等工作中的反复唠叨,促使协调运用得以实现,同时利用自动化计量主站和计量子站,智能自动化控制条件下规范化操作得以成功实现。智能自动化技术将信息技术、电子技术等多种技术集中到一起,其在智能配电网中的应用主要体现在智能预警、数据搜集和记录、电网运行异常情况提示等领域。在配电网运行期间,管理人员可结合这些数据确定数字化计量系统当前运行状态,分析是否有异常情况出现,并及时采取措施进行预防。

2. 能源综合计量

能源计量是智能配电网中应用比较广泛的技术之一。分布式发电主要包含风力发电、太阳能等,其不需要燃煤发电就可达到相应的发电目的。同时,伴随着计算机技术的不断创新和发展,分布式能源发电技术也拥有更多革新机会,其在配电网规划中的作用极为重要,对配电网稳定运行有着极为重要的促进作用。

当前电能应用开始朝着多样化方向发展,将电能应用到电动汽车中就是技术进步的重大表现,该技术的应用是可持续战略项目落实的表现,其在未来汽车市场的发展拥有广阔的前景。与传统的配电网运行不同,电动汽车属于移动储能,是当前配电网规划的核心项目之一。

以新能源产品应用特点出发,建立一种适用于新能源计量的业务模式,开展新能源并网后引起的异常与线损分析业务,围绕“双碳”目标,监测本地区碳排放轨迹。开展新能源宣传和引导,助力基层掌握“双碳”政策、新能源产品及业务内涵,正确引导客户开展项目运行,提升客户项目价值,引导区域低碳绿色能源产品的推广应用。具体的数字化计量在能源计量上的应用通过以下方向进行开展,如表 9-1 所示。

3. 数字化测量技术推广

智能配电网技术在配电网规划中的应用可将系统信息与运行信息等以检测形式突显出来,如某区域的固定时间段用电量,通过数据信息可计算该区域用户的用电要求。这样做可以更好地实现对供电量的智能化管理,如针对用电量高的区域,可在用电高峰期增加供应量,而针对用电量并不是很高的区域,可适当降低供应量。同时,其还可对各种异常信息快速分析处理,确定有无漏电问题,这样也可有效提高管理水平。当前,应用电费计量工具依然是以电磁表为主,该设备虽能满足常规要求下的电费计量需求,但高峰条件下会稍显吃力。所以数字化测量技术的应用就显得极为必要,可更好地提高电费计量效率,便于对各种用电数据搜集和处理。

表 9-1 能源计量方向

阶 段	新 方 向	功能说明
阶段一 新能源业务拓展	新能源宣传	开展光伏、电动汽车、风能新能源知识与“双碳”宣传,助力基层快速掌握新能源产品及业务内涵
	新能源计量问题整合、优化	针对大量随机性新能源入网后对电能计量的影响,进行业务拓展,如建立新能源并网后的异常与线损分析业务,解决大量新能源并网后引起的功率因数低、线损变化问题
阶段二 碳计量业务拓展	设计“碳”数据平台	建立“碳”数据平台,建立客户碳排放指标,面向电能替代、新能源等低碳客户建立奖励机制,面向碳排放较高的客户设计整改方法
	建立“碳网一张图”	建立地区碳轨迹监测功能,建立低碳台区试点

9.2 数字孪生技术

数字孪生(digital twin,DT)是指充分利用物理模型、传感器更新、运行历史数据等,集成多物理量、多时间尺度、多概率的仿真过程,在虚拟空间中完成映射,从而反映相对应的实体系统的全生命周期过程,可反映实际系统的复杂运行状态。电力系统的数字孪生是建立在精确物理仿真模型和实际测量之上的“影子系统”,其可为电力系统运行控制的研究提供更加安全、准确、高效的计算分析技术,是实现面向虚实融合设备可视化管理的最有效方式。

最早定义“数字孪生”的是美国密歇根大学的 Michael Grieves 教授,他在 2003 年提出“与物理产品等价的虚拟数字化表达”,并且他提议将数字孪生与工程设计进行对比,以更好地理解产品的生产与设计,并在设计与执行之间形成紧密的闭环。2010 年,NASA 已经开始将数字孪生运用到下一代战斗机和 NASA 月球车的设计中。美国国防部、PTC 公司、西门子公司、达索公司等都在 2014 年接受了“digital twin”这个术语,并开始在市场宣传中使用。美国国防部提出将数字孪生技术用于航空航天飞行器的健康维护与保障。在数字空间建立真实飞机的模型,并通过传感器实现与飞机真实状态完全同步,这样每次飞行后,根据现有情况和过往载荷,及时分析评估是否需要维修,能否承受下次的任务载荷等。知名咨询公司德勤(Deloitte)于

2017年发布“工业4.0与数字孪生”，对数字孪生的架构进行了清晰的描述，德勤认为通过数字孪生，企业可以实现产品快速面市、改善运营、创新业务模式以及降低生产缺陷。通用电气(GE)将数字孪生这一概念推向了新的高度。通用电气将这项军方技术转为民用化最理想的载体，借助数字孪生这一概念，实现物理机械和分析技术的融合。以喷射引擎为例，喷射引擎中昂贵且扮演关键角色的耐高温合金涡轮叶片是制造推力的主要零件。每个叶片上都安装了传感器，这样就可以根据要求的频率传输实时数据。软件平台会将引擎的所有信息收集起来，使之数据化，并建立数字模型。德国西门子公司也在积极推进包括数字孪生在内的数字化业务，数字孪生已经被应用在西门子工业设备 Nanobox PC 的生产流程中。全球最具权威的 IT 研究与顾问咨询公司 Gartner 连续在2016年和2017年将数字孪生列为当年十大战略科技发展趋势，使得数字孪生成为这几年在物联网、智能制造大潮中非常流行的词汇。

电力数字孪生是电力模型日渐复杂、数据呈现井喷趋势以及数字孪生技术发展完善等多方背景共同作用下的新兴产物。相比于侧重实时操控实体的信息物理系统或经典模型驱动的仿真软件，电力数字孪生更侧重于数据驱动的实时态势感知和超实时虚拟推演，旨在为电力系统的运管调控决策提供参考。此外，数字孪生未来也会更系统地引入人的概念，最终在真实物理空间和虚拟数字空间搭建“信息-物理-人”交互的系统，这也是数字孪生的一个研究方向。

数字孪生主要包括真实系统、映射系统、融合数据、虚拟系统与现实数据的融合以及服务管理系统。真实系统主要指在实际客观存在的实体，它具体执行系统中下发的输电计划。映射系统通过建模形成系统镜像，结合物理系统的实时数据、期间数据以及仿真优化数据，通过信息数据与物理数据的融合构成融合数据。将实时数据反映到虚拟世界中，利用仿真数据反馈调节真实系统，可以将虚拟系统与现实数据进行合适的融合，同时利用仿真数据反馈调节真实系统的行为，满足虚实空间一致性与同步性的要求。针对数字化计量的需求，可以建立电力系统的数字孪生数据交互结构，如图9-2所示。

根据数字孪生的基础架构，可以看出电力系统数字孪生模型的数据交互关键技术主要有物理系统互联、虚拟系统建模仿真、系统数据集成、虚拟系统与现实数据融合、交互反馈等。实际存在的电力系统在相关技术的监控下，通过类似于传感器、数据采样卡等方式，上传系统的状态数据，同时实时采样电力数据，之后智能系统对这些数据进行有效的集成，然后与建立的虚拟电力系统模型互联。根据实时传输的数据，虚拟系统同时更新相关的数据，实时地映射出真实存在系统的所有行为过程。虚拟系统首先会在信息端进行现场数据的全方面展示，其次可以同时进行动态仿真，在此仿真过程中生成的仿真数据会具体映射出真实系统存在的问题，然后可以利用大数据相关技术和智能算法进行对比分析，对仿真生成的问题进行预测和诊断，将生成的预防和解决方法反馈到现场，对实际存在的问题进行控制和优化。例如，在特高压

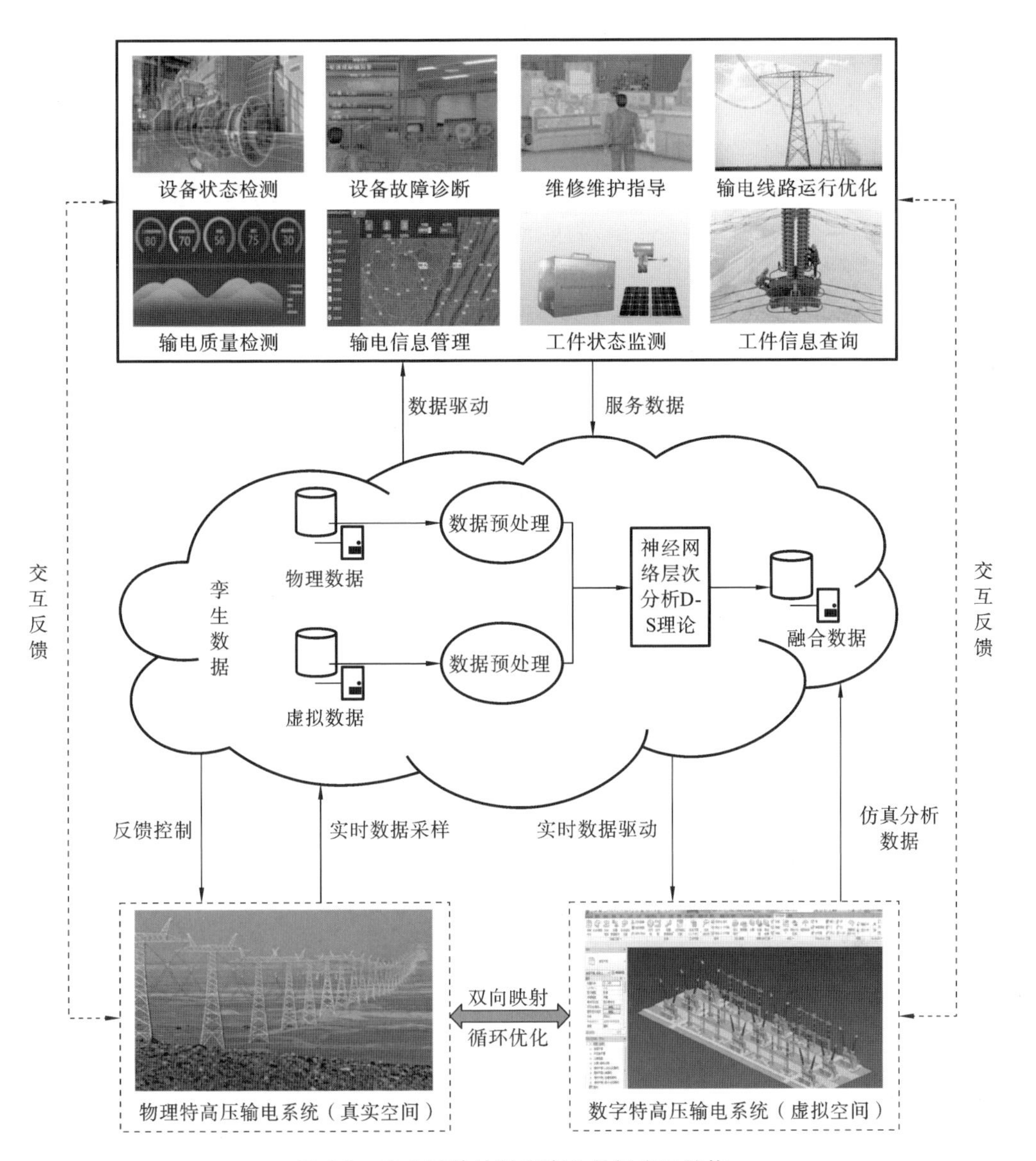

图 9-2 电力系统的数字孪生数据交互结构

直流系统能效计量的应用场景中，可以基于特高压直流系统分析元件能耗理论模型的先验知识和数据驱动算法，建立特高压直流数字孪生虚拟系统，使用电能计量装置进行数据实时采样，研发基于数字孪生的特高压直流系统能效计量与智能分析系统，实现特高压直流系统能耗的反演和推演，在此基础上分析和验证虚拟降损技术，最终再返回指导实际电力系统的精确计量及有效降损。

9.3 小　　结

本章主要介绍了数字化计量技术的未来展望，数字化计量技术在综合能源计量和数字孪生应用中具有较大的应用前景，数字化计量技术在配电物联网的能源转换平台中具有重要作用，结合互联网、智能终端、大数据、云平台等技术，使配电物联网成为多能源汇集、供用能交互、多形式管控、多信道互联的有效平台。此外，数字化计量可以与数字孪生技术结合，搭建虚拟的计量系统，实现计量系统仿真、状态预测和诊断、大数据分析应用等业务，加快推进计量业务融合与共享。

参考文献

[1] 白浩，周长城，袁智勇，等. 基于数字孪生的数字电网展望和思考[J]. 南方电网技术，2020，14(08)：18-24.

[2] Dazahra M N，Elmariami F，Belfqih A，et al. Modernization and Optimization of Traditional Substations for Integration in Smart Grid[C]. International Renewable and Sustainable Energy Conference (IRSEC)，Tangier，Morocco，2017.

[3] Topolskiy D V，Yumagulov N I，Galiyev A L. Development of Technical Solutions for Digital Substations Using Ddigital Instrument Combined Current and Voltage Transformers[C]. International Conference on Industrial Engineering，Applications and Manufacturing，Moscow，Russia，2018.

[4] FutureGrid II—Metrology for the Next-Generation Digital Substation Instrumentation [EB/OL]. Available online：https://projectsites. vtt. fi/sites/FutureGrid2/(accessed on 28 September 2020).

[5] Thomas R，Vujanic A，Xu D Z，et al. Non-conventional instrument transformers enabling digital substations for future grid[C]. IEEE/PES Transmission and Distribution Conference and Exposition (T&D)，Dallas，TX，USA，2016.

[6] Topolsky D V，Topolskaya I G，Topolsky N D. Intelligent instrument transformer for control systems of digital substations[C]. 2018 Ural Symposium on Biomedical Engineering Radio Electronics and Information Technology (USBEREIT)，Yekaterinburg，Russia，2018.

[7] 邸志刚，孙腾飞. 电子式电流互感器发展现状与应用前景[J]. 仪表技术，2019，(05)：37-40.

[8] International Electrotechnical Commission. IEC 61869-9：2016 Instrument Transformers—Part 9：Digital Interface for Instrument Transformers[S]. Geneva：International Standardization Organization，2016.

[9] 芦亮，陈谦，代彦彦，等. 电子式互感器在洛川 750 kV 智能变电站的应用研究[J]. 电网与清洁能源，2012，28(11)：36-39.

[10] 李福超，罗睿希，刘鹍，等. 智能变电站采样值同步异常导致跨间隔计量系统故障分析[J]. 电测与仪表，2016，53(z1)：101-105.

[11] 国家质量监督检验检疫总局计量司. JJF 1001—2011 通用计量术语及定义[S]. 北京：中国质检出版社，2011.

[12] 电力行业电测量标准化技术委员会. DL/T 448—2016 电能计量装置技术管理规程[S]. 北京：中国电力出版社，2016.
[13] 赵国鹏，阎超，孙冲，等. 关口电能计量装置在线监测技术研究现状分析[J]. 河北电力技术，2020，39(06)：49-55.
[14] 王毓琦，李红斌，向鑫，等. 电力互感器检定与评估方法综述[J]. 高压电器，2020，56(04)：95-101.
[15] 李振华，沈聚慧，李红斌，等. 电子式电流互感器测试技术研究现状分析[J]. 电网与清洁能源，2019，35(02)：23-30.
[16] 童悦，李红斌，张明明，等. 一种全数字化高压电流互感器在线校验系统[J]. 电工技术学报，2010，25(08)：59-64.
[17] ISO/IEC GUIDE 99：2007 International vocabulary of metrology — Basic and general concepts and associated terms (VIM)[EB/OL]. ISO/TMBG Technical Management Board - groups. Available online：https://isotc. iso. org/livelink/livelink/Open/8389141 (accessed on 2007).
[18] 王雪. 基准那些事儿——工频大电流比例国家基准[J]. 中国计量，2018，(11)：65-67.
[19] Efremova N Y，Chunovkina A G. Development of the Concept of Uncertainty in Measurement and Revision of Guide to the Expression of Uncertainty in Measurement. Part 1. Reasons and Probability-Theoretical Bases of the Revision[J]. Measurement Techniques，2017，60(4)：317 - 324.
[20] 全国电磁计量技术委员会. JJG313—2010 测量用电流互感器检定规程[S]. 北京：中国计量出版社，2010.
[21] 胡浩亮. 电流互感器分析仪原理及测量方法研究[D]. 武汉：华中科技大学，2008.
[22] 朱胜龙，叶剑涛，张佳庆，等. GIS 中电流互感器现场校验技术研究[J]. 电气技术，2017，18(12)：95-99.
[23] 国家高电压计量站. JJG 2082—1990，工频电流比例计量器具检定系统[S]. 北京：中国标准出版社，2018.
[24] 全国交流电量计量技术委员会. JJF 1068—2000，工频电流比例标准装置校准规范[S]. 北京：中国标准出版社，2004.
[25] 徐大可，赵建宁，张爱祥，等. 电子式互感器在数字化变电站中的应用[J]. 高电压技术，2007，33(01)：78-82.
[26] Chen Y，Mohns E，Seckelmann M，et al. Precise Amplitude and Phase Determination Using Resampling Algorithms for Calibrating Sampled Value Instruments[J]. Sensors，2020，20(24)：7345.

[27] 骆晓清，孟庆亮．电子式互感器校准方法和校准系统研究[J]．广西电力，2019，42(01)：15-19.

[28] 全国电磁计量技术委员会高压计量分技术委员会．JJF 1617—2017 电子式互感器校准规范[S]．北京：中国质检出版社，2017.

[29] 余春雨，叶国雄，王晓琪，等．电子式互感器的校准方法与技术[J]．高电压技术，2004，30(4)：20-21,24.

[30] 谭洪恩，胡浩亮，雷民，等．电子式互感器现场校准技术实验分析[J]．高电压技术，2010，36(12)：2990-2995.

[31] Volovich G I，Kirpichnikova I M，Topolskiy D V．Experimental operation of the adaptive electronic instrument transformer of current and voltage[C]．International Conference on Industrial Engineering，Applications and Manufacturing (ICIEAM)，St，Petersburg，2017.

[32] The Omicron CMC 356[EB/OL]．Available online：https://www. omicronenergy. com /en/products/cmc-356/ (accessed on Jul 2016).

[33] 顾华．GIS 式电流互感器现场校验新技术研究[D]．上海：上海交通大学，2016.

[34] 章述汉，李前，吴良科，等．GIS 电流互感器现场检定中的大电流升流方法[J]．电测与仪表，2009，46(12)：6-8.

[35] 徐敏锐，曾捷，穆小星，等．特高压电流互感器自动化检定系统设计与应用[J]．南京理工大学学报，2017，41(06)：730-737.

[36] 徐先勇，欧朝龙，陈福胜，等．110kV 智能变电站复杂环境下电子式互感器校验方法[J]．湖南大学学报(自然科学版)，2012，39(06)：63-68.

[37] 程昱舒，潘泳超，赵园，等．智能变电站测量系统现场检定技术的研究[J]．电测与仪表，2013，50(05)：77-80,109.

[38] 高帅，徐占河，赵林．一种智能变电站电子互感器高效现场校验方案[J]．自动化与仪器仪表，2018，(12)：205-209.

[39] So E，Arseneau R，Bennett D，et al．A Current-Comparator-Based System For Calibrating High-Voltage Current Transformers Under Actual Operating Conditions[J]．IEEE Transactions on Instrumention and measurement，2011，60(7)：2449-2454.

[40] Houtzager E，Mohns E，Fricke S，et al．Calibration systems for analogue non-conventional voltage and current transducers[C]. 2016 Conference on Precision Electromagnetic Measurements (CPEM 2016)，Ottawa，ON，Canada，2016.

[41] Djokic B，Parks H．Development of a system for the calibration of digital

bridges for non-conventional instrument transformers[C]. Conference on Precision Electromagnetic Measurements (CPEM 2016), Ottawa, ON, Canada, 2016.

[42] 毛安澜，费烨，郭慧浩，等. 适用高寒地区电子式互感器校准系统的研究与实现[J]. 高压电器，2018，(10)：137-144.

[43] 李宝磊，游大海，李昊翔，等. 基于 IEC 61850-9-2 LE 的电子式互感器校验与在线监测系统[J]. 电力系统保护与控制，2011，39(19)：136-140.

[44] 唐毅，李振华，江波，等. 基于 IEC 61850-9 的电子式互感器现场校验系统[J]. 高电压技术，2014，40(08)：2353-2359.

[45] Andersson A, Destefan D, Ramboz J D, et al. Unique EHV current probe for calibration and monitoring[C]. Transmission & Distribution Conference & Exposition, Atlanta, GA, USA, 2001.

[46] Suomalainen E P, Hallstrom J K. Onsite Calibration of a Current Transformer Using a Rogowski Coil[J]. IEEE Transactions on Insturmentation and measurement, 2009, 58(4): 1054-1058.

[47] Yue Tong, Bin Hong Li. An accurate continuous calibration system for high voltage current transformer[J]. Review of Scientific Instruments, 2011, 82(2): 1-9.

[48] Paulus S, Kammerer J, Pascal J, et al. Continuous calibration of Rogowski coil current transducer[J]. Analog Integrated Circuits and Signal Processing, 2016, 89(1): 77-88.

[49] So E, Ren S, Bennett D A. High-current high-precision openable-core AC and AC/DC current transformers[J]. IEEE Transactions on Insturmentation and measurement, 1993, 42(2): 571-576.

[50] Shiyan R, Zhijie Z, Wenyi H, et al. A multichannel openable-core stage-connection comparator for on-site test of the output current transformers of AC generators[C]. IEEE Systems Readiness Technology Conference, San Antonio, TX, USA, 1999.

[51] Houtzager E, Rietveld G, Dessens J, et al. Design of a non-invasive current sensor for application on high voltage lines[C]. 29th Conference on Precision Electromagnetic Measurements (CPEM 2014), Rio de Janeiro, Brazil, 2014.

[52] Li Z, Li H, Zhang Z. An accurate online calibration system based on combined clamp-shape coil for high voltage electronic current transformers[J]. Review of scientific instruments, 2013, 84(7): 1-9.

[53] 王佳颖，刘忠战，冯利民，等. 电子式互感器在线校验技术研究[J]. 智能电

网，2017，5(06)：584-589.

[54] Rahmatian F. High-voltage current and voltage sensors for a smarter transmission grid and their use in live-line testing and calibration[C]. IEEE Power and Energy Society General Meeting，Minneapolis，MN，USA，2010.

[55] MMD Costa，Costa J. On site metrological verification of high voltage current transformers using optical transducer[C]. 2013 SBMO/IEEE MTT-S International Microwave & Optoelectronics Conference (IMOC)，Rio de Janeiro，Brazil，2013.

[56] Santos J C，Sillos A，Nascimento C. On-field instrument transformers calibration using optical current and voltage transformes[C]. IEEE International Workshop on Applied Measurements for Power Systems (AMPS)，Aachen，Germany，2014.

[57] Xu D，Sae-Kok W，Vujanic A，et al. Fiber-optic Current Sensor (FOCS)：Fully Digital Non-conventional Instrument Transformer[C]. 2019 IEEE PES GTD Grand International Conference and Exposition Asia (GTD Asia)，Bangkok，Thailand，2019.

[58] 郝兆荣，王强，达建朴，等. 基于光学互易回路的全光纤电流互感器的研究与应用[J]. 光电工程，2020，47(04)：24-31.

[59] 桂林，陈俊，王光，等. 柔性光学电流互感器在水轮发电机保护及监测上的应用探索[J]. 水电与抽水蓄能，2020，6(3)：1-6，21.

[60] 李振华，王尧，孙婉桢，等. 光学电流互感器的研究现状分析[J]. 变压器，2018，55(05)：33-38.